数智化时代产业智联生态系统创新理论研究丛书

丛书主编
明新国　张先燏

智能产品服务生态系统

解析、设计与交付

明新国　郑茂宽　张先燏
著

上海科学技术出版社

内 容 提 要

本书以智能产品服务生态系统为研究对象，以智能产品服务生态系统需求分析、系统解析、系统设计、系统交付为关键点，探讨了智能产品服务生态系统理论体系、技术方法与相关解决方案实现过程中长期面临的若干关键问题，并从理论和实操层面提出了解决方案，为制造型企业向服务化、网络化、智能化、生态化转型提供了良好的理论指导与借鉴。

本书主要内容来源于实际工业需求，既可以作为企业和政府管理人员的培训教材、本科院校管理专业师生的参考教材，也可以作为从事生产性服务业相关工作人员的参考用书。

图书在版编目（CIP）数据

智能产品服务生态系统解析、设计与交付 / 明新国，郑茂宽，张先燏著. -- 上海 : 上海科学技术出版社，2024.1
（数智化时代产业智联生态系统创新理论研究丛书 / 明新国，张先燏主编）
ISBN 978-7-5478-6391-6

Ⅰ. ①智… Ⅱ. ①明… ②郑… ③张… Ⅲ. ①产品设计－智能设计－研究 Ⅳ. ①TB21

中国国家版本馆CIP数据核字(2023)第205327号

智能产品服务生态系统解析、设计与交付
明新国　郑茂宽　张先燏　著

上海世纪出版(集团)有限公司
上 海 科 学 技 术 出 版 社 出版、发行
(上海市闵行区号景路159弄A座9F-10F)
邮政编码 201101　www.sstp.cn
上海锦佳印刷有限公司印刷
开本 710×1000　1/16　印张 16.25
字数：250千字
2024年1月第1版　2024年1月第1次印刷
ISBN 978-7-5478-6391-6/TB・20
定价：105.00元

前言

随着20世纪末以来世界范围内制造业服务化的深刻变革，基于产品与服务相结合的新型产业模式成为制造型企业新的利润和价值增长点。以生产制造为核心的传统企业运营模式，逐渐被以面向客户提供集成化的服务与解决方案的运营模式所取代。随着数字化、网络化、智能化技术的崛起，世界正处在通向新的创新与变革时代的门口，推动价值链由基于产品的模式向基于智能化产品和服务的模式转变。智能产品服务生态系统是在复杂的互联互通技术支撑下产生的，打破了传统的商业边界与壁垒，与传统产品和服务的创新有着很大的区别，包括基于复杂的智能交互网络，提供实时的客户体验，基于价值共创、协同创新的商业模式，融合物理世界和虚拟世界，强调个性化体验和客户交互式设计，充分发挥数据和信息服务的商业价值等。

本书是作者与科研团队在数十年以来智能产品服务理论研究、解决实际问题的基础上加以归纳、总结和完善编写而成的。全书共分8章：第1章为智能产品服务生态系统发展概述，阐述了智能产品服务发展背景与挑战，以及产品服务系统的智能化和生态化转型路径、需求及解决方案；第2章为智能产品服务生态系统的理论基础，介绍了智能产品服务生态系统框架、边界及需求分析、解析、系统设计、服务交付等方面的研究与发展现状；第3章为智能产品服务生态系统总体框架，给出了智能产品服务生态系统的定义、特征分析、要素构成；第4章为智能产品服务生态系统需求分析，详细介绍了智能产品服务生态系统需求分析流程与方法、边界分析与判定、客户需求挖掘与预测的指导技术方法；第5章为智能产品服务生态系统解析，介绍了智能产品服务生态系统解析的问题特征、层次结构拓扑分析与建模、系统稳健性分析、价值涌现的举措与方法；

第 6 章为智能产品服务生态系统设计，从智能产品与功能层次聚类、服务流程建模、服务生态价值交互与平衡等方面进行详细方法介绍；第 7 章为智能产品服务交付管理，介绍了智能产品服务生态系统交付研究框架构建、智能产品服务能力规划、智能产品服务交付管理方法；第 8 章为智能产品服务生态系统在工程中的应用，以智能网联汽车服务为例，介绍了智能网联汽车行业的智能产品服务生态系统构建方案。

本书是作者在智能产品服务生态系统领域多年研究成果的积淀，兼有理论性和实践性，实践经验和案例避免了内容的枯燥和空洞。本书既可以作为企业和政府管理人员的培训教材、高等院校相关专业的参考教材，也可以作为从事智能产品服务/系统相关人员的参考用书。上海交通大学机械与动力工程学院的明新国教授、郑茂宽博士、张先燏博士参与了全书的编著工作。感谢上海交通大学机械与动力工程学院的游佳朋、吴天一等博士生和硕士生，他们参与了全书的整理与修订工作。同时，感谢大规模个性化定制系统与技术全国重点实验室陈录城、盛国军、鲁效平等专家对本书的指导与支持。

作 者

2024 年 1 月

目录

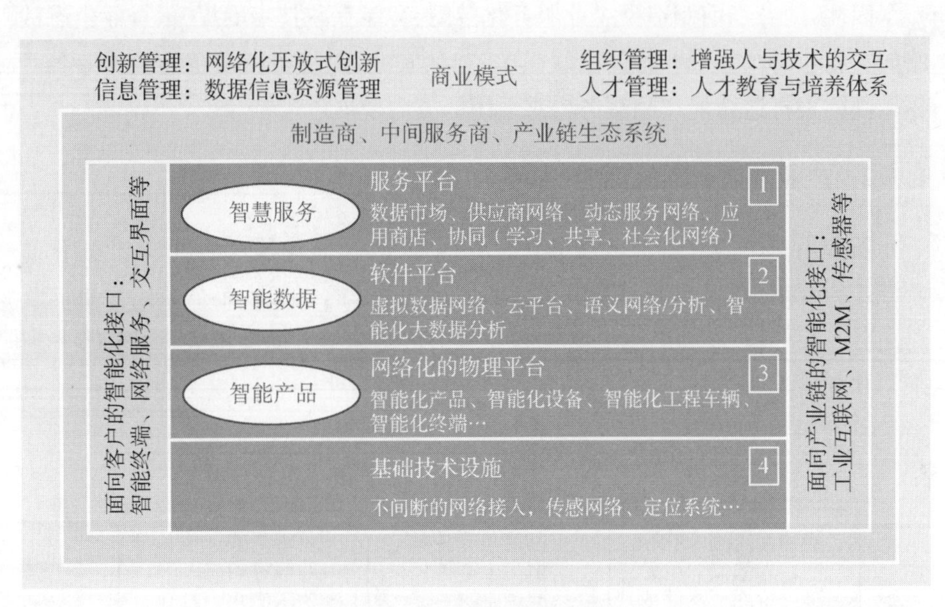

图 1－2　智慧服务平台架构

户衣、食、住、行等方面的智慧生态圈，并开发了一系列新型智能家居产品，集中展示了海尔近几年来在智慧生活领域开展的创新实践，打造了目前行业平台最开放、生态最全面、落地最领先的智慧生活体验（图 1－3）。小米公司也正着力打造由垂直整合的闭环生态链和横向扩展的开放生态圈共同构成开放的闭环生态系统，并进一步形成智能手机、影音娱乐、智能家居和金融保险等若干子生态系统。

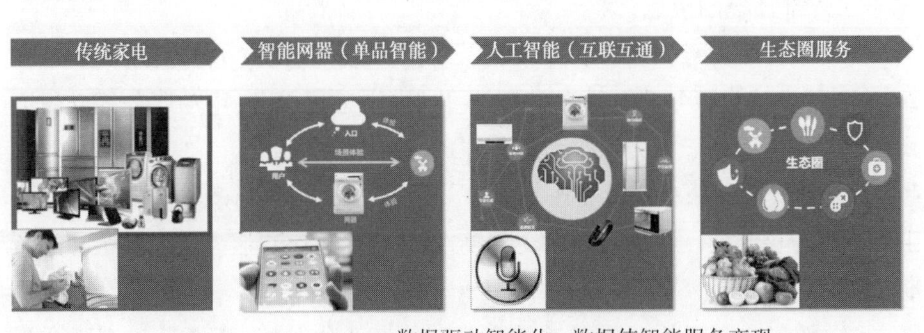

图 1－3　海尔智慧生活体验

因此，随着当前制造型企业服务化转型、智能互联技术的提升、企业生态战略的实施，在智能家居、智能网联汽车、智慧农业、工程机械及智能电梯等各个领域都朝着打造智能产品服务生态系统的方向发展[5-6]。

1.1.2 产业发展面临的挑战

随着当前国内外制造业服务化进程的加速、智能化技术的进步、生态化商业模式的变革，众多企业不断谋求新的发展机会与空间，然而企业同样也面临着来自外部环境、企业转型升级和客户需求转变等多方面的挑战，如图 1-4 所示。其具体内容包括：

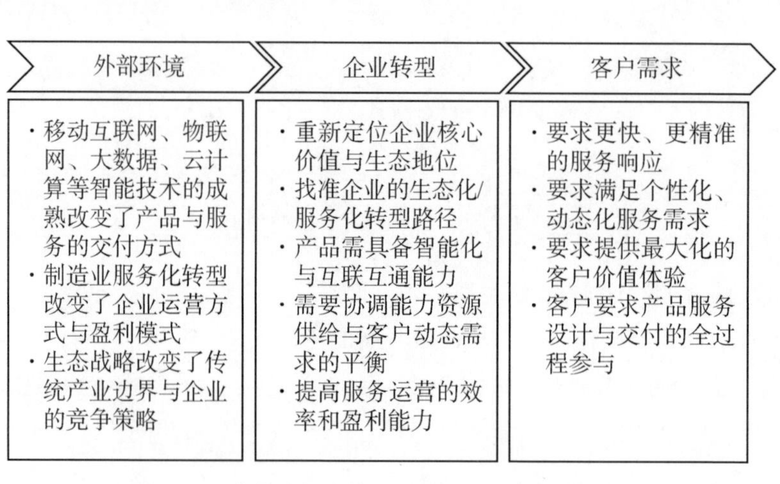

图 1-4 来自外部环境、企业转型、客户需求的挑战

1）外部环境的挑战

（1）移动互联网、物联网、大数据、云计算等智能化技术的快速发展与成熟，改变了产品与服务的交付方式，自主化服务、远程服务、主动服务等交付方式颠覆了传统依赖于人力的被动服务方式。

（2）制造业的服务化转型改变了企业运营方式与盈利模式。企业正逐步由以产品为核心的一次性或短期交易模式，转变为以客户服务绩效为中心的长期合作关系。

（3）随着企业间的互联互通及产业链的专业化分工，产业链生态正在形成。生态战略改变了传统企业以法人核心的边界范畴，以及以挤垮竞争对手、提高市场占有率为目标的竞争策略，逐步转变为以平台与客户为核心、融合上下游产业链的边界范畴，以及以合作共赢、互惠互利、价值共创的新时代竞争策略。

2）企业转型的挑战

（1）外部环境的转变引发了企业自身的转型。企业需要重新定位其核心价值与在产业生态链中的地位，才能重新获取企业发展的动力与空间。

（2）企业需要找准其生态化、服务化转型的路径。当前市场中不乏类似通用电气、三一重工、三菱电梯等优秀企业，但仍然缺乏具有普遍指导意义的理论体系。

（3）新一代的产品需具有智能化与互联互通能力。因此需要对产品的软硬件构成、产品型谱系列及生命周期过程等进行重新设计和布局。

（4）企业产品和服务资源的标准化、有限性。与客户的个性化动态需求之间形成矛盾，企业需要协调能力资源供给与客户动态需求的平衡。

（5）智能产品服务生态系统涉及更多的相关利益方。服务业务组织过程的复杂性，对提高服务运营的效率和盈利能力提出了挑战。

3）客户需求的挑战

（1）在数字化、智能化、网络化环境下，客户要求得到更快、更精确的服务响应。

（2）一般性标准化、静态结构化的产品与服务已经不能满足新一代的客户需求，其需求呈现出个性化和动态化特点，提出了对服务过程、服务资源的有效管理与灵活配置等新的要求。

（3）要求提供最大化的价值体验。

（4）客户要求产品服务升级与交付的全过程参与。

1.2　产品服务系统的智能化和生态化转型

1.2.1　转型路径分析

产品服务系统的智能化和生态化转型包括五个层级，即从物理产品到智能产品、智能互联产品、智能产品服务系统、智能产品服务生态系统的转变（图1-5）。每一个层次的提升，在系统构成要素、业务组织方式、价值创造方式等方面，均会发生巨大的变革。对于每个层次的具体分析如下：

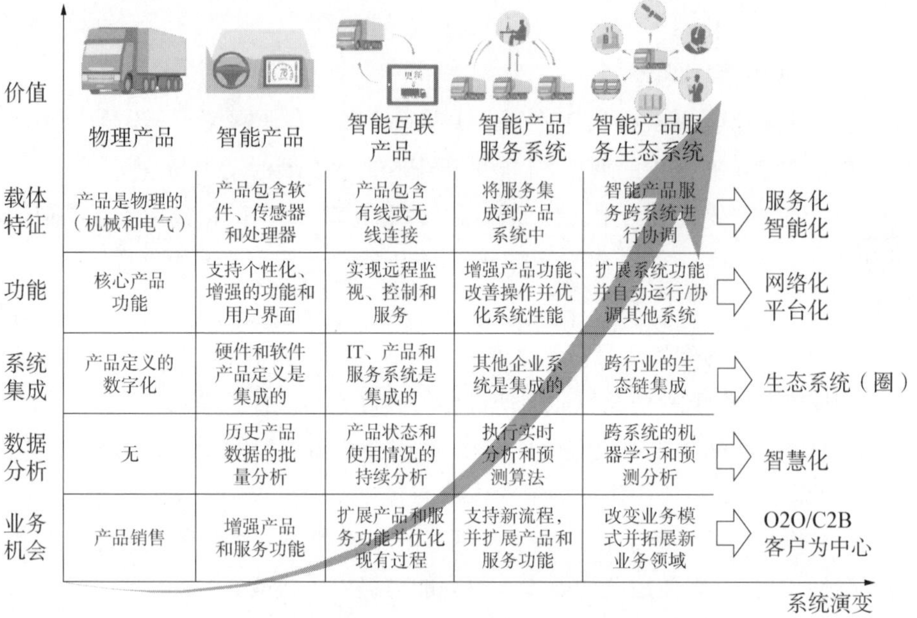

价值	物理产品	智能产品	智能互联产品	智能产品服务系统	智能产品服务生态系统	
载体特征	产品是物理的（机械和电气）	产品包含软件、传感器和处理器	产品包含有线或无线连接	将服务集成到产品系统中	智能产品服务跨系统进行协调	服务化 智能化
功能	核心产品功能	支持个性化、增强的功能和用户界面	实现远程监视、控制和服务	增强产品功能、改善操作并优化系统性能	扩展系统功能并自动运行/协调其他系统	网络化 平台化
系统集成	产品定义的数字化	硬件和软件产品定义是集成的	IT、产品和服务系统是集成的	其他企业系统是集成的	跨行业的生态链集成	生态系统（圈）
数据分析	无	历史产品数据的批量分析	产品状态和使用情况的持续分析	执行实时分析和预测算法	跨系统的机器学习和预测分析	智慧化
业务机会	产品销售	增强产品和服务功能	扩展产品和服务功能并优化现有过程	支持新流程，并扩展产品和服务功能	改变业务模式并拓展新业务领域	O2O/C2B 客户为中心

系统演变

图 1-5　从物理产品到智能产品服务生态系统的演化[7]

(1) 物理产品。物理产品由机械、电气和其他材料组件组成。数字化将模拟产品和服务信息替换为可轻松利用于整个价值链（如工程、车间和服务）的、完全准确的数字表示，在这个阶段提高了效率。尽管实体产品仍然是创造数不胜数的新价值的基础，但它现在是推动创新和保持竞争优势的必要不充分条件。

(2) 智能产品。试图加快产品和服务创新，并有效满足日益多样化的客户需求和法规，制造商越来越倾向于依靠嵌入式软件、传感器和处理器。智能产品增强了产品和服务功能，并提供了可提高用户对产品的控制力及与产品的交互程度的用户界面。这一转变还需要集成产品硬件和软件开发过程中的创新设计工具与技术。

(3) 智能互联产品。网络联接功能将成为智能产品的标配，以打造新的产品和服务功能。通过对智能产品进行结构和功能的重新设计，使其具备远程接入的能力，这些都将极大变革产品生产制造、运行维护、客户服务的模式。信息技术无处不在，网络和数据成为联接企业部门与业务的经络，同时可以开展产品的远程维护、质量提升、设计改进、工艺优化与服务资源匹配等。

(4) 智能产品服务系统。某些制造商着手将产品(通常在智能耕种、自动采矿或车队管理等相同的行业中)集成到产品系统中。产品系统需要利用预测算法、功能更强且通常为实时的分析以优化系统性能。新的合作伙伴关系、人员(如数据科学家)及其他企业系统和过程的集成,对于把握和利用这些价值创造机会至关重要。

(5) 智能产品服务生态系统(系统的系统)。某些制造商与其他产品、产品系统和物体互联。例如,联接到智能家居医疗设备可以分析出以多高的频率使用设备才能更好地测量老年患者的健康状况。期望通过与其他系统配合来提高其系统功能或效率的制造商必须改进其信息管理方案与安全防护功能,并开展跨领域、跨组织、跨业务、跨系统的第三方系统接入与集成。

1.2.2　转型需求分析

智能产品服务生态系统是在复杂的互联互通技术支撑下产生的,打破了传统的商业边界与壁垒,与传统产品和服务的创新有着很大的区别,包括基于复杂的智能交互网络,提供实时的客户体验,基于价值共创、协同创新的商业模式,融合物理世界和虚拟世界,强调个性化体验和客户交互式设计,充分发挥数据和信息服务的商业价值等。

目前大部分企业的产品和服务还不能够实现互联互通,更不用谈智能化。虽然产业界开发出了很多高级编程语言、商业流程及信息系统,但是这些仅仅是技术上的成功,而技术的领先并不代表可以创造出更高的价值。以三星手机为例,其在开发S系列和Note系列的手机过程中,加入了如眼球追踪、曲面显示等世界领先的技术,然而对于用户而言,这些更多的只是噱头,并没有给用户带来实际的良好体验和更多价值,反而功能的冗余让用户感到更加的迷惑。产业界对于商业模式的设计和发展是为了让已有的产品和服务更具有吸引力也略显无力。智能产品服务系统是科技与商业模式的有机结合,其在客户体验和价值创造等方面,将远远超越传统离散的产品或服务创新所带来的效果。

对于很多企业来讲,建设或投入智能产品服务生态系统,并制定符合企业自身长远发展战略的计划时,虽然很多企业在产品研发和技术创新方面具有比较强的实力,但是其产品或服务流程还没有实现互联互通,因此,企业难以接入或融入已有的智能产品服务生态体系中,仍然靠孤军奋斗去开拓市场和争取用户。另外,部分企业即使可以融入已有的智能产品服务体系中,或者主导去构建本领域的智慧服务平台，也由于缺乏系统分析、机会识别或拓展价值空间的理论方法指导，导致其生存能力(viability)不强，很快就被用户遗忘或被市场淘汰。同时，企业自身古板的组织结构和简约化的点对点式工作理念，限制了企业自身的集体智慧，并不适合服务生态系统的动态化和协同化的发展要求(企业自身的数据资源并没有得到充分的挖掘)。

因此，融入已有服务生态系统或构建自身智慧服务平台需要将产品、服务及流程互联互通起来，并对自身价值和角色进行明确定位，寻求新的利润增长点。此外，在智能互联的产品服务生态系统环境下，过去的一些成功经验和理论方法已经不太适用，如何发掘新的利润增长点和价值创造机会，需要在商业模式创新和战略定位上能够紧随时代步伐。企业需要适应新时代环境的商业生态系统识别、设计及实施等方面的理论方法和流程，打破现有边界的束缚，让更多的价值创造者可以纳入服务生态体系中，构建协同化的交互关联，进行价值共创。

企业需要跨越传统的产品和服务创新的理念，需要从商业生态系统及整个市场层面去考虑，企业也要把自己的定位从产品和服务创新者的角色，提升产品服务生态系统参与者或主导者的高度。同时，构建有竞争力的智能产品服务生态系统需要解决几个问题，包括：①如何将员工、合作伙伴和客户转变为系统的有机组成，并做出自己对应的贡献；②如何组织和协同不同的生态系统相关者，发挥各自价值，提供新的价值体验或解决一些复杂问题；③企业需要构建一套完整的体系，用于有形资源和无形能力的优化，包括人员、能力、品牌定位、知识产权、联盟、关系和业务流程等。

因此，企业面向智能产品服务生态系统的转型既是时代所趋，也是企业发展核心竞争力并融入新的产业体系的必然之路。根据以上分析，提出智能产品服务生态系统转型需要解决的四个方面关键核心问题：

(1) 明确智能产品服务生态系统边界及客户需求研究分析包括：①对相关利益方、业务范围、产业边界进行识别和有效管理；②开发专用工具方法挖掘客户隐性、个性化、动态化的需求。

(2) 解析智能产品服务生态系统结构模型及稳定运行机制包括：①构建智能产品服务生态系统的可视化结构分析模型；②分析智能产品服务生态系统稳定性机理及量化分析方法；③分析智能产品服务生态系统的价值增值机制。

(3) 梳理智能产品服务生态系统的设计与构建过程包括：①梳理从智能产品到智能产品系统，到智能产品服务系统，再到智能产品服务生态系统的四层设计过程；②服务流程建模与生态价值交互研究。

(4) 能够快速精确响应客户需求并最优化匹配服务生态资源包括：①分析智能生态产品服务交付能力层次；②协调能力资源供给与客户动态需求的平衡；③最大化服务交付效率及盈利能力。

1.2.3　解决方案

依据产业背景、面临挑战、转型路径、转型需求等相关内容分析，结合目前国内外智能产品服务生态系统的研究现状，基于相关概念定义、系统特征分析、系统要素分析，可构建面向智能产品服务生态系统转型的总体解决方案，如图 1-6 所示。其中，面向智能产品服务生态系统运行边界研究，获取客户隐性需求并进行预测分析，解析智能产品服务生态系统的体系结构及稳定运行机制，提供满足客户个性化需求的产品服务定制方案，优化产品服务交付流程及服务资源配置效率等多方面的工业需求，本书提出了对应的智能产品服务生态系统边界及系统价值层次研究方法，客户隐性需求获取方法及客户需求预测模型，

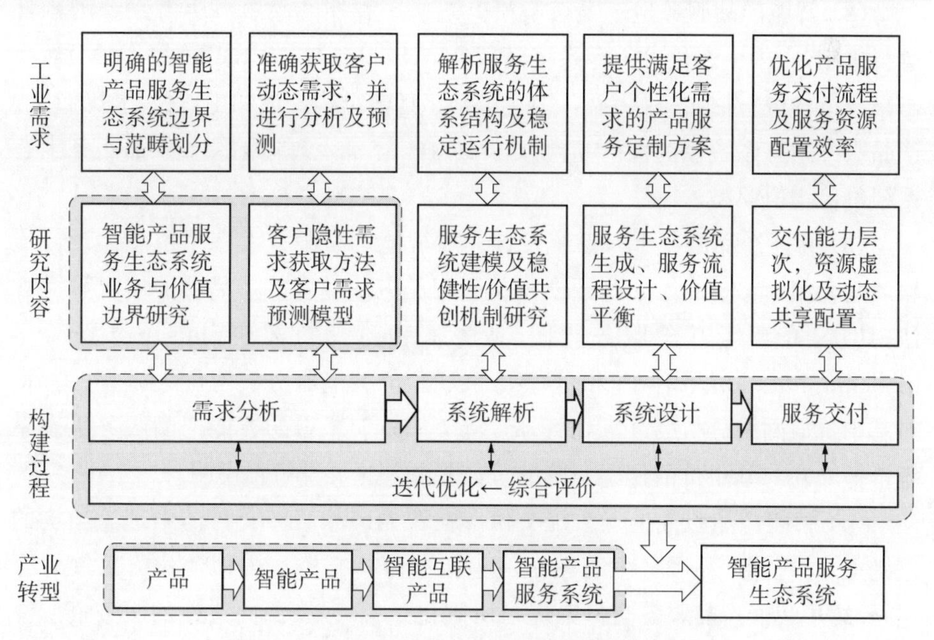

图 1-6　智能产品服务生态系统转型解决方案

智能产品服务生态系统建模及稳健性/价值共创机制研究，智能产品服务生态系统生成、服务流程设计、价值平衡，智能产品服务生态系统能力层次分析，资源虚拟池化及动态共享配置等相关研究内容，构建了从需求分析、系统解析、系统设计、服务交付到综合评价与迭代优化的智能产品服务生态系统理论框架，用于指导企业及相关产业从物理产品到智能产品、智能互联产品、智能产品服务系统，以及智能产品服务生态系统的转型。

由于综合评价与迭代优化是深度嵌入在需求分析、系统解析、系统设计和服务交付四个环节，因此本书以智能产品服务生态系统的核心为主线，围绕关键问题介绍对应的理论体系搭建与关键技术方法，整体包括以下四个方面的内容：

（1）智能产品服务生态系统需求分析。从智能产品服务生态系统的边界入手，介绍了业务范畴横向、纵向拓展及生态价值识别的相关方法；基于对客户需求静态结构和动态结构两个方面特征的分析，引入了基于模糊认知图（fuzzy cognitive map, FCM）的客户隐性需求挖掘方法和基于自回归积分移动平均模型（autoregressive integrated moving average model, ARIMA）的客户动态需求预测方法。

（2）智能产品服务生态系统解析。解析了智能产品服务生态系统的内部运行机制，应用生态化可生存系统模型（eco-viable system model, EVSM）对生态系统结构进行层次拓扑分析，构建了基于耗散结构理论和生态位测度的智能产品服务生态系统稳健性研究模型，介绍了基于涌现理论的智能产品服务生态系统价值增值模型。

（3）智能产品服务生态系统设计。对智能产品服务生态系统总体设计流程展开介绍，首先，介绍了基于模糊关联聚类方法的智能产品功能层次聚类方法；其次，介绍了基于服务蓝图、业务流程建模与标注（business process modeling notation, BPMN）图等多方法融合的智能服务流程配置模型；最后，对基于价值网络分析（value network analysis, VNA）的智能产品服务生态系统价值交互与基于价值传递矩阵的价值平衡理论展开解释说明。

（4）智能产品服务生态系统交付。在智能产品服务交付体系理论架构的基础上，对智能产品服务生态系统能力层次分析与资源虚拟池化方法展开介绍，介绍了智能产品服务交付渠道与协同化过程，以及面向过程的服务资源池动态配置模型技术方法。

第2章 智能产品服务生态系统的理论基础

随着全球范围内工业系统的升级，智能化的产品和服务正在逐步取代传统产品和服务，为应对制造业的智能化、服务化变革，众多企业不断谋求新的发展机会与空间，通过变革打造新的商业模式，向智能产品服务生态系统的方向发展。智能产品服务生态系统是打破了传统的商业边界与壁垒，基于复杂的智能交互网络，提供实时的客户体验，基于价值共创、协同创新的商业模式，融合物理世界和虚拟世界，强调个性化体验和客户交互式设计，可充分发挥数据和信息服务的商业价值等。

为了帮助读者充分了解智能产品服务生态系统的发展历程，本章对智能产品服务生态系统发展的核心环节进行了系统回顾，具体内容包括：①智能产品服务生态系统框架发展现状；②智能产品服务生态系统边界及需求分析发展现状；③智能产品服务生态系统解析研究现状；④智能产品服务生态系统设计研究现状；⑤智能生态产品服务交付研究现状。

2.1 智能产品服务生态系统框架发展现状

2.1.1 智能化服务化转型研究现状

2.1.1.1 产品服务系统

随着 20 世纪末以来世界范围内制造业服务化的深刻变革，基于产品与服务相结合的新型产业运作模式成为制造型企业新的利润和价值增长点[8-11]。以美国、欧盟为代表的发达国家中，传统以生产制造为核心的企业运营模式，逐渐被以面向客户提供集成化的服务与解决方案的运营模式所取代[12-15]。

对于产品服务系统(product service system, PSS)的研究起源于20世纪末期,进入21世纪以来,随着PSS相关研究对全球可持续发展的突出贡献,关于PSS的话题一直是国际学术领域与工业领域开展重点研究和实践的热点之一[16]。产品服务系统作为一种新型的生产组织方式,聚焦产品全生命周期服务,横向拓展、纵向延伸产业链条,开展解决方案的高度集成与全局优化[17-18]。产品与服务解决方案的综合集成以提供产品的可用性为核心,在产品全生命周期内持续创造价值,同时以专业化的分工提升效率、降低资源消耗,实现可持续发展[19-20]。随后,在工业实践领域涌现出了关于工业产品服务系统(industrial product service system, IPS2)的相关研究[21-23],自2009年以来每年在欧洲地区举办的CIRP IPS2学术会议[24],为全球学者开展工业产品服务系统的学术交流和工业实践展示搭建了高规格的平台。工业产品服务系统相关研究的引入为众多制造型企业的服务化转型、需求新的价值增长点提供了坚实的理论基础。

2.1.1.2 智能系统和智能互联产品

随着全球范围内工业系统的升级,更高性能的计算、智能化的分析、低成本的数据获取及万物互联与融合,创新与变革成为新时代产业发展的动力与风向标[2]。欧盟于2008年发布了《物联网2020》发展报告,该报告指出物联网的发展重点是智能系统,其核心关键是集成化应用系统和服务平台[25]。

美国咨询机构于2014—2017年对美国、欧盟等智能系统的发展与应用情况进行翔实的调查[1, 26-27],其研究报告指出与信息通信产业相似,基于网络化、数字化、智能化的产品和服务系统正成为主流。智能系统的应用与发展将重构人类、机器与商业之间的关系,智能系统的自感知、自优化、自组织将成为跨业务领域的系统构建的重要元素。

哈佛商业评论在《物联网时代的企业竞争战略》上详细阐述了智能互联产品的概念及其如何改变企业及商业竞争的局势[5-6]。智能互联产品包含结构化部件、智能化部件与联接化部件三个层面的核心组成要素。智能化部件能够提升结构化部件的效用和功能,而联接化部件通过数字化和网络化手段,可以使得结构化部件的部分效用与功能脱离产品本身而存在。智能与互联可以增强产品自身包括远程监测、智能控制、决策优化等新的能力。智能互联产品通过拓展产业生态的边界与范畴,革新了企业的竞争策略与开展客户价值创造的途径。

2.1.1.3　智能服务

2012 年 11 月,《工业互联网:突破智慧和机器的界限》研究报告[2]中阐述了工业互联网的最新体系架构,指出工业互联网是信息和知识密集型的,而不是资源密集型的,凸显了网络和平台创建的价值,为降低环境影响和支持生态友好型产品和服务开辟了新的道路,通过平台、网络和数据的开放引入第三方打造全新的智能服务和商业模式。

德国一直引领世界制造业的潮流,2014 年 11 月,该国政府发布了下一阶段的高新科学技术发展战略,文件中指出德国未来需要重点开展研究与创新的六个领域,经济与社会的数字化转型是重要内容之一,主要发展方向包括智能制造、智慧服务、大数据、云计算和物联网等新兴领域。其中,在 2013 年发布的德国工业 4.0 战略重点指导企业生产制造过程的智能化转型,其目标也是建立基于数字化、网络化、智能化的服务型制造新模式[28]。

针对智能服务的产业发展,《智能服务世界》战略咨询报告[3]指出将精力继续放在以产品为中心的领域不再可行,数据延伸出的智能服务正在打造出一波颠覆性的商业模式。

智能产品服务系统具有六个典型特征[29-32],即客户主导、个性化服务、组织社群化、服务参与、产品所有权弱化及客户体验的分享。创新不仅仅局限于新产品开发,未来将更多关注能够满足客户需求增值服务的创造,而且服务的智能化将是不可逆转的一个趋势[33-35]。

2.1.2　生态系统的应用研究现状

生态系统指在一定的空间和时间范围内,在各种生物之间,以及生物群落与其无机环境之间,通过能量流动和物质循环而相互作用的一个统一整体[4]。学术界将生态系统和社会组织进行对比研究,发现人类社会的构成与运行和自然界所讨论的生态系统具有同构性,生态系统的理念被逐步应用到经济管理、人文社科及工业实践等领域。同时,生态战略已经成为当前创新型企业构建全新竞争格局的新思路,通过生态开放、资源共享、价值共创等社会化方式打破企业边界,推动各类商业要素的整合与重构。结合智能产品服务生态系统的概念,本节对包括商业生态系统、工业生态系统、产品生态系统和企业生态系统、创新生态系统等相关理论体系进行系统阐述。

2.1.2.1 商业生态系统

商业生态系统(business ecosystem, BES)定义为以组织和个人(商业世界中的有机体)的相互作用为基础的经济联合体,其是供应商、生产商、销售商、市场中介、投资商、政府和消费者等,以生产商品和提供服务为中心组成的群体[36]。相关利益方在一个商业生态系统中担当着不同的功能,但又形成互赖、互依、共生的生态系统。在这一商业生态系统中,虽然有不同的利益驱动,但是身在其中的组织和个人互利共存,资源共享,注重社会、经济、环境综合效益,共同维持系统的延续和发展[37]。

在商业生态系统等相关概念产生之前,已有诸多理论为其提供了支撑[40-41]。价值链模型[42-44]显示企业之间的相互竞争,其各自所处的价值链之间的相互竞争,而所处价值链的有效竞争力反过来决定了企业自身的竞争力。在此之后,关于竞争的范畴进一步拓展,企业与企业之间的价值交互,成为学术界的关注焦点。在此背景之下,关于供应链[45]、价值网[46-47]、产业链[48-49]等相关领域的研究不断涌现出来。企业经营环境的变化,导致价值链形态围绕顾客价值不断地分化和整合。价值活动的日趋复杂及其表现形式的多样是形成商业生态系统的内在动力因素。

2.1.2.2 工业生态系统

工业生态系统(industrial ecosystem, IES)的概念最早是在 1989 年的《科学美国人》杂志上被提出[50],研究认为如果工业系统的运行可以类似于自然生态系统,将某个生产环节的废水、废气、废料等作为其他生产环节的有用输入,就极大降低物料消耗、能源损失及环境污染。

工业生态系统的概念提出后被进一步阐释和延伸[51],将其定义为是按生态经济学原理和知识经济规律组织起来的基于生态系统承载能力、具有高效的经济过程及和谐的生态功能的网络化生态经济系统。工业生态系统最初在冶金和化工行业处理废弃物等方面挖掘出很大的应用价值[52]。

工业生态系统是生态思维在工业领域富有成效的隐喻,工业生态系统具有四个基本原则[53],包括循环性、多样性、局部性和渐进性。其可应用于多个工业领域,如在工业园区中电力、热量等能源的相互补充和共享[54-55],以及芬兰森林产业的养料和碳的循环利用等[56],都验证了在工业生态系统中,通过相互的合作可以达到一种共生共赢的关系。随后,这一概念被进一步拓展到城市产业生态的高度[57],而工业生态系统的进化和演进特征也逐渐被挖掘出来[58]。

2.1.2.3　产品生态系统

生态思想在产品领域中的应用最早体现在产品设计中，如设计基因工程揭示了产品基因的控制机理，包括：①产品基因的"转录""翻译""逆转录"等表达机制[59]；②基于虚拟染色体、行为语义网络知识模型等的产品基因建模方法研究[60-61]；③基于产品基因进化的创新设计方法[62]；④基于遗传算法、共生进化原理等的进化设计方法[63-65]；⑤基于产品生态学的概念设计框架[66]。但这些研究大部分还局限于产品本身的结构、功能特征等方面的工程设计和渐进式创新。

21世纪初，苹果iPod、iPhone等产品的问世，目前Android和IOS两大阵营在手机和信息通信领域带来了极大的商业繁荣，同时伴随着的是柯达、诺基亚、摩托罗拉等老牌技术型企业的没落，人们对于产品生态系统（product ecosystem, PES）概念的理解进一步延伸到了产业链层面。价值链分析方法被用来详细阐释了苹果公司产品生态系统的商业模式[67]，以苹果公司为中轴，前端集成了显示、内存、硬盘和代工厂等产业相关利益方，后端集成了客户、内容服务商、软件服务商和维护维修等群体，虽然苹果产品种类单一，但是其带来了巨大的生态圈价值溢出效应。此外，用户也正逐渐成为这一体系的主导和核心，可从用户体验的视角，对于产品生态系统的要素构成进行剖析，重点关注多用户、多产品及使用场景之间的交互过程，提出了面向用户体验的产品生态系统的构建框架和方法[68-69]。

2.1.2.4　企业生态系统

最早针对企业生态系统（enterprise ecosystem, EES）的相关研究提出了组织生态与企业种群等基本概念[70-72]。企业生态系统是指企业在发展建设过程中，与外部合作伙伴、市场客户等相关利益方构成的有机整体。

在市场环境下，与自然界的生态系统类似，企业个体或单个组织难以长期单独生存，企业之间必然会由于相互作用、相互影响而形成生态化的企业关系网络。企业与企业之间会直接或间接地相互依存，并形成一种生态有机的组合，即所谓的经济共同体。在经济共同体中，对于单个组织或企业个体而言，其周边的其他企业个体或组织，以及社会经济环境一并构成了其生存的外部环境。企业组织与个体由于存在与外部环境之间的物质、能量和信息等方面的交换，从而使得多样化的企业组织一同构成一个互相影响、互相依存、共同成长的有机体。

企业组织处于由企业组织之间及企业组织与外界环境相互作用的企业生态系统中。企业组织在生态系统中要保持竞争与协同的统一：一方面，企业组织在竞争中得到进步，寻找生存空间；另一方面，企业组织之间、企业组织与环境之间存在相互依赖的关系。企业组织面临的一个重要问题就是处理好协同竞争的关系，注重企业组织之间的协调、合作关系，与环境协同进化。

2.1.2.5　创新生态系统

20 世纪 80 年代中期，开发系统和生产系统两者之间的相互关系研究开展过程中，提出了“创新系统”(innovation system)的概念[73]。1988 年，《技术政策与经济业绩：来自日本的经验》中提出了“国家创新系统”(national innovation system)的概念，并将其定义为：由公共部门和私人部门各种机构组成的网络，这些机构的运行和互动决定着新技术的开发、引进、改进和扩散[74]。之后，国家创新系统分析的一般模型[75]被提出。考虑区域因素的重要性[76-77]，提出了“区域创新系统”(regional innovation system)的概念。部分专家学者对国家创新系统和区域创新系统理论提出了质疑，认为创新系统的边界不会受到固定地理边界的制约，并因此提出了“产业创新系统”(sectoral innovations system)的概念[78]。

2004 年 12 月，美国竞争力委员会在《创新美国：在挑战和变革的世界中实现繁荣》的研究报告中明确提出了“创新生态系统”(innovation ecosystem, INES)的概念[79]。该报告指出，进入 21 世纪以来，国际格局、创新主体、创新模式及创新环境都出现了一些新的变化，国家之间和不同创新主体之间出现了新的竞合态势，因此，“企业、政府、教育家和工人之间需要建立一种新的关系，形成一个 21 世纪的创新生态系统”。

开放式创新(open innovation)的概念[80-82]于 2006 年被提出，开放式创新强调企业应更加看重外部创意和外部市场化渠道，均衡协调内部和外部的资源进行创新，除了传统的产品经营上，还积极寻找外部的合资、技术特许、委外研究、技术合伙、战略联盟或风险投资等合适的商业模式来尽快地把创新思想变为现实产品与利润。

随后，在开放式创新的基础上，Innovation 2.0 的概念被提出[83]，其指出创新是围绕需求、科研和竞争的三螺旋过程，即政府、企业及科研单位开展产学研协同合作研发服务及产品。然后，在 Innovation 2.0 的基础上进一步发展，提出了 Innovation 3.0 的新发展范式[84]，即创新是需求、科研、竞争及共生四螺旋的产物，用户被纳入创新体系中，与政府、企业、科研的单位一道产业研用“共生”，追求“体验＋服务＋产品”的协同创新。生态理论的应用研究总结见表2-1。

表2-1　生态理论的应用研究总结

生态系统应用	主要观点和研究重点	局限性
商业生态系统	• 以组织和个人的相互作用为基础，以生产商品和提供服务为中心组成经济联合体 • 相关利益方在担当着不同的功能，但又形成互赖、互依、共生的生态系统 • 互利共存，资源共享，注重社会、经济、环境综合效益，共同维持系统延续和发展	• 聚焦比较商业模式、比较宏观的关系层面 • 主要从经济联合体本身出发，比较少考虑用户
工业生态系统	• 具备生态系统承载能力、高效的经济过程及和谐的生态功能的网络化生态经济系统 • 以解决环境影响问题和资源利用可持续发展为首要目的	• 重点聚焦产业链前端的生产制造环节 • 以制造型工厂为核心，用户参与程度低
产品生态系统	• 基于基因、遗传、进化等生态学思想的产品设计创新理论与方法 • 技术主导，聚焦产品功能和性能，围绕核心产品构建商业生态圈价值链体系 • 开始关注用户的生态体验和交互过程	• 产品创新以渐进式创新为主，缺乏重大突破 • 缺少对服务体系和客户服务体验的关注
企业生态系统	• 依托于组织生态和企业种群等理论体系 • 企业直接或间接依赖别的企业或组织存在 • 企业组织之间协调合作，与环境协同进化	• 仅从企业视角出发，关注稳定、成长和发展 • 不涉及产品和服务
创新生态系统	• 创新组织的相关利益方构成 • 创新参与全体的边界与范围 • 创新活动的组织与实施过程	• 仅关注创新过程组织 • 缺少量化可操作的创新工具和创新方法的支撑

2.2　智能产品服务生态系统边界及需求分析发展现状

2.2.1　系统边界研究现状

系统边界是系统工程领域的一个基础问题。在钱学森系统科学框架体系下发展出来的系统模型方法是系统工程科学研究的基本方法，其中“秩边流”模型在国内学术界广为认可[85]，在该模型中将“边”定义为把系统内部与外部分隔开来，同时又把系统内部与外部联系起来的一种系统构成要素。系统工程一般有这样认识，系统的客观性和外部环境的客观性，决定了两者之间“边界”的客观性。赖宝全等从系统边界面的维度和相互作用的视角进行研究，提出了系统边界信息筛选的概念，进而研究了抛射、吸纳及变形运动等界面行为[86]。

在产品全生命周期评价(life-cycle assessment, LCA)领域，往往在系统边界选择上存在短板[87]，针对这个问题，相对质量能经济性(relative mass-energy-economic, RMEE)方法[88]、Hybrid Input - Output 的分析方法[89]、Curve Model 分析模型[90]、Binary Linear Programming 方法[91]等被提出，均用于在不同场景下改进 LCA 边界选择的问题。在信息系统研究领域，郭晓军等通过分析信息系统的特殊性，开发了系统概况图作为信息系统边界的描述工具[92]。

2.2.2 系统需求分析研究现状

客户需求在工业领域是一个永恒的话题，当前客户需求的多样化与个性化是企业开展产品开发、生产制造、客户服务等相关业务时面临的一个重大挑战。对于智能产品服务生态系统的需求分析划分为两方面内容，一方面是对于个性化、多样化的显性和隐性需求的挖掘；另一方面是对于动态化需求的预测与跟踪，以便于快速响应。

在产品和服务开发过程中，目前普遍接受以客户为中心的观点，在产品全生命周期管理(product lifecycle management, PLM)跨度上挖掘客户的显性及隐性需求，并将其映射转换为企业相应的开发设计资源，从而快速准确地生成可实现的产品开发设计方案，满足多变的市场需求。PLM 是现代制造业中一项重要的信息化发展战略，将产品需求、设计、采购、制造、销售、售后服务和回收等不同生命周期阶段内与产品相关的数据、过程、资源、组织和功能集成到统一的平台上进行管理，使企业各部门的员工、用户和合作伙伴实现高效的协同工作。而如何获取面向 PLM 的客户需求，实现需求向企业产品开发资源的映射，已成为亟待解决的问题。

目前，有关客户需求挖掘的方法，已有相关的系统研究。例如，面向大规模定制(mass customization, MC)的需求建模方法体系[93]被建立，有利于促进大规模定制产品模型和过程模型的耦合，但未涉及客户隐性需求的挖掘，并且没有说明需求向资源的映射过程；根据产品全生命周期的视角构建产品需求分类树，为基于网络环境下的产品协同设计奠定了基础[94]，但未对客户需求信息进行分析；客户结构阶层(customer architecture hierarchy, CAH)方法和反向传播(back propagation, BP)神经网络方法被采用[95]，分别对产品全生命周期内的性能需求和市场需求进行分析，解决了 PLM 系统中客户需求主体单一性与设计、生产决策过程复杂性间的矛盾，然而这种结构化的信息分析方法容易导致长鞭效应，即错误信息容易被逐级放大。通过改进质量屋的结构[96]，提高在以客户需求为导向的产品设计过程中质量功能配置(quality function deployment, QFD)的使用性能，但研究并未涉及需求和资源间的映射关系；通过甄别客户的未来需求(future voice of the customer, FVOC)提高 QFD 的动态响应能力[97]，但未解决资源和需求间的冲突情况；通过数据封装分析(data envelopment analysis, DEA)方法发现用户的更改需求[98]，但未建立资源评估的反馈机制。

现阶段国内外有关客户需求的研究主要存在以下问题：①客户需求分析研究主要限于结构化的分析方法，该分析方法的信息传递效率低，且错误信息容易被逐级放大；②未考虑并挖掘出客户的隐性需求；③对客户需求与企业产品开发设计资源间的冲突情况未能提出有效的解决方法和手段；④未建立审核资源满足需求情况的反馈机制。

在需求趋势预测方面，基于自适应谐振神经网络的客户需求和市场预测方法[99]被提出。前馈神经网络被用来对客户需求进行智能化分类和预测[95]，但神经网络需要大量的样本训练才能保证其识别精度。马尔可夫链模型可从概率角度分析客户需求和技术需求的变化趋势[100]，但该模型概率值的获取存在不稳定因素。基于决策支持向量机的客户需求预测模型被建立[101]，但存在模型精度对核函数选取较敏感的缺陷。基于 QFD 动态需求的多属性决策排序和趋势预测集成方法被提出[102]，但受原始数据的噪声及灰色系数的设置影响比较大。

总之，当前客户需求预测方法存在以下不足：①分析结果对调节参数取值较敏感；②预测模型所需样本数量大，且需要满足一定的分布特征；③缺乏动态需求重要度排序和预测的集成方法研究。

2.3 智能产品服务生态系统解析研究现状

2.3.1 系统建模理论研究现状

系统理论是研究系统的一般模式、结构和规律的学问，它研究各种系统的共同特征，用数学方法定量地描述其功能，寻求并确立适用于一切系统的原理、原则和数学模型，是具有逻辑和数学性质的一门新兴的科学。从系统理论的发展历程来看，可以将其划分为三个阶段，即一般系统论阶段、开放系统论阶段和可生存系统论阶段[103]。

1）一般系统论(general system theory, GST)

一般系统论又称普通系统论。1968年，贝塔朗菲的专著《一般系统论——基础、发展和应用》，总结了一般系统论的概念、方法和应用[104]。1972年，《一般系统论的历史和现状》发表，指出把一般系统论局限于技术方面当作一种数学理论来看是不适宜的，因为有许多系统问题不能用现代数学概念表达[105]。一般系统论这一术语有更广泛的内容，包括极广泛的研究领域，其中有三个主要的方面：

(1) 系统的科学，又称数学系统论。它是用精确的数学语言来描述系统，研究适用于一切系统的根本学说。

(2) 系统技术，又称系统工程。它是用系统思想和系统方法来研究工程系统、生命系统、经济系统和社会系统等复杂系统。

(3) 系统哲学。它研究一般系统论的科学方法论的性质，并把它上升到哲学方法论的地位。贝塔朗菲企图把一般系统论扩展到系统科学的范畴，几乎把系统科学的三个层次都包括进去了。但是现代一般系统论的主要研究内容尚局限于系统思想、系统同构和系统哲学等方面。而系统工程专门研究复杂系统的组织管理的技术，成为一门独立的学科，并不包括在一般系统论的研究范围内。

2）开放系统论(open system theory, OST)

开放系统是指考虑输入、输出和状态的系统，而开放系统论解释了系统的有关稳态、有序性的增加等。开放系统论的基本假设就是组织与所有的生命系统一样有着共同的“开放”特征，既相对独立于外部环境，又不断地与外部环境进行交互活动。

开放系统论被应用于组织管理的研究中[106]。开放系统组织理论中，人们的注意力已从组织内部转移到组织环境上，组织是被当成一个开放的、动态的系统加以研究，组织是在系统论方法基础上形成的理论[107-108]，其阐述了通过“输入”“转换”及“输出”的过程产生各种决策的理论框架，任何一个组织都是社会大系统中的一个子系统，而该组织内部又存在多种不同的系统。

20 世纪 90 年代，动态系统论[109]被提出，动态系统论通过特殊的常微分方程组来解释系统的一些典型性质，包括整体性、加权性、竞争性、机械化和集中化等。

3）可生存系统论（viable system approach, VSA）

20 世纪 70 年代，生存系统模型是学者们在研究传统组织结构时提出的一种组织设计模型，该模型将组织作为一种具有独立生存能力的系统进行组织设计和诊断[110]。生存系统模型的根本出发点是多样性平衡（variety balance）思想和递归分解（recursion）思想[111]。每一个可生存系统都包含着一些更小的可生存系统，这些更小的可生存系统可以用与它的上层控制系统相同的分析框架来进行分析。

生存系统模型从系统的观点出发，将组织建立为一个具有自组织能力的系统，不仅强调各运作单元之间的联系，还注重与外部环境的协调，通过制定规则和秩序，以监督考核的方式实现组织控制。其基本思想非常完美地契合了服务化和生态化对组织结构的要求，对服务型、生态型企业组织结构的设计具有借鉴意义，不仅能够提高创新业务部门的创新能力，而且能够加强创新业务部门内部，以及创新业务部门与现有业务部门和外界环境之间的联系，激发更多创新的积极性，并保持其持续的创新能力。众多学者对生存系统模型在组织管理、知识管理等多个领域进行推广和应用[112-113]。

2.3.2　系统稳态研究现状

2.3.2.1　耗散结构理论研究

耗散结构理论（dissipative structure theory, DST）于 1969 年在一次理论物理学和生物学的国际会议上正式提出[114]。耗散结构理论可概括为：一个远离平衡态的非线性的开放系统（不管是物理的、化学的、生物的，还是社会的、经济的系统）通过不断地与外界交换物质和能量，持续获取“负熵流”，在系统内部某个参量的变化达到一定的阈值时，通过涨落，系统可能发生突变即非平衡相变，由原来的混沌无序状态转变为一种在时间上、空间上或功能上的有序状态。这种在远离平衡的非线性区形成新的稳定的宏观有序结构，由于需要不断与外界交换物质或能量才能维持，因此称之为“耗散结构”。

耗散结构理论提出后，在自然科学和社会科学的很多领域如物理学、天文学、生物学、经济学和哲学等都产生了巨大影响[115-120]。著名未来学家阿尔文·托夫勒在评价普里戈金的思想时，认为它可能代表了一次科学革命。

2.3.2.2 生态位理论研究

生态位法则也称“格乌司原理”“价值链法则”，原指在大自然中，各种生物都有自己的“生态位”，亲缘关系接近的，具有同样生活习性的物种，不会在同一地方竞争同一生存空间。应用在企业经营上就是同质产品或相似的服务，在同一市场区间竞争难以同时生存。生态位理论是研究系统相关利益方相互作用的基本方法，而对于生态位的概念自从提出来近一百年的时间不断在演进和发展，表 2-2、表 2-3 汇总和对比了自然界和工业界生态位相关的概念演进过程。

表 2-2 自然界生态位研究

名 称	定 义
空间生态位[121-122]	在生物群落或生态系统中，每一个物种都拥有自己的角色和地位，即占据一定的空间(资源)
功能生态位[123]	描述了一个物种在其群落生境中的功能作用，且带有构成群落生境的自然因素所留下的烙印
多维超体积生态位[124]	生态位是每种生物对环境变量的选择范围，因为环境变量是多维的，称为“超体积”
模糊生态位[125-127]	生态位是定义在环境梯度上的一个模糊集合，在水平、垂直格局及物种间在资源、斑块、时间三维模糊集上具有互惠、共处和竞争关系

表 2-3 工业界生态位研究

名 称	定 义
产业生态位[72, 128]	指产业在战略环境中占据的多维资源空间，包括基础生态位和实现生态位两部分

（续表）

名　称	定　义
商业生态系统企业生态位[37, 129-131]	企业在整个生态资源空间中所能获得并利用的资源空间的部分，是一个企业行业内竞争实力的标志，分为骨干型、主宰型和缝隙型企业
品牌生态位[132]	品牌生态位是品牌在市场中所利用市场资源的综合状态，它是品牌生存条件的总集合体

作为生态位的两个重要指标，生态位宽度和生态位重叠度的量化和评估也有很多不同的方法，表 2－4 对比分析了已有的生态位宽度测算方法，表 2－5 对比分析了已有的生态位重叠的测算方法和模型，为智能产品服务生态系统生态位宽度和重叠的研究提供了依据。

表 2－4　生态位宽度测算研究

方法	特点	不足
Levins 公式[133]	引入 Simpson 指数和 Shannon-Wiener 指数进行生态位宽度评价，计算简单，生物学意义明确	忽略了种群对环境资源的利用能力或对生态因子的适应能力的差异及由此产生的对生态位的影响
Schoener 公式[134]	该公式是对 Levins 公式的拓展，在其基础上考虑了资源可利用性	若不按节点对资源的区分而划分资源状态时，生态位宽度计算值会变化，且没有恰当的实例解释
Golwell & Futuyma 公式[135]	利用资源矩阵，对 Levins 公式进行改进，考虑了资源的可利用性，其次对测度值进行标准化	应用范围受限，基于资源状态变异计算，过程复杂；具体的应用实例解释不明确
Hurlbert 公式[136]	对 Levins 公式用资源可利用率进行加权，对稀有资源的选择性很敏感	其在数学形式上仍未摆脱 Simpson 公式的本质，参数意义不确切，存在一定的局限
Petraitis 公式[137]	以观测利用比与可利用比的似然性为基础，提出了一个测定生态位宽度的统计方法	对于稀有资源的选择性不敏感，可按统计假设进行不同种群间生态位宽度比较，但当种群间有竞争或在同一资源中时，比较无效

（续表）

方法	特点	不足
Feinsinger & Spears 公式[138]	把生态位宽度定义为一个种群利用资源的概率分布与可利用资源的概率分布之间的相似程度	不适合资源可利用性及利用的研究，同时其精确性取决于研究者对可利用资源定义的客观程度
Smith 公式[139]	Smith 公式数学形式简单，几何意义明确，计算简便，并且便于分析和比较	对稀有资源的选择性反应不敏感，适用于结构比较简单的系统分析
Pielou 公式[140]	提出了平均生态位宽度的概念，并定义为种内生境多样性权重平均值	宏观描述值，可对整个系统进行描述，缺乏个体生态位的计算

表 2-5　生态位重叠研究

方法	特点	不足
曲线平均法[134]	从离散数据向连续数据转化十分简单，几何意义明确	公式的适用范围有限，不能准确地反映出生态位重叠的实际情况
对称 α 法[141]	能客观地反映出种群之间对资源利用或生态适应的相似性，具有较为直观的几何解释，标准量纲便于进行客观比较，具有较强的实用性	对种群的个体数量或其在群落中种群的数量特征不敏感
不对称 α 法[133]	比对称 α 法能更好地估计 Lotka-Volterra 方程的竞争系数	不是归一化数据，不便于比较；缺乏直观的几何解释，重叠关系的比较非常复杂
概率比法[136]	能与资源状态的可利用性联系起来，因而具有更合理的生物学解释	对于非自然生态系统的产品，服务生态系统缺乏有效的解释

在概念方面，对已有生态位的研究，使多维超体积生态位的基本方法被广泛接受[136]，并在此基础上做改进和拓展应用，包括模糊生态位描述方法的提出；在生态位宽度和重叠度测算方面，已有方法主要是以节点占用多维资源的量及其相似度进行的计算，应用最广泛的是 Levins 公式，以及在此基础上进行

的改进方法，但均不同程度存在适用范围有限、缺乏有效的实例解释等问题。

智能产品服务生态系统中，注重面向客户个性化需求的价值创造过程，因此其生态位的定义不应以占用的资源为主要评价维度，更多应从满足客户需求项集合的能力或创造价值的维度为评价指标。智能产品服务生态系统中的生态位宽度可以划分为基本生态位、理想生态位和实际生态位，生态位重叠会由于生态位的宽度而发生动态变动，应用传统方法（包括模糊生态位）难以对这一动态变动区间进行准确的描述，因此需要寻求新的理论应用于该领域的生态位宽度和重叠的定义和解析。

2.3.2.3　生态系统健壮性研究

关于系统健壮性（robustness），也称系统的鲁棒性，其定义多种多样，在不同的应用场景和领域中有不同的意义[142]。IEEE 将系统健壮性定义为系统在特殊严苛工作环境或偏离正常工作条件下保持进行正常工作的能力[143]。*Ecosystems and immune systems* 一书中定义系统健壮性在经受内外部扰动时系统保持其基本运行的能力[144]。一般系统健壮性定义为衡量一个系统抵抗外界干扰，以及能否从各种出错条件下恢复能力的一种测度。

经过过去 30 年的研究，系统健壮性目前在控制理论领域[145-148]开展了很多具有代表性的研究。而在应用数学、产品开发、软件开发等领域，系统健壮性评价的应用也逐步增多[149-154]。随着系统健壮性研究的深入，相关研究成果逐渐在自然生态系统[155-156]、生产系统[157-158]、供应链管理[159-160]和商业运营[161-162]等领域得到拓展。

商业生态系统健壮性研究[130]归纳分析了生存率等五个方面的要素，并将系统进行持续价值创造的能力作为系统健壮性评价的重要指标。健康的商业生态系统可以抵抗不可避免的外部扰动，同时提升各类企业的生存数量，包括大量的缝隙型企业。

以多主体系统为研究对象，规模变化抵抗力、环境变化抵抗力、技术变化抵抗力和驱逐或控制问题主体等四个方面的能力，可作为评估多主体系统健壮性的关键要素[163]。

我国相关学者对于企业生态系统的稳健性也开展了相应的研究[164]，包括概念和评价指标体系，选取相互独立且反映企业生态系统的典型敏感指标，并有针对性地设计了评价框架与方法。

2.4　智能产品服务生态系统设计研究现状

2.4.1　智能产品功能层次聚类与系统生成

为了解决智能产品服务生态系统服务中产品系统和服务系统的个性化灵活配置，需要对产品个体、功能单元、服务模块等进行打包，生成基础的产品功能解决方案及服务包，本书采用聚类的手段对具有相似性、关联性、互补性等关系的系统要素进行梳理。针对目前已有的主流聚类算法，本节进行详细的对照和比较，见表 2-6。

表 2-6　主流聚类算法的研究对比

方法名称	算法思想	优点	不足
k-means[165-166]	将 N 个对象分成 k 个簇，基本原则是簇内元素相似性较高，而簇间元素的相似性较低	算法思想简单，执行速度快，容易实现计算机代码编写	需手工输入类数目，对初始值很敏感；只能聚类成圆形或球形
层次聚类算法[167-168]	根据设定的终结条件，将所有的对象进行逐层分解，直至对象进行完全分层或某个终结条件满足而结束	距离的相似度容易定义；无须预先制定聚类数；可发现类的层次关系；可聚类成其他形状	计算复杂度太高；聚类过程不可逆
SOM 聚类算法[169]	基于自组织映射（Self-Organizing Maps, SOM）神经网络，将多维数据降维映射到所需的维度中	聚类准确性较高、聚类结果的可视化比较好、无须监督，能自动对输入模式进行聚类	需要事先制定聚类数，比较容易陷入局部最优解
模糊层次聚类算法[170-171]	根据对象的特征分析，构建其亲疏程度与相似性模糊关联关系，实现对客观事物聚类的分析	建立起了样本对于类别的不确定性描述，更能客观地反映实际事物	初始聚类中心敏感，需要人为确定聚类数

应用公开的 IRIS 数据集（包含 150 个样本数据）对几种聚类算法进行测试和对比，分别得到了不同的聚类结果，具体见表 2-7。其中，在运行时间和平均准确性两个基本指标上，模糊层次聚类方法的综合表现最佳。

表2-7　不同聚类方法的性能对比

方法名称	聚类样本数	运行时间/s	平均准确度/%
k-means	17	0.146 001	89
层次聚类算法	51	0.128 744	66
SOM 聚类算法	22	5.267 283	86
模糊层次聚类算法	12	0.470 417	92

2.4.2　智能产品服务流程图形化建模与量化分析

服务过程一般是由一系列分散的活动组成，如何设计、刻画并评价这些过程，一直是学术界讨论的重要问题。目前，在服务设计研究领域，服务蓝图、UML 图、BPMN 图、Petri 网等是常用的几种图形化和流程化建模工具，以下对已有的一些研究进行分析，不同建模工具的特征对比见表 2-8。

表2-8　不同建模工具的特征对比

建模方法	可视化表达	易读性	量化分析	分析粒度	适用领域
服务蓝图	流程图框	强	无	业务模块	服务系统及交互过程分析
UML 图	用例图、行为图、交互图等	弱	弱	类和对象	模型化和软件系统开发
BPMN 图	标准化的业务流程建模符号	强	弱	流程节点与过程	业务流程建模与标注
Petri 网	四元组顺序图	弱	强	活动和响应	离散并行系统的数学表示

20 世纪 80 年代，美国学者基于其在工业设计、决策论和计算机图形学等领域的研究[172-173]，将这些领域的一些交叉学科方法应用于服务设计领域，并推动开发了服务蓝图。服务蓝图是将服务系统及其流程以图形化的方式表达出来的一种工具，通过分析服务系统的结构要素和管理要素，并进一步用以对服务系统构成、业务模块和交互过程进行定性分析。

统一建模语言(unified modeling language, UML)是一种面向对象设计的方法，用来对物理世界中的对象进行图形化建模[174]，UML 起源于学术界对于描述对象集合[175]、对象建模技术[176]、用例方法[177]等面向对象的设计和分析方法的研究。UML 目前已经被对象管理组织(object management group, OMG)接受为标准,并且现在基本上已经被所有的软件开发产品制造商所认可。马丁·福勒在他的 *UML Distilled* 一书中指出,UML 是一个可以使得人们对模型进行交流的标记系统,源于方法学,同时这种方法学还可以描述开发和使用模型的过程[178]。UML 规范用来描述建模的元素有类(对象的)、对象、关联、职责、行为、接口、用例、包、顺序、协作及状态[179]。

业务流程建模与标注(business process modeling notation, BPMN)最早是由业务流程管理国际组织(BPMI)开发的一套用于业务流程建模的标准化规范体系,BPMN 1.0 版本于 2004 年制定并发布[180]。后来,业务流程管理国际组织并入国际对象管理组织,然后在 2011 年发布了 BPMN2.0 版本[181]。BPMN 的主要目标是提供一些被所有业务用户容易理解的符号,从创建流程轮廓的业务分析到这些流程的实现,直到最终用户的管理监控。BPMN 也支持提供一个内部的模型可以生成可执行的 BPEL4WS,因此 BPMN 的出现,弥补了从业务流程设计到流程开发的缺口。

Petri 网是对离散并行系统的数学表示。Petri 网是 20 世纪 60 年代发明的,最早应用于对异步并发计算机系统的建模[182]。Petri 网是一种图形化表达与量化分析相结合的一种方法,具有很强的系统描述能力和分析能力,为推动计算机领域的进步做出了重要贡献[183]。经典 Petri 网存在一些缺陷,如模型容易变得很庞大、模型不能反映时间方面的内容、不支持构造大规模模型等。为了解决这些问题,学术界研究出了高级 Petri 网,在令牌着色、令牌时间戳、网络层次化和增加逻辑时序等方面进行改进[184-186],目前 Petri 网在软件设计、工作流管理、数据分析和故障诊断等领域有着广泛的应用[187-188]。

2.5 智能生态产品服务交付研究现状

关于企业能力与服务能力的研究当前有众多分支。应用生存系统模型[189]作为指导思想分析企业动态能力内涵与构成维度,其认为企业的动态能力包括战略更新、组织学习、运行控制、关系协调和资源整合等多个维度。随着当前制造业柔性化、数字化、网络化、绿色化、智能化的发展,中国工程院李伯虎院士提出云制造模式[190-193]。在云制造模式下,物理世界的制造资源与能力通过虚拟化的方式进行封装,并以服务包的方式进行发布,通过网络实现流通、传输与交易，从而达到资源按需使用与动态配置的目的。

而对于服务业企业来说，能力要素却有所不同。部分学者[194]认为构成服务能力的五个基本组成要素是人力资源、设施、设备和工具、时间及顾客参与。区别于生产制造型企业的产品库存与固化的生产能力，由于服务的不可存储性与无形性，服务能力需要随时根据客户需求进行动态匹配，这就成为服务管理过程中的一个重大挑战。

产品服务交付过程的研究，即对服务资源的有效配置与动态管理的策略研究。面向医疗服务能力管理，基于主动需求管理的医疗资源最优分配管理方法被提出[195]。以医疗设备有限资源为约束，采用线性规划定制资源的最优分配方案。然而随着场景的多样化与复杂化，为了进一步获取最优化的服务能力配置策略，学术界逐步发展出了随机动态规划方法。

最常用的服务系统能力优化配置方法为基于排队论的 M/M/1 方法，相关研究趋于成熟[196-199]。此后，针对不同的系统特例，又分别有新的研究不断涌现，如对于同质系统的研究[200-201]，而对于异质性系统的研究[202-203]，Heuristic 和 Stochastic 启发式算法被设计提出。Asymptotics 启发式能力分配策略[204]用于解决重荷载假设环境下的关键问题。客户退单、拒单等因素被考虑在内以研究系统能力最优化配置的难题[205]。

2.6　智能产品服务生态系统的理论基础分析总结

智能产品服务生态系统是未来企业服务化、智能化、生态化转型的主要方向，也是围绕客户极致体验进行价值共创的新型商业模式，针对构建系统化的智能产品服务生态系统理论模型与关键技术体系，通过对国内外相关理论的研究与分析，总结出当前理论研究与实际工业领域的需求主要差距见表 2-9。

表 2-9　研究现状小结

研究内容		已有解决方案	尚存在不足
智能产品服务生态系统框架研究	智能化服务化转型研究	• 服务型制造/产品服务系统 • 智能系统和智能互联产品 • 基于平台、网络和数据的智能服务	智能化和服务化转型缺少共性的理论模型和方法的研究，尚处于前期摸索阶段

（续表）

研究内容		已有解决方案	尚存在不足
智能产品服务生态系统框架研究	生态理论的应用研究	• 商业生态系统 • 工业生态系统 • 产品生态系统 • 企业生态系统 • 创新生态系统	已有研究聚焦于战略和产品两端，缺少针对两端的有机整合；缺乏服务领域的生态理论研究与应用
智能产品服务生态系统边界及需求分析	服务生态系统边界研究	• 系统边界的客观性与价值性 • 系统学“秩边流”模型 • LCA 边界选择问题解决方案 • 信息系统边界选择问题解决方案	目前无有关服务生态系统边界分析的相关理论与研究
	服务生态系统需求分析研究	• 面向 MC 的客户需求建模方法 • 面向 PLM 的客户需求分类树与启发式分析算法 • 改进质量屋的客户需求获取方法 • 数据封装分析方法	已有研究缺少对客户隐性需求的挖掘及需求向资源的映射过程
		• 基于神经网络的客户需求预测 • 基于马尔可夫链模型的需求预测 • 基于决策支持向量机的需求预测 • 基于灰色系统理论的需求预测	不同的模型都存在特定的应用范围及算法本身的固有缺陷，如支持向量机核函数对精度的影响比较敏感等
智能产品服务生态系统解析研究	智能产品服务生态系统建模	• 一般系统论 • 开放系统论 • 可生存系统论	对生态化服务组织的解释能力不足，缺少精确量化分析和建模工具
	智能产品服务生态系统稳态研究	• 耗散结构理论 • 生态位理论，包括生态位定义、生态位宽度和重叠度测度 • 系统健壮性研究	相关理论相对独立，没有统一的应用场景和理论模型

（续表）

研究内容		已有解决方案	尚存在不足
智能产品服务生态系统设计研究	产品功能层次聚类与系统生成	• K-means 聚类算法 • 层次聚类算法 • SOM 聚类算法 • FCM 聚类算法等	算法本身具有特定适用环境，会有计算复杂度高、初值敏感、中心敏感等固有缺陷
	服务流程图形化建模与量化分析	• 服务蓝图 • UML 图 • BPMN 图 • Petri 网	几种工具分别刻画不同维度，缺少从服务包、服务流程到服务活动的综合考量
智能生态产品服务交付研究	智能生态产品服务能力	• 应用可生存系统模型（VSM）的系统能力层次分析 • 云制造服务模式研究 • 服务运营能力的五要素分析	缺少服务能力层次的统一化分析模型
	智能生态产品服务交付管理	• 基于线性规划和随机动态规划的最优能力分配与管理策略	服务能力无法存储，根据需求的波动来调节服务能力就成为服务管理者面临的很大一个挑战

第3章 智能产品服务生态系统总体框架

随着传感、通信和信息技术的发展，智能互联时代已经到来。智能化的交互方式改变了人们的交流方式，也打破了传统的行业界限，给依赖于生产和营销的制造业带来了激烈的变革。众多企业通过寻求在客户关系、业务流程和组织结构等方面的变革，去打造新的商业模式，从而得以在激烈的市场竞争中生存下来。在这样的时代和技术背景之下，传统的商品经济也在逐步转向服务经济，再到体验经济、共享经济和平台经济[211-212]。通过趋同的目标设定和价值取向，引导众多的相关利益方之间通过平台化和统一化的协调管理，实现资源共享、风险共担、互利共存，依赖于智能产品服务复合系统的生态效应，实现产品服务生态价值空间的拓展和相关利益方之间的合作共赢，并由此形成一种正向的服务生态价值循环。

作为全书主题的纲领，本章主要介绍了智能产品服务生态系统的基础定义、主要特征、构成要素及对应技术路线等，具体内容包括：①本书涉及的智能产品服务生态系统的相关概念定义；②智能产品服务生态系统的特征分析；③智能产品服务生态系统的要素结构；④智能产品服务生态系统的总体设计框架与流程，包括需求分析、系统解析、系统设计、服务交付四个阶段。

3.1 智能产品服务生态系统定义

针对本书核心研究对象及出现频率比较高的九个关键词，结合智能产品服务生态系统的特征，进行如下定义：

定义 3-1：智能产品服务生态系统

智能产品服务生态系统（smart product service ecosystem, SPSE）是一种

新型的商业组织形态，以最大化满足客户动态价值需求为目标，通过智能感知、联接、分析、决策优化和执行控制等智能化技术手段，构建智能产品服务网络，整合相关利益方和可用资源，围绕客户全生命周期业务链，以服务能力提升、效率优化和价值共创为前提，进行个性化服务模式创新、方案设计与交付运营，表现为一种具有互利共生与协同演化特征的生态化复杂自适应系统。

定义 3 - 2:智能产品服务生态系统边界

智能产品服务生态系统边界(SPSE boundary)是指智能产品服务生态系统运行的有效范围，具体包括细分市场的行业领域、边界条件、价值取向、相关利益方及目标客户群体等。

定义 3 - 3:智能产品服务生态系统健壮性

智能产品服务生态系统健壮性(SPSE robust)是指智能产品服务生态系统在远离平衡态条件下，通过生态位分离、非线性作用、多级冗余机制等，自组织形成新的有序结构的特性。

定义 3 - 4:生态价值涌现

生态价值涌现(ecological value emergence)是指智能产品服务生态系统由于环境效应、结构效应、组分效应及规模效应等引起的复合价值和生态价值的增值过程。

定义 3 - 5:服务包

服务包(service package, SP)是指智能产品服务生态系统中向客户的特定需求提供的一系列产品和服务的组合。

定义 3 - 6:服务过程

服务过程(service process)是指智能产品服务生态系统中为了交付单个或若干服务包所需要的人员、物料、工具的集合，以及其相互之间的作用步骤和流程的集合。

定义 3 - 7:服务活动

服务活动(service activity)是指智能产品服务生态系统中服务过程所能划分的步骤和流程的最小单元，即服务系统元素之间的交互行为。

定义 3 - 8:服务能力

以系统的最大产出率为衡量，服务能力(service ability)主要是指智能产品服务生态系统在服务交付过程中所能输出的能力程度。

3.2　智能产品服务生态系统特征分析

简单的智能服务活动已经逐步成为现实，随着智能服务活动之间的关联关系越来越复杂，参与进来的相关利益方越来越多，在某些领域，如医疗、农业、智能家居等行业，已经出现了智能产品服务生态系统的雏形。智能产品服务生态系统的本质即将信息、商务、关系等通过平台化的方式联接起来，基于智能技术对于内外部服务资源进行生态化的整合及潜在能力和效率的挖掘，为客户创造并交付最大化的服务价值。因此，智能产品服务生态系统需要同时具备三个方面的特征，即智能的特征、生态的特征、服务的特征，如图 3－1 所示。其中，智能的特征是技术基础，生态的特征是系统组织的模式，而服务的特征是智能技术与生态模式具体的应用实施领域。

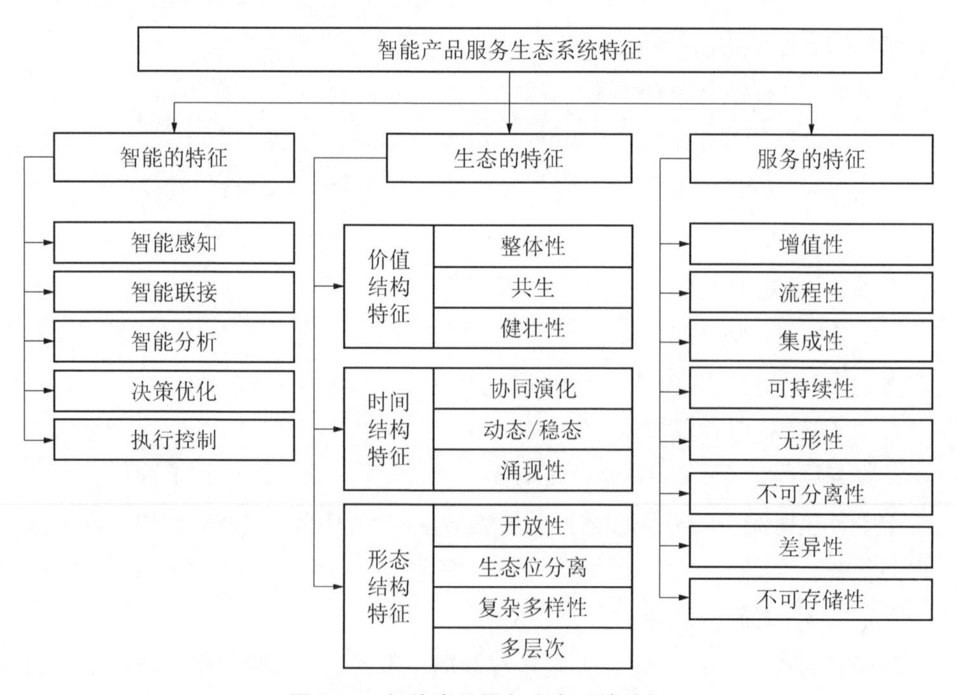

图 3－1　智能产品服务生态系统特征

3.2.1　智能的特征

智能化技术在产品服务生态系统中的应用，主要表现在五个方面，即智能感知(awareness)、智能联接(connection)、智能分析(analysis)、决策优化(optimization)和智能控制(control),具体每个特征的描述、能力效果及应用举例具体见表3-1。智能化技术在产品服务生态系统中有五个方面的应用,其主要目标是通过智能化技术的融合,实现产品服务生态系统中的实时感知与联接、过程可视化、决策最优化、执行自动化及服务自主化,从而借助智能技术实现服务系统中相关利益方的协同、资源的整合,以及服务能力和运行效率的提升。感知+联接+相关利益方+流程的交互,创造了新型的智能应用和服务[206]。

表3-1　产品服务生态系统中智能化技术的应用

序号	智能的特征	特征描述	能力和效果	应用举例
1	智能感知	通过传感技术,实时获取产品运行状态、环境状态、客户使用状态等信息和数据	延伸感官边界,提升信息获取能力	**智能家居:**NEST恒温器实时感知家庭温度、湿度、行动和光线等环境参数
2	智能联接	生态系统中的个体可根据一定的协议相互联接,并进行信息和数据的交互	打破交互的空间和时间局限性	**智能网联汽车:**滴滴打车平台将私家车、出租车、商务车等联接到平台中
3	智能分析	通过智慧服务平台的综合分析,以获取系统中的共性需求、规律和问题	提高系统认知的能力和深度	**智慧医疗:**Google和IBM通过人工智能进行癌症等病理筛查和诊断分析
4	决策优化	个体决策与群体决策相结合,最优化服务方案、服务流程和资源配置方式	提高系统运行的能力和效率	**智慧交通:**高德地图通过实时分析各路段的车流量,为客户推荐最佳路线
5	智能控制	通过远程、自动化、自主化等手段,实现对于产品及服务流程的控制	提高系统控制的精准度	**智能家居:**NEST恒温器控制通过自主学习控制空调、地暖、新风等电器系统

3.2.2　生态的特征

一般的产品系统聚焦于产品功能的实现进行组合,产品服务系统则在产品系统的基础上融合了服务要素和流程,而智能产品服务生态系统则关注由于相关利益方、智能产品系统、服务过程等不同要素的生态作用。概括总结出智能产品服务生态系统区别于传统产品系统和服务系统的显著特征主要包括三大类,即价值结构特征、时间结构特征、形态结构特征。其中,价值结构特征体现的是SPSE在运行与协调机制层面的内在逻辑,可以用整体性、共生(竞争合作)、健壮性(自适应)三个维度来描述;时间结构特征体现的是SPSE动态化演进的相关特点,可以用协同演化(自组织)、动态和稳态进化特性、涌现性三个维度来描述;形态结构特征体现的是SPSE内要素个体之间的构成关系与相互作用关系,可以用开放性、生态位分离、复杂多样性及多层次嵌套等维度来具体描述。智能产品服务生态系统生态的特征解释见表3-2。

表3-2 智能产品服务生态系统生态的特征解释

特征类型	特征名称	特征描述
价值结构特征	整体性	具有明确的系统价值主张和目标;通过系统价值链、能力及资源整合,将个体竞争转为群体竞争
	共生(竞争合作)	互利共生功能紧密耦合/松散耦合、资源共享、风险共担、价值共创 静态匹配:系统的结构层及关系层的协调性与一致性 动态协同:系统的目标层及价值层的兼容性与协同性
	健壮性(自适应)	主要指通过合理的价值创造和分配机制,以及系统的多样性、异质性、复杂性维持系统稳定性的抵抗力和恢复力,根据环境自我调整和自我优化,保证系统稳态、竞争力和价值共创能力
时间结构特征	协同演化(自组织)	作为一种复杂适应系统,将离散的要素和静态的结构转化为动态连续的关系和活动,推动系统从无序到有序、从低级有序到高级有序的协同演化(远离平衡态);其动力包括内在主体与环境之间的非线性相互作用和影响,以及外在环境的选择性行为
	动态和稳态进化特性	动态波动(涨落):外部环境动态性、消费者需求动态性、组织结构动态性;稳态进化:系统总是自动向物种多样性、结构复杂化和功能完善化,并且运行效率最高、内外部协调稳定状态演化
	涌现性	作为由众多系统成员组成的整体,可以发挥比部分之和更大的作用,取得单个个体难以达到的更大的发展,或者说产品服务生态系统作为整体具有其个体成员所不具有的特性(1+1>2)

（续表）

特征类型	特征名称	特征描述
形态结构特征	开放性	服务生态系统与环境及内部系统之间具有广泛的联接与交互关系，可以共享和交换资源。系统具有模糊可延伸的边界，呈现网络状结构，允许新元素和联接的加入，不断拓展可能性空间，更好地集成和利用外部资源（分工合作、资源聚合、资源共享）
	生态位分离	异质共存，减少内耗（生态位分离/压缩/扩展/创新/移动/宽度/重叠）；生态系统主要角色包括网络核心型（keystone）、支配主宰型（dominator）、坐收其利型（land lord）、缝隙型企业（niche player）
	复杂多样性	服务生态系统需要持续协调和管理内外部的复杂性，即对多样性、变异性、无序性和不确定性的管理。首先，复杂多样性对于企业应对不确定性环境扮演着缓冲的作用；其次，有利于产品服务生态系统价值的创造；最后，是产品服务生态系统实现自组织的先决条件
	多层次嵌套	嵌套的网络结构：每一个系统（L级）都会与超系统（L+1级），或者子系统进行交互（L-1级）；复杂现象的解释需要从微观（要素、关系、结构、交互、活动）和宏观（表现、价值观）两个方面用综合的方法解释

3.2.3　服务的特征

一般的经济学领域认为服务具有典型的无形性、不可分离性和不可存储性三个单行特征，在对智能产品服务生态系统进行详细剖析之后，将其服务的特征拓展为8个子项，包含增值性、流程性、集成性、可持续性、无形性、不可分离性、差异性和不可存储性，智能产品服务生态系统服务的特征见表3-3。

表3-3　智能产品服务生态系统服务的特征

序号	服务的特征	特征描述
1	增值性	服务是对现有价值链横向和纵向的延伸，通过设计基于使用和绩效的商业模式，进一步挖掘新的价值空间
2	流程性	服务的交付不同于产品的交付，需要通过一定的服务流程来实现，需要通过网络化的生态组织来运营支撑

（续表）

序号	服务的特征	特征描述
3	集成性	以一站式集成化解决方案最大化满足客户的价值及体验需求，降低由于服务方案配置的复杂性而带来的额外成本和损失
4	可持续性	服务生态系统相关利益方之间是长期稳定、可持续的关系；通过最优化的资源配置提供服务解决方案，具有环境友好的特征
5	无形性	服务不像产品那样拥有实体，不能够被感受、触摸和占有，一般情况下，面向客户提供的是无形的、流程性的行为组合
6	不可分离性	服务的生产组织与消费享受两个过程是同时发生的，需要服务的生产者与消费者共同参与
7	差异性	不同的客户对于服务的需求各不相同，对于同样的服务也可能会由于外部因素的不同而对其产生差异化的评价，服务一般比较难以进行标准化
8	不可存储性	一般地，服务不能够被保存、转移与退还。服务能力无法预先生产和储存以满足未来的客户需求，服务的供需匹配问题是企业面临的一个重大挑战

3.3 智能产品服务生态系统要素构成

智能产品服务生态系统是基于智能产品与智慧服务平台的生态化商业运行体系，其将原有服务体系的相关利益方，包括客户、服务提供商、产品提供商等，应用智能互联技术及平台化技术，通过融入智能交互手段，减少了原有产品服务体系的信息不对称现象，信息流、物流、服务流和资金流等进而可以得到深度的优化，在相关利益方服务功能复合拓展价值空间的基础上，也可以极大降低系统运行的成本。

智能产品服务生态系统迅速成为一个庞大的、全球性的数字化神经网络，联接了大量的人、设备及海量的数据点。在这个系统中，价值是由人和事物时间无边界的交互所驱动的。如图 3-2 所示，参考 Harbor Research 关于智能系统六个方面构成要素的分解与定义[1]，进一步分析得到智能产品服务生态系统同样可以通过六个方面构成要素来进行定义和描述，具体包括智能技术、用户体验、市场定位、商业模式、关联关系和联接交互。

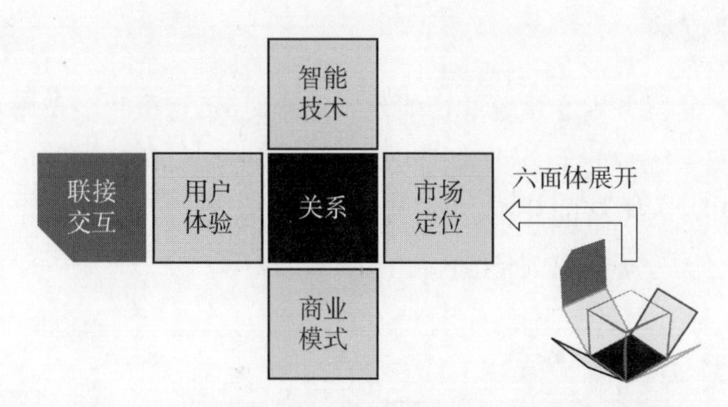

图 3-2　智能产品服务生态系统的六面体展开模型

智能产品服务生态系统的六大要素与传统产品服务系统或商业生态系统有部分重叠，如传统产品服务系统中同样会涉及产品技术、用户体验和关联关系等，商业生态系统中也同样会涉及商业模式和市场定位的问题，然而智能产品服务生态系统中的六大要素与传统产品服务系统或商业生态系统相比在具体内涵上会有较大差别。在智能产品服务生态系统下对六大要素的重新定位与思考的相关内容，如图 3-3 所示。

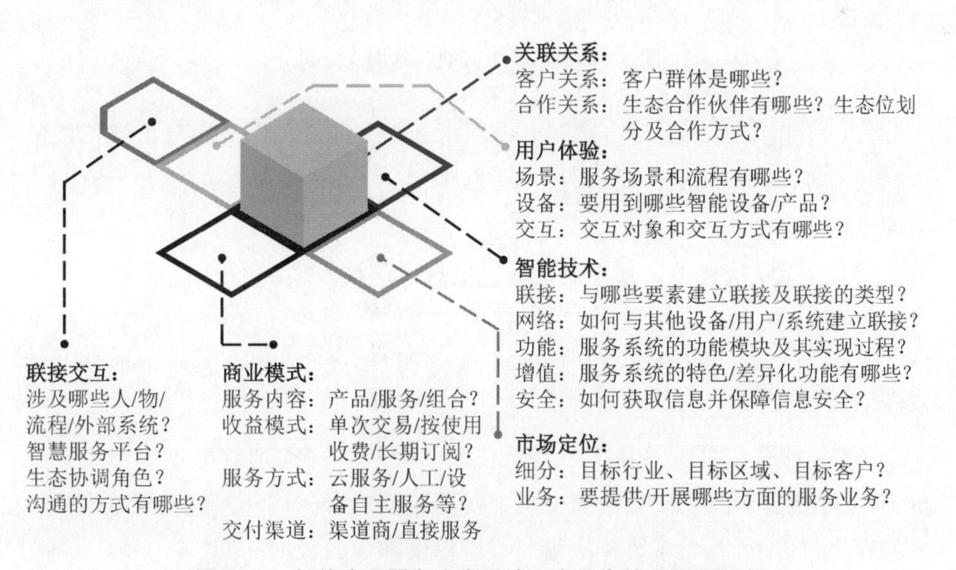

图 3-3　智能产品服务生态系统六大要素的定位和思考

3.3.1 智能技术

与智能产品服务生态系统的智能化特征相对应，这里智能技术具体是指为产品服务生态系统中的生态互动、服务设计及服务交付等活动开展提供支撑的智能感知、智能联接、智能分析、决策优化及执行控制等相关领域的技术，SPSE中智能技术层次分析如图3-4所示。

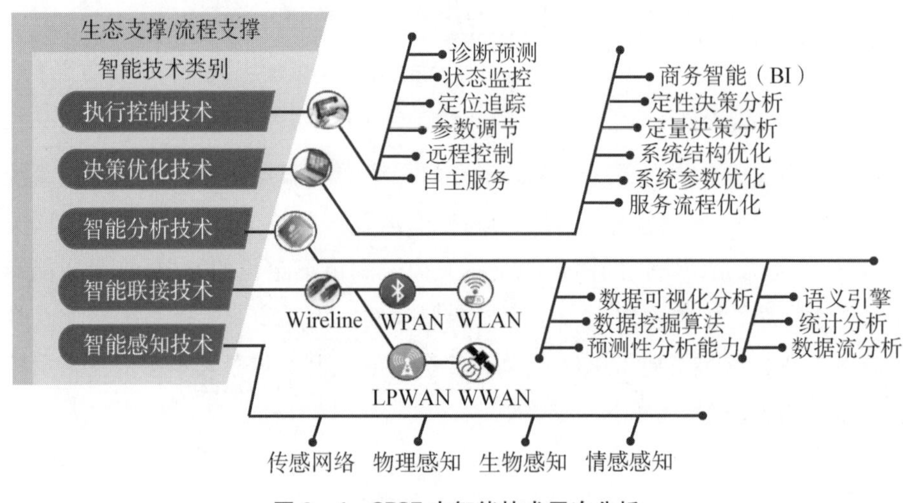

图3-4 SPSE中智能技术层次分析

(1) 智能感知技术。其包括物理感知、生物感知、情感感知及由此构成的传感网络等，智能感知技术及传感器等载体构成了SPSE系统的感知器官与末梢神经网络。

(2) 智能联接技术。其主要是通过信息通信技术实现不同产品、用户及平台之间的互联互通，相关技术包括有线宽带、蓝牙(Bluetooth)、局域网(WLAN)、3G/4G通信技术和卫星通信技术等，构成了SPSE系统的血脉与神经主干。

(3) 智能分析技术。其主要是对获取的大量不同类别数据进行可视化分析、深度挖掘、预测性分析、语义分析、统计分析和数据流分析，以发现数据中隐藏的规律与价值，并为系统化决策与控制提供客观的数据支持。

(4) 决策优化技术。其根据智能分析的结果，进行最优化、最合理的判断，包括商务智能、定性决策、定量决策、结构优化、参数优化和流程优化等不同过程，构成了SPSE的最高指挥系统。

(5) 执行控制技术。其是对决策优化结果的落实与执行，包括产品参数调节、远程控制、智能化自主服务、诊断预测、状态监控和定位追踪等，形成SPSE的信号输出与末端执行系统。

3.3.2 用户体验

ISO 9241-210标准将用户体验定义为“人们对于正在使用或期望使用的产品、系统，或者服务的认知印象和回应”[207]。影响用户体验的因素包括体验对象、客户感知和体验环境。

区别于现有的产品系统或服务系统的用户体验，智能产品服务生态系统环境下，智能技术、生态互动、价值共创网络及创新参与等多方面要素的融入，极大改变了影响用户体验的三大因素。

用户体验的构成见表3-4。智能产品服务生态系统中的体验对象转化为智能化的产品、参与式服务流程、生态化的服务组织；客户感知由于智能技术的融入使得感知的维度和宽度均得以拓展。

表3-4 用户体验的构成

因素	传统产品/服务系统	智能产品服务生态系统
体验对象	非智能化的功能型产品；单一的服务提供商；体验主要集中于产品使用过程	除智能交互式产品服务系统之外，还包括多元化参与的服务生态组织，以及参与式流程化的服务方案设计与交付过程
客户感知	有限的感知和认知范围；雷同的产品服务方案；未满足的特殊需求；缺乏交互的体验过程	拓展的客户感知和认知边界；客户关怀及个性化的产品服务体验；客户感知价值的提升；体验过程的自主性及参与感
体验环境	技术水平较低；相互孤立的产品和参与者；相关利益方价值主张各不相同；封闭式的系统	智能互联的技术场景；互利共生、协同演化的服务生态组织；产品服务价值共创网络；开放式的客户参与及创新环境

3.3.3 市场定位

智能产品服务生态系统的市场定位，需要明确两个方面，即目标市场和目标客户，如图3-5所示。其中目标市场以核心的行业领域为支点，拓展周边生态行业，将单一领域的业务发展成复合的生态化业务范畴。在确定智能产品服务行业领域的基础上，划定生态服务运营的市场边界额，即统一的市场区域或分割的市场区域，封闭的运营边界或开放的运营边界等。进一步估算市场容量以评价生态系统的成长空间，包括市场容量是否可变、目标市场的业务结构是否可变。

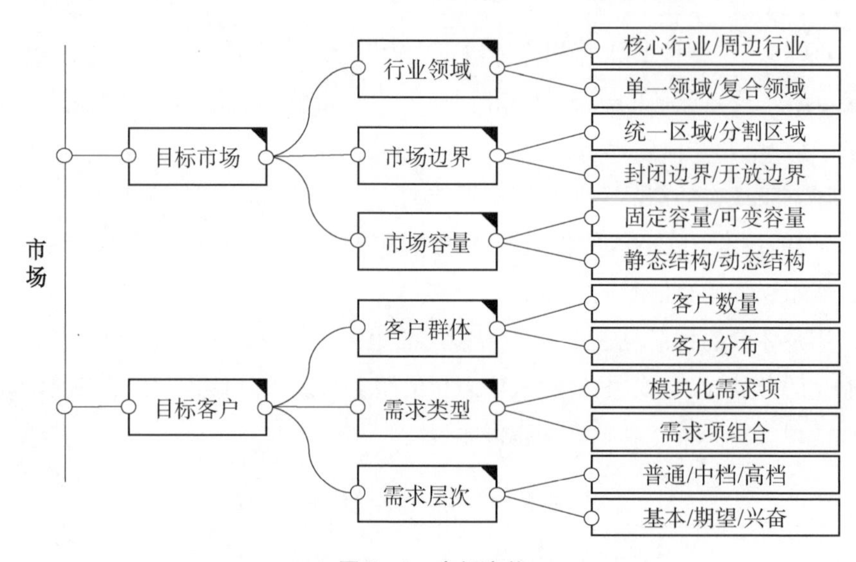

图 3-5　市场定位

目标客户的定义同样需要三个维度，即客户群体的细分、客户需求的类型及客户需求的层次。其中，客户群体细分可用已有或潜在客户的数量及分布进行描述；客户需求类型可用模块化需求项及其个性化组合来描述；客户需求层次从为满足客户需求所付出的价值来衡量可划分为普通、中档、高档三个层次，而从客户的期望来衡量可划分为基本型、期望型、兴奋型三个类别。

3.3.4　商业模式

智能产品服务生态系统的商业模式具体阐释系统进行价值创造和价值增值机制，以及生态化服务组织过程。如图 3-6 所示，将智能产品服务生态系统的商业模式进行横向和纵向的模块划分之后，分析可得四个大的模块，即前端服务生态网络、中间环节智能产品服务方案配置与交付、客户端管理及面向全链条的价值管理。

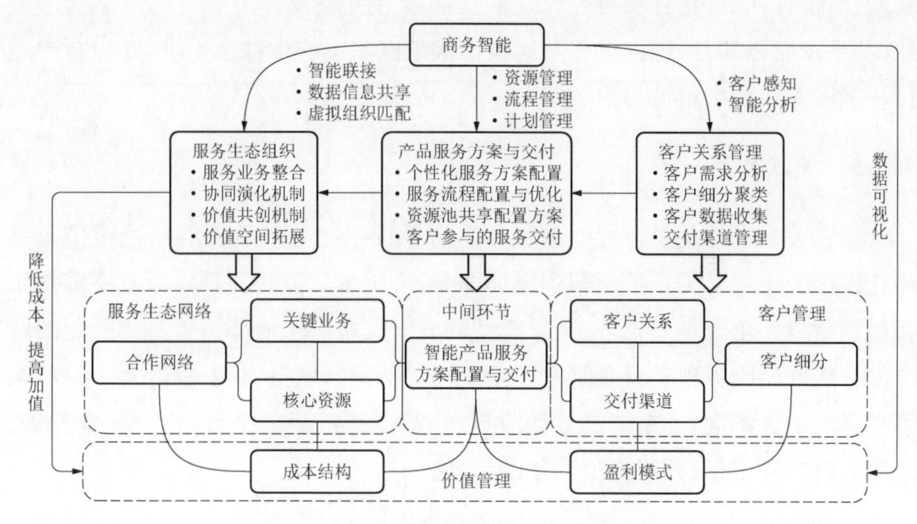

图3-6　智能产品服务生态系统商业模式

(1) 服务生态网络部分需要构建智能产品服务生产和交付的合作组织网络,并明确智能产品服务的关键业务与核心资源。从传统的组织方式转型到服务生态组织方式,则需要对服务业务进行整合,引入协同演化机制和价值共创机制,从而进一步拓展生态价值空间。

(2) 中间环节需要重点解决智能产品服务方案设计与交付的一些瓶颈问题,包括个性化服务方案配置、服务流程配置与优化、服务资源池共享配置及客户参与的服务交付过程管理等。

(3) 客户管理。延续市场定位中的目标客户定义,客户端管理则需要在进行客户细分的基础上,进行客户关系与智能产品服务交付渠道的精细化管理,具体任务又可细分到客户需求分析、客户群体聚类、客户数据收集和交付渠道管理等。

(4) 价值管理。价值管理模块起到生态平衡与调节的作用,即通过服务价值的创造、流动和消耗等过程管理,形成正向的价值螺旋,从而使得智能产品服务生态系统具有可控的成本结构及科学合理的盈利模式。

作为智能产品服务生态系统的特色,商务智能将从以上四个环节,来极大促进传统商业模式的转变。比如,智能联接、数据信息共享、虚拟组织匹配等技术将重构已有的基于物理区位的组织形态;面向个性化的需求,智能化的资源管理、流程管理、计划管理将有效提高产品服务方案设计与交付的效率与准确性;基于智能感知与分析,可相对比较准确地获取客户个性化需求,并对客户进行基于标签的精准定位与聚类。

3.3.5 关联关系

关联关系主要是指智能产品服务生态系统中相关利益方的角色定位及其相互作用的机理。关系类型与构成如图 3-7 所示。关联关系分析主要聚焦于相关利益方的角色类型划分、关系类型划分及关系形态的分析等具体问题的解决。智能产品服务生态系统是一种系统层级的网状联接,具有复合化、开放式、可扩展的生态特性,子系统及基础节点(产品、资源、服务平台、相关利益方等)之间通过交互协作,开展价值共创的活动。

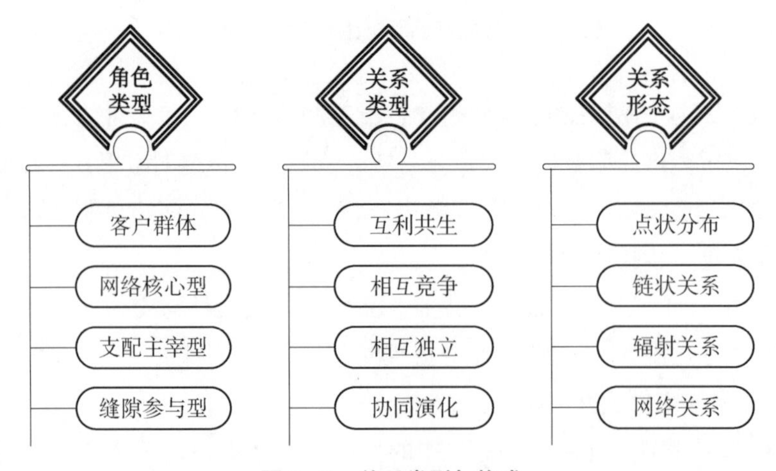

图 3-7 关系类型与构成

依据生态位理论,智能产品服务生态系统中的角色类型可划分为客户群体参与者、网络核心型参与者、支配主宰型参与者及缝隙参与型角色等。网络核心型参与者主要是指核心产品服务提供商,它是生态价值创造的主要来源;支配主宰型参与者主要是指核心平台或主干管道提供商,这些角色占据了生态价值流动的关键节点或链路;而缝隙参与型角色则依附于网络核心型或支配主宰型角色存在,用于填补生态网络中的夹缝或空缺位,寻求分享生态价值和收益的机会。

智能产品服务生态系统中的关系根据不同的相互作用可划分为四种类型,

即互利共生型、相互竞争型、相互独立型和协同演化型。互利共生型关系主要是指相互依赖于对方的存在而产生额外的价值，如智能家居中的电视机生产商与电视内容服务商之间通过会员捆绑销售方式，促进电视机销量和内容服务流量的同步增长；相互竞争型关系主要是指相同生态位个体之间为谋取同一段区间的利益而开展的竞争，如智能家居中不同的空调供应商之间的关系，以及空调供应商与风扇供应商之间的关系等；相互独立型关系是指相互之间几乎不存在生态位的交叉重叠，如冰箱生产商与电视机生产商等；协同演化型关系则具体指不同产品或服务存在部分生态位的重叠，相互之间为了取代对方或避免被对方取代而不断进行革新和改进，如随着家庭个人电脑的普及，传统的模拟信号电视逐步被淘汰，而新型的智能化网络电视则由于其屏幕尺寸大、高清显示、网络联接等新的特征进而继续与家庭个人电脑抗衡占据客厅主要家电的地位。

从关系形态上分析，智能产品服务生态系统中存在点状分布、链状关系、辐射关系和网络关系等不同的关系形态。其中，点状分布存在于服务生态系统构建初期，相关利益方、服务资源等系统元素之间尚未形成有序的关联关系，以相互独立的形态存在。链状关系则主要是指价值链以简单交易为主的单向传递关系。辐射关系则重点强调了围绕核心服务供应商的多用户、多市场的外向辐射式服务模式，或者围绕核心客户的多供应商、多主体的内向辐射式服务模式。网络关系主导的是去中心化的服务组织形态，这种形态下，服务组织的稳健性最高。

3.3.6　联接交互

智能产品服务生态系统呈现出一种网络状的联接形态，具有复合化、开放式、可扩展的生态特性，复合系统中的子系统及基础节点（产品、资源、服务平台、相关利益方等）之间，开展多元化的交互活动，包括资源交互、功能交互、信息交互和价值交互，如图 3－8 所示。

智能产品服务系统作为复合的系统，围绕智慧服务平台这一核心，包括功能型子系统、资源型子系统、协调型子系统、评估型子系统、客户子系统和流程型子系统等，不同类型的子系统之间存在的联接交互方式及内容都是不同的。

交互类型按照交互的内容进行划分，可以分为资源交互、功能交互、信息交互和价值交互四种类型。其中，资源交互以物料、工具等资源的流转为核心；功

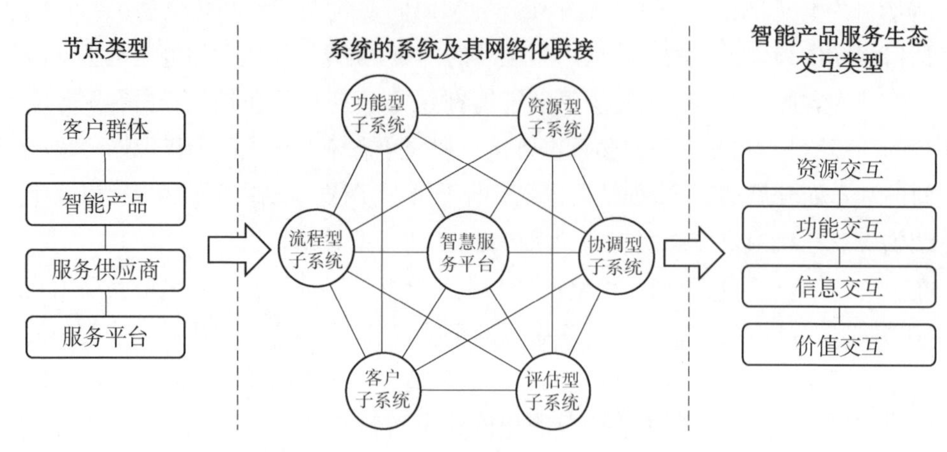

图 3-8 智能产品服务生态系统联接交互

能交互则以不同产品或其他节点之间的控制或合作关系为核心，如智能路由器对于空调、洗衣机等其他智能家居产品的控制；信息交互则以数据信息的流转为核心，如用户使用记录、电器运行日志等信息的上传；价值交互则主要是以利益的流转或交换为核心，其是伴随着其他三种交互方式而存在的，如内容服务商通过电视向用户提供内容服务的同时，用户会向内容服务商支付费用，而内容服务商进一步再对电视提供商进行补贴。

3.3.7 生态特征与系统要素之间的关联关系

在分析了智能产品服务生态系统的三大特征（智能、生态、服务）与六大要素（智能技术、市场定位、商业模式、用户体验、关联关系、联接交互）的基础上，对三大特征与六大要素之间的映射关系进行详细对照，以对智能产品服务生态系统的内在逻辑进行深度解析，见表 3-5。

表 3-5 智能产品服务生态系统特征与组成元素之间的关联关系

特征	智能技术	市场定位	商业模式	用户体验	关联关系	联接交互
智能	智能感知/联接/分析/决策优化/执行控制	目标市场及客户的智能感知、智能匹配	网络化、平台化业务模式、服务交付过程可视化与可控	客户感官的延伸、客户需求及使用数据智能分析	生态服务组织的虚拟化与智能匹配	数据、信息、资源的共享与智能化交换

（续表）

特征	智能技术	市场定位	商业模式	用户体验	关联关系	联接交互
生态	生态系统的技术体系；系统自适应、自组织与自主化	多元市场融合、市场边界模糊化、市场空间拓展	服务生态网络的合作共赢，商业运营的动态稳定性	生态合作提供综合性解决方案满足客户个性化服务需求	网络化、松散耦合的虚拟合作组织	生态节点联接的网络化、动态性、可靠性
服务	技术密度提升产品服务品质与价值；改变服务交付方式	服务价值链的横向拓展与纵向延伸，拓展新的价值空间	基于价值共创的商业模式；服务流程智能设计；服务资源池化管理	一站式集成化解决客户解决方案、用户体验的一致性与稳定性	基于智慧服务平台的协同化关系；服务生态位分离与交叉	服务生态网络中角色、数据、资源的联接交互与逻辑关系

以用户体验为例，智能的特征使客户感官得以延伸，客户需求及使用数据可通过智能分析的方法进行深度挖掘；而生态的特征使客户个性化需求的满足可以通过生态合作的方式来满足，通过智慧服务平台提供综合性的解决方案，免去客户的选择困难与沟通成本；服务的特征则保证通过一站式集成化服务模式，减少客户对于不增值的产品或流程的关注，提高客户体验的一致性与稳定性。其他五个方面的系统要素与智能、生态、服务三大特征的映射与此类似。通过二维映射矩阵的对比分析，一方面可以更加深入分析智能产品服务生态系统的运营机制；另一方面，也可以更加清晰区别于传统的产品系统、服务系统或产品服务系统等商业系统形态。

进一步通过构建智能产品服务生态系统六大要素之间的关联分析矩阵，剖析各要素之间的交互关系，见表3-6。智能产品服务生态系统六大要素之间并不是独立存在，而是有着内在的相互支撑与逻辑关系。在智能产品服务生态系统中，为用户提供最大化的服务机制体验是最终目标，为此要通过市场定位来进行目标市场细分和目标客户群体的识别，从而发现客户价值和商业价值，形成整个智能产品服务生态系统运行的驱动力，而价值的创造过程是由智能技术、商业模式和关联关系通过联接交互的有机整合而运转起来。反过来，用户同样以参与者的角色加入整个价值创造过程中来，进行需求提出、意见反馈、价值回馈和过程交互等主动式活动。智能产品服务生态系统要素之间的作用关系如图3-9所示。六大系统要素之间形成一种动态闭环的运转机制，任一智能产品服务生态系统也均可通过此模型进行要素分析和内在逻辑的分析。

表3-6　智能产品服务生态系统六大要素之间的关联关系

要素	智能技术	市场定位	商业模式	关联关系	联接交互	—	—
智能技术	智能感知/联接/分析/决策优化/控制	—	—	—	—	技术场景 智能产品 交互渠道	用户体验
市场定位	智能技术需求市场主动感知 虚拟化运营	市场细分 客户群体	—	—	—	市场细分及动态需求挖掘与预测分析	
商业模式	商务智能 业务分析 流程优化	客户动态需求的获取与分析 市场渠道的拓展	服务方案 服务流程 服务资源 服务交付	—	—	个性化的产品服务方案及交付流程	
关联关系	利益方识别 运营状态感知 合作智能匹配	外部竞争环境市场合作关系	价值共创网络价值共创机制 协同演化机制	角色类型 关系类型 关系形态	—	价值共创合作网络构建与参与式创新	
联接交互	智能感知网络集成交互接口 共享与交换	多元化市场融合 市场边界模糊化	交互式网络化服务平台	网络化、松散耦合的合作组织	系统的系统多元化交互内容	服务生态系统层次及关联分析；交互矩阵	

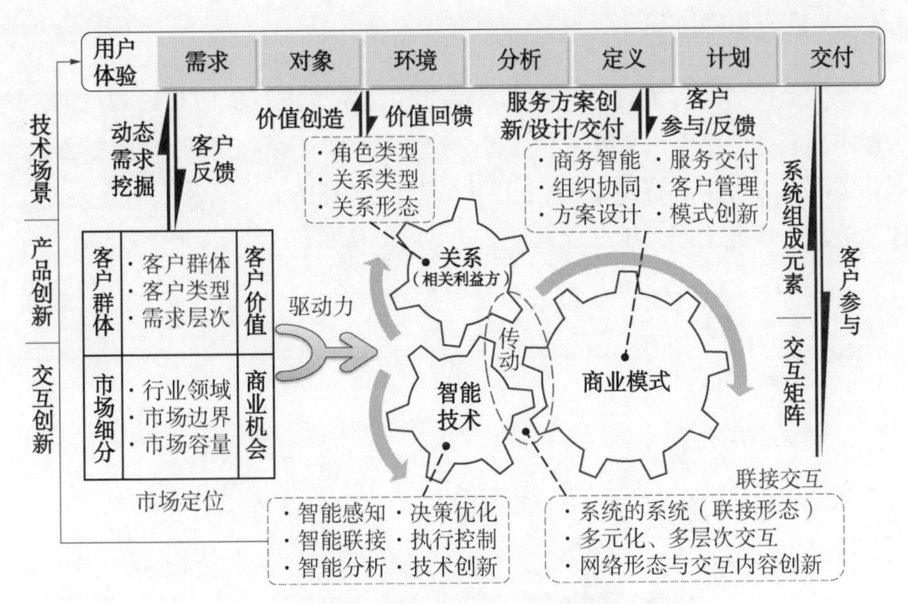

图3-9 智能产品服务生态系统要素之间的作用关系

3.4 智能家居服务生态系统示例验证

3.4.1 案例背景

智能家居(smart home)是以住宅为平台，利用综合布线技术、网络通信技术、安全防范技术、自动控制技术、音视频技术将家居生活有关的设施集成，构建高效的住宅设施与家庭日程事务的管理系统，提升家居安全性、便利性、舒适性、艺术性，并实现环保节能的居住环境。目前，国内外很多不同类型、处于产业链上不同环节的企业，如霍尼韦尔、海尔、小米和京东等，都瞄准了智能家居这个行业，进行产品开发、软件开发、系统集成和平台搭建等，产业生态初具雏形。

典型的智能家居系统构成是非常丰富的，而如何围绕已有的、丰富的智能产品系统打造智能家居服务生态系统，将会是一个非常有意义的议题，因此本节选取智能家居服务生态系统作为示例进行讲解与分析。

3.4.2 系统基础框架

某智能家居厂商为打造智能家居服务生态系统进行提前布局和规划。该智能家居服务生态系统以用户为中心，拓展线上线下交互渠道，整合服务生态圈相关利益方和生态资源，提供多样化的智能家居相关产品及生态化服务，整体智能家居服务生态系统基础框架如图 3-10 所示。

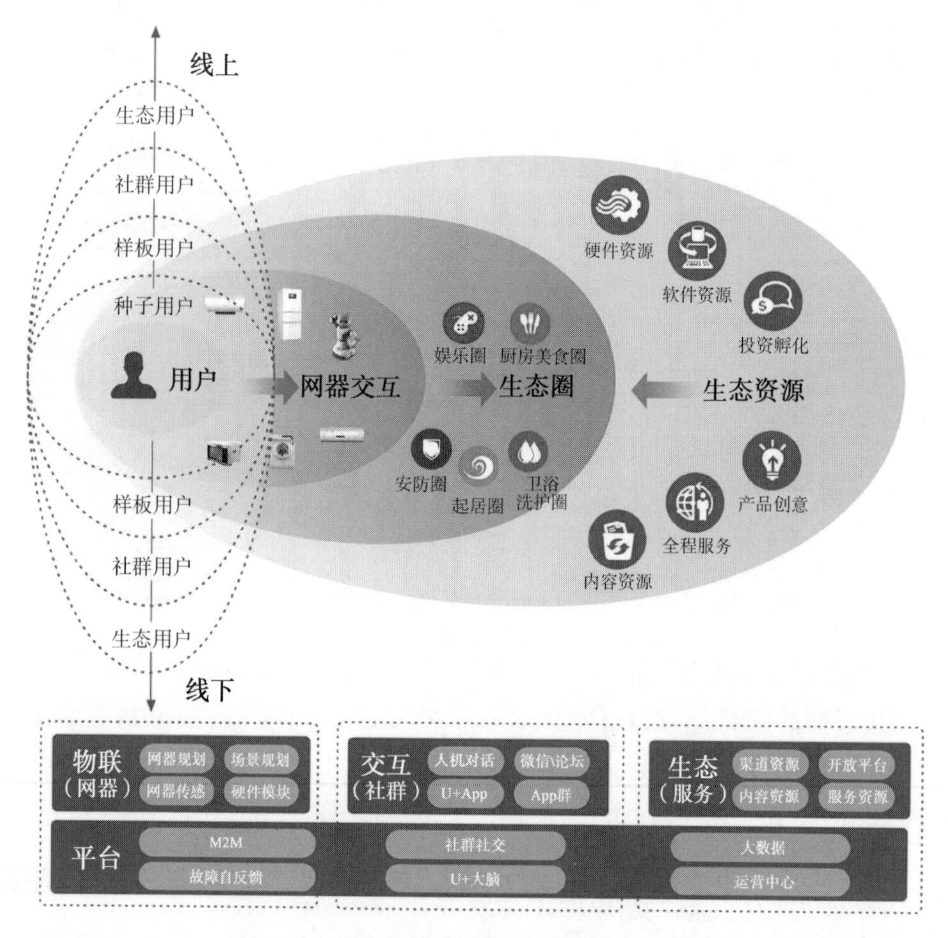

图 3-10 整体智能家居服务生态系统基础框架

3.4.3 系统特征体现

从特征上看，智能家居服务生态系统比较全面地体现了智能产品服务生态系统智能、生态、服务的三个基本特征。

1) 智能特征的体现(图3-11)

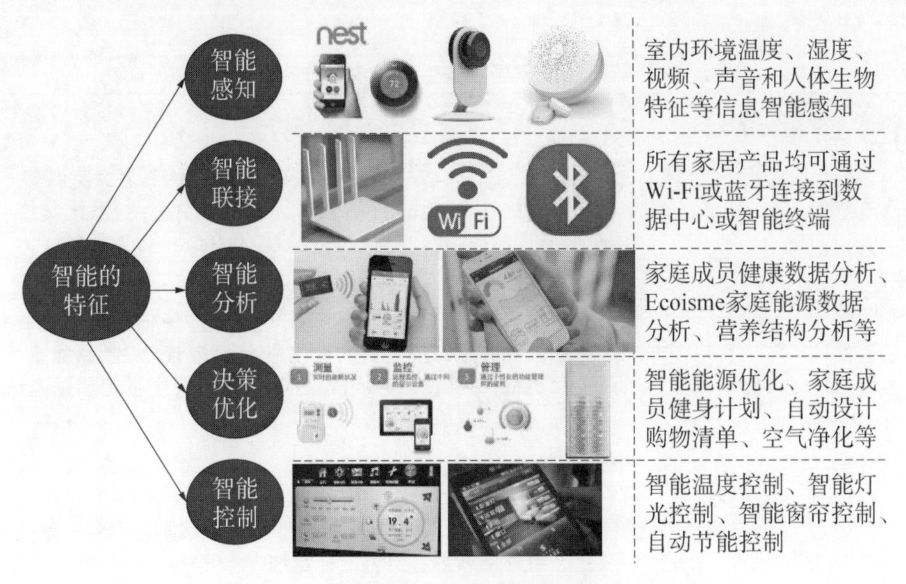

图3-11　智能家居服务生态系统智能的特征

智能家居产品中内置了温度、湿度、亮度和声音等各类不同传感器，实现多来源、高精度的智能感知。各类产品通过 Wi-Fi、蓝牙、GSM 和 NFC 等不同的通信方式将数据进行上传和汇聚，也将服务供应商、用户纳入进来构成了互联互通生态化网络。通过对产品数据、客户数据、服务数据的智能分析，合理优化服务组织、服务方案、交付渠道等，对智能家居产品的运行、资源的配置、交付过程等进行智能化的控制，从而为客户提供最大化的价值体验。

2) 生态特征的体现

从价值结构特征来看，依托于智能家居产品及背后服务供应商之间的相互协作，如电视机生产商、内容服务商、机顶盒生产商三方共生合作，为客户提供整体化、一致性的电视内容服务。从时间结构来看，客户的需求、智能家居产品性能、智能家居服务内容和智能家居服务组织等都不断在迭代演化，同时也会形成若干具有一定离散特征的平台期，新的生态价值也会不断涌现出来。从形态结构特征来看，智能家居系统中包含智能安防、智能厨卫、影音娱乐、智能照明和清洁健康等不同的子系统，子系统的背后也存在着各类数据、信息、内容和物料等方面的服务供应体系，体现了智能产品服务生态系统的开放性、生态位分离、复杂多样性及多层次嵌套等特征。智能家居服务生态系统生态的特征见表 3 - 7。

表 3 - 7　智能家居服务生态系统生态的特征

特征类型	特征名称	特征描述
价值结构特征	整体性	生态价值主张：**为客户提供安全、便捷、健康的智慧家庭服务** 系统集成与整合：融合智能家居研发设计制造商、系统集成商、服务运营商、客户群体，**重构系统价值链，整合服务能力及服务资源**
	共生（竞争合作）	智能家居服务生态系统相关利益方**提供差异化产品/服务、生态位相互分离、互利共生、服务业务松散耦合、资源共享、风险共担、价值共创**；相关利益方各自的**价值主张相趋同**，且与生态系统级价值主张保持一致
	健壮性（自适应）	智能家居生态系统服务供应商协同作业为客户创造价值，客户通过按次付费或服务订阅的方式进行**价值回馈**；产品和服务的**多样性**，可以满足客户的个性化需求，**维持了客户黏性及生态系统持续创造价值的稳定性**
时间结构特征	协同演化（自组织）	由**简单服务生态系统逐步演化为复杂的服务生态系统**。初始的服务围绕一些核心产品，如空调、电视；逐步拓展到集成化的影音服务、能源管理、智能安防等系统级服务。相关利益方**服务质量和技术水平不断提高**
	动态和稳态进化特性	**动态波动（涨落）**：家居产品的风格变化、客户需求变化、服务供应商的淘汰和加入 **稳态进化**：向家居产品/服务多样化、结构复杂化和功能完善化演化，追求系统运行效率最高、内外部协调稳定
	涌现性	智能家居产品服务的**生态复合**，为客户带来**新的功能和价值体验**，如健康监控系统＋智能冰箱的营养结构分析＋智能空调的温度控制系统＋智能灯光控制系统，可以促进客户养成良好的生活习惯，保障身体健康
形态结构特征	开放性	智能家居服务生态系统允许产品/服务及其供应商的淘汰和新的产品/服务及其供应商的加入；不同的智能系统之间共享通信渠道资源、共享用户数据；服务外延不断拓展，延伸到智慧医疗、车联网、学习教育、社区服务、O2O 生活服务等领域
	生态位分离	每一种智能家居产品/服务尽可能由专一化的供应商提供，保证产品/服务质量和技术水平；供应商之间相互合作，消除利益冲突和交叉，同时共享接口和服务标准，使得智能家居服务生态系统运行稳定

（续表）

特征类型	特征名称	特征描述
形态结构特征	复杂多样性	服务生态系统需要持续协调和管理内外部的复杂性，即对多样性、变异性、无序性及不确定性的管理，主要体现在：客户对于智能家居产品/服务需求的动态多样化；供应商所提供的产品/服务及其技术水平、服务质量各不相同，需要协调不同供应商之间的兼容性
	多层次	嵌套的网络结构：智能家居产品服务生态系统可以从硬件产品级（冰箱、空调、电视等）、产品系统级（家电控制系统、节能控制系统、安全防护系统等）、服务系统级（健康医疗服务系统、影音服务系统、智能社区服务系统、O2O生活服务系统等）、服务生态系统级（智慧生活、智慧社区等）等不同层级系统嵌套分析

3）服务特征的体现

用户的真正需求不是拥有智能家居产品，而是享受智能家居所带来的便捷、贴心、个性化的影音娱乐、智能安防、健康环保、家庭清洁等多样化的功能和服务，因此具备服务的增值性、流程性、集成性、可持续性、无形性、不可分离性、差异性和不可存储性，见表3-8。

表3-8　智能家居服务生态系统服务的特征

特征	特征描述
增值性	智能家居服务生态系统将**家用电器的产业链延伸到智慧生活的服务生态链**，通过生态链之间的**交叉互补和资源共享**，拓展了供应商和客户的**价值共创空间**
流程性	智能家居服务生态系统形成自己完整的**网络化服务供应体系**，可以通过**线上、线下**或**线上线下结合**的方式，为客户提供快捷、高品质的产品/服务
集成性	共享的接口和标准，**统一界面管理**，智能家居产品**即插即用**；通过服务平台提交服务需求，可获得**一站式服务订单生成、分解和集成化解决方案**
可持续性	智能家居服务生态系统中的硬件和软件可以获得**持续的低成本升级**，相关利益方之间**长期稳定合作**，客户黏性**较高**；**最优化的资源配置**，**减少资源消耗**

(续表)

特征	特征描述
无形性	基于智能硬件和产品系统,智能家居服务生态系统提供的主要是**健康管理、能源管理、影音服务、教育服务和语音生活助理**等**无形的服务**
不可分离性	**智能家居产品/服务流程/客户参与**等诸多要素在价值创造过程中不可割裂开来
差异性	智能家居产品服务生态系统根据客户的个性化需求提供**差异化的服务方案,服务流程、客户对服务的评价**等都会因为时间、空间等因素的变化而**产生差异**
不可存储性	智能家居服务生态系统对应的服务流程,如家居产品的维护保养、影音服务、语音助理服务等均具有**时效性/即时性**,不可存储,须**合理规划需求和资源供应**

3.4.4 系统要素构成分析

智能家居服务生态系统作为智能产品服务生态系统的典型代表,适用于智能产品服务生态系统六大系统要素构成对智能家居服务生态系统进行剖析。

1) 智能技术

图 3－12 所示为智能家居服务生态系统的智能技术体系。智能家居中的各类产品集成了多样化的智能技术。

(1) 智能感知。各类智能传感器作为智能家居服务生态系统的神经末梢,应用越来越广泛,除了智能家电装备的温度、湿度、声控等传统传感器,人体红外传感器、视频图像传感器、指纹/人脸安全认证系统等新型智能感知技术正不断拓展智能家居感知的范围和精度。

(2) 智能联接。智能家居中最基础的联接来自 Wi－Fi,以智能路由器为联接枢纽,将智能空调、智能电视、智能冰箱和智能洗衣机等不同的电气设备注册到同一个局域网环境下,可通过手机 App 平台进行集中管理。此外,基于 ZigBee 等技术的智能网关、基于蓝牙的文件传输、应用 GSM 短信平台的安防报警、基于 NFC 的音响系统控制等多样化的联接和通信技术也应用到智能家居服务生态系统中来。

(3) 智能分析。通过用户每天观看视频的内容,分析用户的娱乐偏好;通

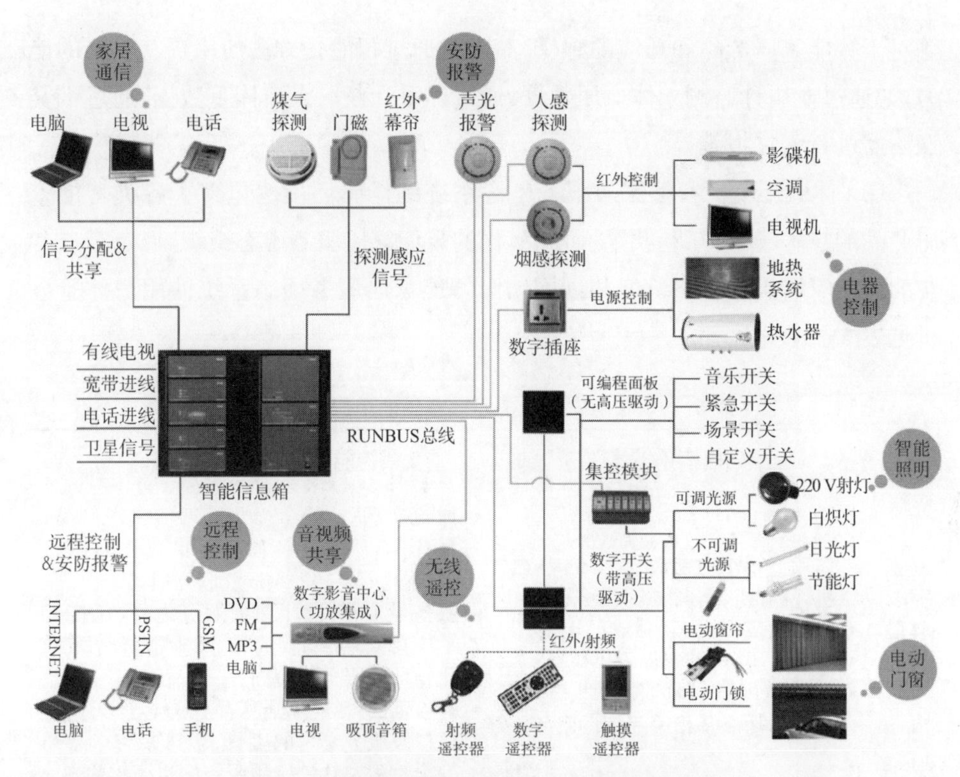

图3-12 智能家居服务生态系统的智能技术体系

过用户购买食品、消耗食品的数据，分析用户的饮食偏好；通过家电的综合耗电数据，分析家庭能源消耗的异常情况等。

(4) 决策优化。依据智能分析的结果，向客户推送广告、推荐音视频内容、推荐购买食品/商品、根据天气情况推荐生活场景模式等。

(5) 执行控制。根据家庭能耗分析结果对电器运行状态进行能耗优化，智能洗衣机根据衣物的类别、重量等自动控制洗涤剂投放、洗涤水温、洗涤水量和揉搓模式等参数。

2) 用户体验

(1) 体验对象。体验对象具体包括交互式智能家居产品及其系统，如智能电视、智能空调、智能洗衣机和智能摄像头等；生态化的家庭和个人服务，如厨房生态圈中的食品供应、食谱推荐和饮食分析等服务内容。

(2) 客户感知。智能家居服务生态系统中的客户感知由于智能技术的融合而得到了极大拓展，首先是客户最直观的感知，包括触觉上、听觉上、视觉上等对于智能家居产品和环境的感受；其次是通过智能化方法使用户获取新的能力，如通过血压计监测人体血压数据，通过体重计获取人体体重数据，通过烟雾探测器进行火灾报警等。

(3) 体验环境。智能家居服务生态系统的体验环境也包含了各类智能家居产品的技术场景，互利共生、协同演化的智能家居服务生态组织，以及客户参与的智能家居服务生态价值共创网络。智能家居服务生态系统的用户体验分析见表3-9。

表3-9 智能家居服务生态系统的用户体验分析

因素	传统家用电器	智能家居服务生态系统
体验对象	• **体验产品**：功能性为主的电视机、洗衣机、空调、热水器等 • **服务供应商**：相互独立的电器产品售后服务、维修保养供应商 • **体验范围**：电器的使用过程，包括基本功能及相关的售后服务	• **体验产品**：功能多样化的智能家居产品，具有Wi-Fi及各种类型集成化的传感器/配件；与手机App互联互通 • **服务供应商**：除了售后服务之外，还接入了应用商店、购物商城、专业服务等多样化领域的服务供应商 • **体验范围**：智能家居产品作为客户交互的接口及服务交付的工具，客户参与产品开发全流程及软件应用服务的生态体验中
客户感知	• **感知范围**：对家用电器工业设计的感知，以及功能、能耗的感知 • **产品服务方案**：类似的产品功能及单一化的售后三包服务，质量优先 • **未满足的客户需求**：电器之间及与客户缺乏联接交互 • **过程感知**：用户使用产品主要功能的过程	• **感知范围**：智能家居的各种类型传感器延伸了用户对于重力、方向、温度和气压等信息的感知，网络互联拓展了用户获取信息的能力 • **产品服务方案**：客户可以根据自己的需求定制智能家居产品及配套的软件服务 • **过程感知**：客户可通过应用集成平台或产品论坛直接与服务供应商交互，在产品开发和使用过程中提出需求和反馈意见
体验环境	• **技术环境**：电气控制技术 • **交互环境**：按钮式、红外遥控式交互操作，声音、指示灯提醒 • **价值主张**：产品质量好、功能全面 • **系统开放性**：封闭式的家电产品系统、封闭的产品设计制造和售后服务过程	• **技术环境**：3G/4G/Wi-Fi/蓝牙及集成化的传感器 • **多元化的交互环境**：触摸、指纹、语音等新的人机交互方式；用户之间，以及与服务供应商之间的交互 • **价值共创网络**：相关利益方为客户提供最大化的价值体验，维持生态系统的稳定发展 • **系统开放性**：服务供应商可以在平台中发布自己的服务应用；开放式的软硬件开发环境和合作网络

3）市场定位

智能家居服务生态系统的市场定位需要明确两个核心问题，即目标市场和目标客户，见表3-10。

表3-10　智能家居服务生态系统的市场定位分析

目标市场	行业领域	**核心业务**：智能空调、洗衣机、电视机、空气净化器和电冰箱等核心产品及其服务 **周边业务**：路由器、智能配件、健康管理、安全防护和云服务等
	市场边界	**市场区域**：中国地区的城市家庭和部分农村家庭 **开放程度**：开放且充分竞争的市场环境；开放式的合作网络，允许生态链企业加入
	市场容量	**市场空间**：由于智能家居产品属于电子、电气产品，更新换代速度比较快，会保证比较充分的动态市场空间，需要通过营造品牌保证用户较高黏性 **市场结构**：以中低端高性价比智能家居市场为主，向高端产品及服务延伸
目标客户	客户群体	**已有客户**：全国范围内传统家电产品市场趋于稳定，智能家居市场刚刚开启 **潜在客户**：全国范围内6亿城市人口，2亿潜在家庭用户 **客户分布**：追求性价比或技术体验的年轻人、追求功能简单实用的老人
	需求类型	**模块化需求项**：洗衣、调节温度、清扫作业、视频娱乐和安全管理等 **需求项组合**：家电控制系统、节能控制系统、安全防护系统和健康管理系统等
	需求层次	**需求等级**：根据智能家居的硬件性能和软件配置，划分产品为低端/中端/旗舰产品；每一种产品又可以划分为低配、中配和高配等类型 **基础型需求**：家电产品基础功能；**期望型需求**：系统及时更新、UI界面友好易用、系统运行流畅等；**兴奋型需求**：语音个人助理、个人健康专家、个性化参数配置等

（1）目标市场。智能家居服务生态系统的目标市场从行业领域上来讲是以家电制造与服务行业为核心，并与如电子信息、健康医疗等多元化行业交叉融合的结果；从市场边界上来看，智能家居服务生态系统具有一个开放性高、柔性度好的市场边界，基于平台化的运营，不同领域的供应商均可以接入进来，满

足客户特定领域的需求;从市场容量上看,目前智能家居市场刚刚起步,尤其是商品房逐渐成为住宅的主流之后,对于智能家居的需求量也越来越高。

(2) 目标客户。对于目标客户的识别,从客户群体上来看,一般具有独立生活空间的家庭或个人,均是智能家居服务生态系统的潜在目标客户群体,只是由于目标客户所处地域、个人偏好、家庭收入等多方面因素的差异性,导致对于智能家居及服务的需求类型及层次均有所差异。

4) 商业模式(图 3-13)

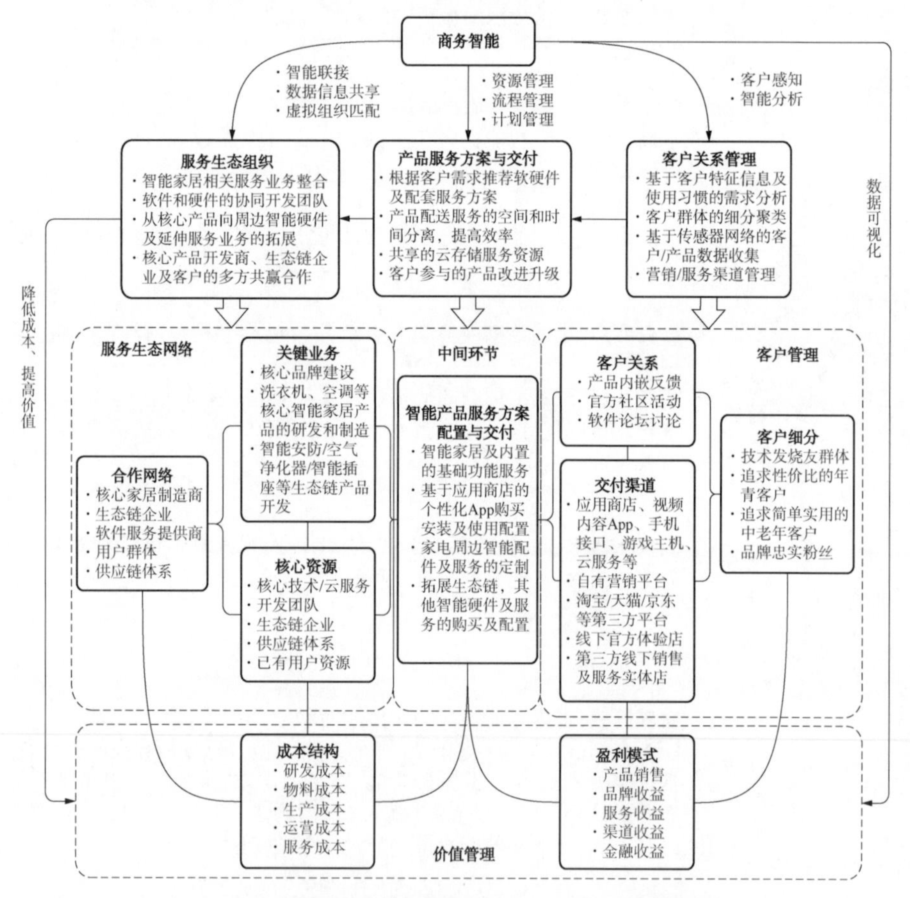

图 3-13 智能家居产品服务生态系统的商业模式构成

智能家居服务生态系统的商业模式紧密围绕客户需求开展相关服务业务的构建。

(1) 服务生态网络方面。其包括构建以智能家电制造商为核心的合作网络，打造品牌建设、产品设计、生产制造等关键业务环节，形成核心技术、开发团队、生态链企业、供应链体系等核心资源。

(2) 中间环节方面。它将打造智能家居服务体系，包括智能家电基础功能型服务及维修保障等基础服务，面向客户的信息服务、健康服务、技术支持等拓展性服务，以及提供个性化产品定制、私人软件助理、软硬件升级改造等增值服务。

(3) 客户管理方面。其将智能家居服务生态系统的目标客户进行细分，如技术发烧友群体、追求性价比的青年客户、追求简单实用的中老年客户及品牌的忠实粉丝等；面向不同的客户群体采用不同的客户关系维护方式，目前采用比较多的方式包括产品内嵌反馈、官方社区活动、软硬件论坛等；针对不同的服务内容，设计不同的交付渠道，其中软件类、信息类、数据类的服务主张通过应用商店、应用 App、云服务平台等方式推送或主动获取，而产品的购买或租赁则可以通过自有营销平台、第三方电商平台、线下官方体验店或第三方销售及服务实体店等渠道。

(4) 价值管理方面。其主要关注智能家居服务生态系统的成本结构和盈利模式，成本结构主要从研发成本、物料成本、生产成本、运营成本和服务成本等方面考虑，盈利模式主要从产品销售、品牌收益、服务收益、渠道收益和金融收益等方面考虑。商务智能技术为服务生态组织的建立、产品服务方案设计与交付、客户关系管理等提供智能联接、信息共享、数据可视化等多方面的基础支持。

5) 关联关系

按照智能产品服务生态系统基础理论对智能家居服务生态系统相关利益方之间的关联关系进行分析(图 3 - 14)。

(1) 从角色类型来看。智能家居服务生态系统中包含了家庭、个人、企业办公等目标客户群体；空调、洗衣机、电视等智能家电的研发设计、生产制造与售后服务等网络核心型企业群体；基础通信网络、水电煤供应等支配主宰型企业群体；小型家用电器、工具、配件供应商等缝隙参与型角色群体等。

(2) 从关系类型来看。广泛存在着互利共生、相互竞争、相互独立和协同演化等复杂关系，如采用家庭空调服务租赁合同，商家和用户价值主张趋同，共同降低运营成本，提高双方共同收益；相同家电产品提供商，如洗衣机的不同品牌海尔、美的、西门子等企业之间存在相互竞争的关系；不相关的家电产品，如

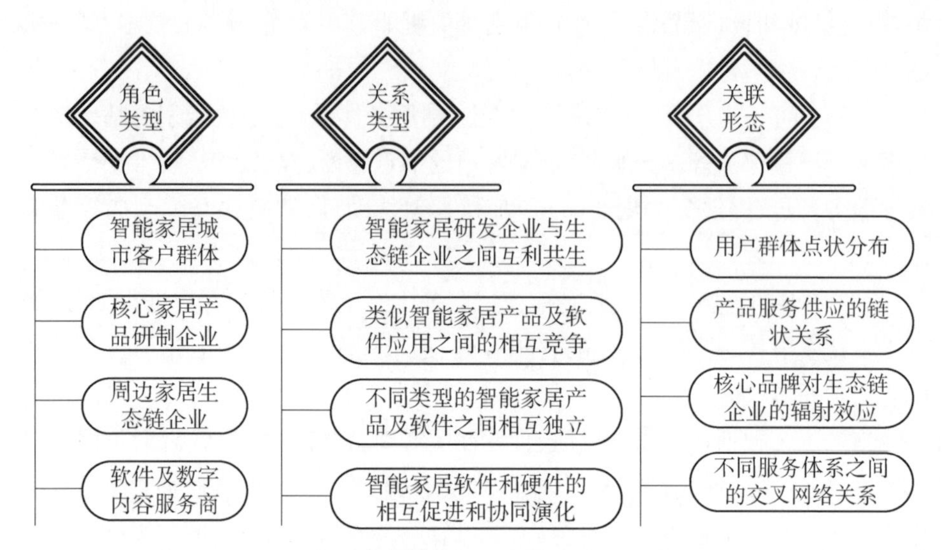

图 3-14　智能家居服务生态系统中的关联关系分析

智能电视和智能空调提供商之间基本上是相互独立的关系，互不干涉；随着智能家电产品，如智能电视等，对网络带宽、响应速度等方面需求的增加，电信、联通等网络提供商会不断升级面向家庭的网络服务质量，这是协同演化关系的具体表现。

(3) 从关联形态来看，目前智能家居服务生态系统中的关联关系是一种辐射与网络并存的关系形态，用户通过手机 App 或智能家居控制中心(Hub)与不同的产品及服务提供商开展辐射状的交互，而不同的产品服务供应商则存在着相互之间的信息共享、资源共享、技术合作、业务合作等复杂的网络状关联关系。

6）联接交互

关联关系主要关注的是相关利益方之间的价值关系或逻辑关系，而联接交互关注的则是不同系统要素之间的生态交互，智能家居服务生态系统的联接交互分析如图 3-15 所示。

从节点类型上看，除了客户群体、智能家居产品服务供应商等相关利益方之外，还包括物理产品、软件平台等非生命化的节点群。将这些节点按照类型划分成不同种类，如智能照明、影音娱乐、智能安防等功能型子系统；网络、水电煤等资源型子系统；物流配送等流程型子系统；客服中心、物业中心等协调型子

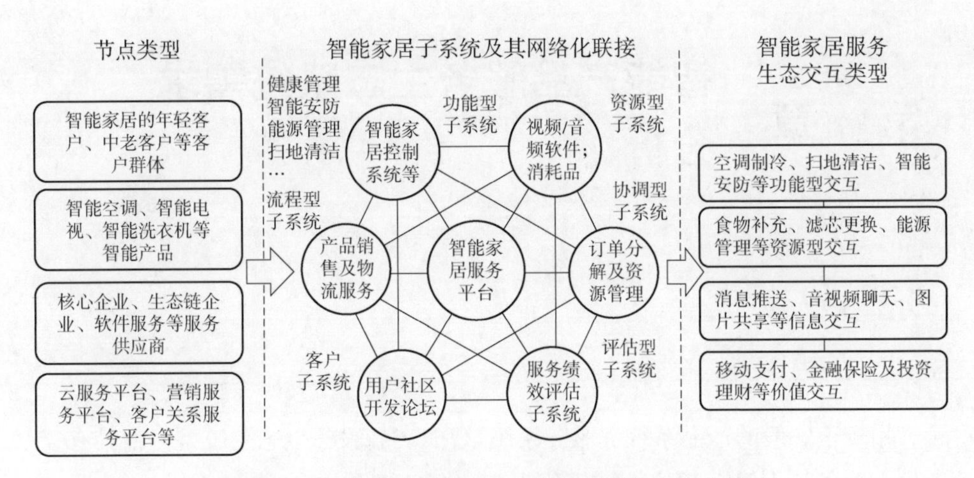

图3-15 智能家居服务生态系统的联接交互分析

系统;客户群体自身构成的客户子系统;用于服务绩效、客户满意度等评价的评估型子系统。各种类型节点以智慧服务平台为核心进行统筹联接,并开展各种类型的生态交互,如物流配送过程中的物料资源交互;智能电视与机顶盒之间的视频传输与控制等功能交互;用户通过智能电视获取新闻资讯等信息交互;用户通过付费购买服务而形成的价值交互。

第4章 智能产品服务生态系统需求分析

相较于一般的产品系统和服务系统，智能产品服务生态系统是一种具有复杂生态业务与价值交互的新型组织形态[213]，由于有更多的相关利益方、业务环节融入进来，智能产品服务生态系统所覆盖的业务范畴与系统边界得以极大拓展，同时需要依据生态共生原则调和相关利益方之间的价值关系，进而统筹规划智能产品服务生态系统的全局业务目标与价值主张。此外，智能产品服务生态系统中的客户需求具有不确定性（结构特征）和动态性（时间特征）两个方面的特点，需要综合考虑以全面获取客户的真实需求，同时对客户的动态性需求予以较为准确有效的预测。

针对以上特性和问题，本章介绍了智能产品服务生态系统的业务边界和价值边界的分析方法，界定了研究对象及研究范畴；同时面向客户需求的不确定性、动态性等特征，介绍了客户需求挖掘与动态预测的技术和方法。其具体内容包括：①智能产品服务生态系统需求分析思路与技术框架流程；②智能产品服务生态系统业务边界与价值边界理论方法；③基于模糊认知图和 ARIMA 模型的智能产品服务生态系统客户需求挖掘与动态预测。

4.1 智能产品服务生态系统需求分析流程与方法

4.1.1 边界拓展特征分析

智能产品服务生态系统的构建过程是不断有新的产品、服务、相关利益方等生态化融入的结果。这种融入过程导致智能产品服务生态系统业务边界与范畴的拓展及价值创造空间的拓展，并带来了一系列新的问题特征。

(1) 智能产品服务生态系统业务边界的拓展。通过业务链向上下游的纵向延伸及横向业务范畴的拓宽，多元化的业务活动融入智能产品服务生态体系中来，在面向客户提供产品或服务解决方案的时候，需要统筹协调产品或服务提供商之间的协同关系，以满足客户的产品服务需求。

(2) 智能产品服务生态系统价值空间的拓展。由于有更多的相关利益方参与到智能产品服务生态系统的价值创造活动中来，因此需要对生态价值边界予以明确的描述，同时需要调和不同相关利益方的价值主张，目标是实现客户价值的最大化，其他相关利益方的价值最优化。

4.1.2　客户需求特征分析

智能产品服务生态系统的客户需求存在模糊性、多样性、相似性、相关性、波动性、周期性、趋势性和即时性八个方面的特征，这八个方面的特征根据其性质的不同，将其归纳到需求的静态结构特征与动态时间特征两个大类，其特征描述与分类见表4-1。

表4-1　智能产品服务生态系统客户需求特征描述与分类

特征类别	特征名称	特征描述
需求的静态结构特征	模糊性	客户需求具有主观性、服务供应商对于需求的理解也会有一定误差与不明确
	多样性	满足单一需求已经很难以让客户满意，需求项的多样化，极大增加了对于产品服务供应商服务能力/水平的挑战
	相似性	同一类型的客户需求的解决方案是相似的，因此可以为同一类型的客户推荐可能的产品服务解决方案，这样可以提高服务解决方案的准确性和效率
	相关性	每一个客户的需求项集合中的子项之间是有一定的关联关系的，可以通过聚类的方式实现需求项的模块化
需求的动态时间特征	波动性	客户对于服务解决方案的需求，会根据其感知、认识的改变，会发生变化，今天和明天的需求可能会不一样
	周期性	与客户的业务流程的周期相关，如农业种植产业服务需求，则随着产前、产中、产后三个环节的迭代，呈现一定的周期性的循环

(续表)

特征类别	特征名称	特征描述
需求的动态时间特征	趋势性	用户对于产品服务解决方案的要求会越来越高,今天的兴奋型需求可能会变成明天的基本需求
	即时性	用户的需求需要得到快速的响应

客户需求的静态结构特征导致客户往往不能准确、清晰表达自己的需求内容,具有一定的主观性和模糊性,往往会由于忽略一些隐性需求项及需求项之间的关联性,导致为客户提供服务内容的不兼容或不匹配,客户需求的个性化与多样化对产品服务供应商的服务能力和服务水平也提出了挑战。此外,客户需求的动态时间特征,导致客户需求的随机波动、周期性变化、趋势性发展等,若不能对客户需求的变动做出有效预测,则会导致客户实际服务体验水平的降低及服务资源的浪费。

4.2 智能产品服务生态系统边界分析与判定

智能产品服务生态系统边界分析与判定是开展客户需求分析的基础,即需要界定系统研究的对象及范畴,具体包括对业务边界的分析和价值边界的分析两方面,如图 4-1 所示。其中,业务边界分析主要阐明智能产品服务生态系统的行业领域与业务范畴,主要步骤包括确定所属行业与领域、识别现有业务流程、业务流程纵向延伸、业务流程横向拓展、确定服务生态系统业务范畴等主要步骤;价值边界分析主要阐明智能产品服务生态系统的相关利益方及其价值空间和价值主张,主要步骤包括识别现有相关利益方及其价值、识别新增相关利益方及其价值、价值链与价值网络重构、生态系统价值取向等步骤。其中,业务边界分析是价值边界分析的基础,价值边界分析又可以反过来对业务边界进行优化和重构。

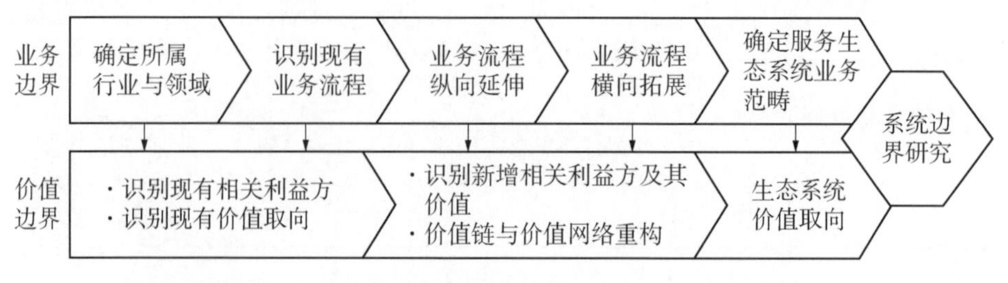

图 4-1 智能产品服务生态系统边界分析的两条主线

4.2.1　业务边界分析

智能产品服务生态系统业务边界分析步骤如下：

第一步：确定所属核心行业与领域。类似于晶体长大形成颗粒、水蒸气液化形成水滴等物理变化过程中需要特殊的凝结核，智能产品服务生态系统初期的业务整合与升级，同样需要一个核心的行业领域、产品或服务作为依托，从而触发整个服务生态凝聚过程的发展。智能产品服务生态系统由于其生态特性，将原本独立或零散的业务流程进行整合，或者依托于核心业务流程拓展出新的业务板块与业务流程，如围绕汽车产品打造客户出行服务生态系统、围绕家用电器打造智能家居服务生态系统等。随着智能产品服务生态系统的繁荣发展，不同的业务链条相互打通、融合，进一步**形成"去中心化""网络化"的智能产品服务生态体系**。

第二步：识别现有产品服务业务核心模块与业务流程。智能产品服务生态系统业务边界拓展基础模型如图 4-2 所示。假设现有的产品服务业务领域为 $A=\{BP_1^0, BP_2^0, \cdots, BP_i^0, \cdots, BP_m^0\}$，其中 BP_i^0 为识别出的第 i 个核心业务模块，m 为现有产品服务核心业务模块的数量，并用箭头绘制出当前不同业务模块之间的顺序或交互关系。

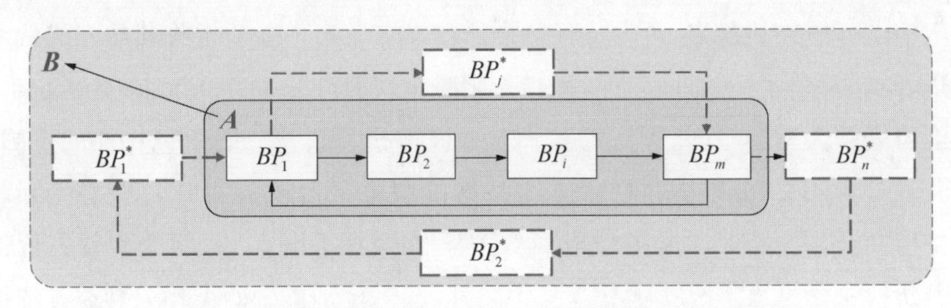

图 4-2　智能产品服务生态系统业务边界拓展基础模型

第三步：业务流程的纵向延伸和横向拓展。从图 4-2 中看出，智能产品服务生态系统的业务范畴从 A 拓展到 B，会在现有业务模块及业务流程裁剪、整合、升级的基础上，识别或设计拓展若干新的产品服务业务模块与业务流程。一般新增的业务模块需要与现有的业务模块或业务流程有一级或多级的关联，即在现有业务模块及流程的基础上进行纵向延伸和横向拓展，如智能家居服务生态系统中已有厨房电器冰箱，通过将冰箱进行智能化升级，增加互联网联接、食品消耗量识别等功能，从而拓展新的服务业务模块，包括食谱推荐、一键购物、保质期提升等。假设经过裁剪、整合、升级之后的核心业务模块集合 $A^* = \{BP_1^1, BP_2^1, \cdots, BP_i^1, \cdots, BP_{m^*}^1\}$，其中 BP_i^1 为整合之后的业务模块或流程，新增的业务模块集合 $B^* = \{\mathrm{BP}_1^*, BP_2^*, \cdots, BP_j^*, \cdots, BP_{n^*}^*\}$，其中 BP_i^* 为设计或新增的业务模块或流程。

第四步：智能产品服务生态系统业务整合。拓展之后的智能产品服务生态系统业务模块及业务流程集合 $B = A^* \cup B^*$，即将原有的业务模块及流程与新增部分进行整合和再造，在拓展集合 B 的基础上通过“物场模型”构建新的业务流程关系网络图。

4.2.2 价值边界分析

在对智能产品服务生态系统进行业务边界研究的基础上，需要对其存在的意义，即价值主张进行重新定义，这个环节需要与业务边界研究同步进行，主要包括以下步骤：

第一步：识别现有相关利益方及其价值。如图 4-3 所示，以现有产品服务业务模块及业务流程为主线，识别现有智能产品服务生态系统中的主要相关利益方群体集合 $SH^0 = \{SH_1^0, SH_2^0, \cdots, SH_P^0\}$，其中 $SH_i^0(i=1、2、\cdots、p)$ 为第 i 个已有相关利益方，p 为已有相关利益方的个数。每个相关利益方的价值可以表示为 $V^i = \{v_{i1}, v_{i2}, \cdots, v_{ik_i}\}$，则整个现有产品服务系统中的价值空间集合可表示为 $V^0 = \{V_1, V_2, \cdots, V_p\}$。根据相关利益方的角色特征的不同，将其划分为四类，分别为客户群体(C)、智能服务平台运营商(P)、核心产品服务供应商(S)、生态产品服务供应商(E)等，四类相关利益方、相关利益方价值及其价值主张见表 4-2。其中 $\widetilde{V}_{\mathrm{C}}$、$\widetilde{V}_{\mathrm{P}}$、$\widetilde{V}_{\mathrm{S}}$、$\widetilde{V}_{\mathrm{E}}$ 分别代表四类相关利益方的价值主张，即不同类型相关利益方对价值的不同诉求及取向。

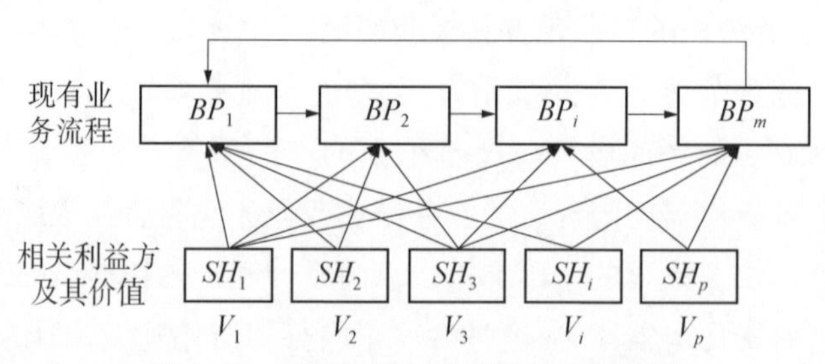

图 4-3 现有相关利益方及其价值识别

表4-2 四类相关利益方、相关利益方价值及其价值主张

相关利益方	相关利益方价值	价值主张
客户群体	效用价值、经济价值、情感价值、社会价值	$\tilde{V}_C$：以最低的成本付出获取最大化的功能效用及经济收益、良好的体验过程及自我价值的实现
智慧服务平台运营商	生态价值、社会价值	$\tilde{V}_P$：基于共享经济模式构建生态化的产品服务组织，协调各方资源，促进系统功能和价值涌现，提高系统运行效率，降低系统运行成本
核心产品服务供应商	经济价值、效用价值、品牌价值	$\tilde{V}_S$：通过面向更多的客户提供更多增值的产品和服务获取货币收益，同时塑造生态核心品牌
生态产品服务供应商	经济价值、效用价值	$\tilde{V}_E$：以提供专一化的产品功能/服务为核心，为客户或生态链创造价值，通过生态价值回馈的方式获取收益

第二步：识别新增相关利益方及其价值，并进行价值链与价值网络重构。如图4-4所示，拓展之后的业务范围及业务流程，会引入新的相关利益方参与到智能产品服务生态系统的运营中来，新引入的相关利益方群体可以表示为 $SH^*=\{SH_1^*, SH_2^*, \cdots, SH_{p^*}^*\}$，其中 SH_j^* $(j=1、2、\cdots、p^*)$ 为第 j 个新增相关利益方，其对应的价值为 $\tilde{V}_j^*$，则有新增的价值空间 $V^*=\{\tilde{V}_1^*, \tilde{V}_2^*, \cdots, \tilde{V}_{p^*}^*\}$。将识别出的现有和新增相关利益方与拓展之后业务模块与流程进行重构和整合，其中包括两种不同重构和整合方式，新增相关利益方 SH_j^* 参与到已有业务流程 BP_i^1 中，或者将已有相关利益方 SH_i^0 参与到新增业

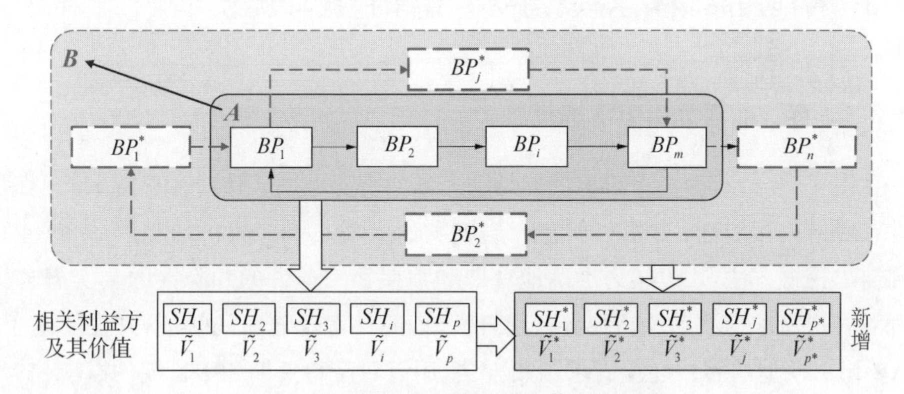

图4-4 新增相关利益方及其价值识别

务流程 BP_j^* 中，当然这个过程中也包括了已有相关利益方的角色转换或业务转型，从而最终形成网络化的关系结构，并产生新的生态化价值交互。

第三步：智能产品服务生态系统的价值空间整合。基于已有价值空间 V^0 和新增价值空间 V^* 的识别，对整个智能产品服务生态系统的价值空间进行整合，整合后的智能产品服务生态价值空间表示如下：

$$\begin{cases}\widetilde{V}=V^0\cup V^*=\{\widetilde{V}_1,\ \widetilde{V}_2,\ \cdots,\ \widetilde{V}_k,\ \cdots,\ \widetilde{V}_q\}\\ \widetilde{V}_k=\{\widetilde{v}_{k1},\ \widetilde{v}_{k2},\ \cdots,\ \widetilde{v}_{kq_k}\}\end{cases}\tag{4-1}$$

其中，智能产品服务生态价值空间集合各参数满足以下关系：

$$\begin{cases}\widetilde{V}\supset V^0,\ V^*\\ \xi(\widetilde{V}_i,\ \widetilde{V}_j)>\xi(V_i^0,\ V_j^0)\\ \sum\limits_{i=1}^{q}\widetilde{V}_i>\sum\limits_{j=1}^{p}V_j^0,\ q>p\end{cases}\tag{4-2}$$

式中，$\widetilde{V}\supset V^0,\ V^*$ 为智能产品服务生态价值空间整合的多样性。$\xi(\widetilde{V}_i,\ \widetilde{V}_j)>\xi(V_i^0,\ V_j^0)$ 为不同相关利益方价值之间的相似度增加，为了简化运算，定义若相关利益方价值主张相悖，则 $\xi(V_i,\ V_j)=-1$；若两者没有价值主张上的关联，则定义 $\xi(V_i,\ V_j)=0$；若可以通过双方妥协的方式调和，则 $\xi(V_i,\ V_j)=0.5$，若两者价值主张趋同，则 $\xi(V_i,\ V_j)=1$。$\sum\limits_{i=1}^{q}\widetilde{V}_i>\sum\limits_{j=1}^{p}V_j^0$ 为智能产品服务生态价值总量的增加，即价值空间的拓展。

4.3 智能产品服务生态系统客户需求挖掘与预测

4.3.1 客户需求分析方法选择

图 4-5 所示为客户需求挖掘与动态预测解决方案。针对客户需求的模糊性、多样性、相似性、关联性等静态结构特征，开发了基于模糊认知图的客户隐性需求挖掘方法，用以较为准确地获取和掌握客户显性的和隐性的真实需求。针对客户需求的波动性、周期性、趋势性、即时性等动态时间特征，开发了基于 ARIMA 模型的客户动态需求预测方法，用以对客户短期和中长期的需求趋势做出预测。

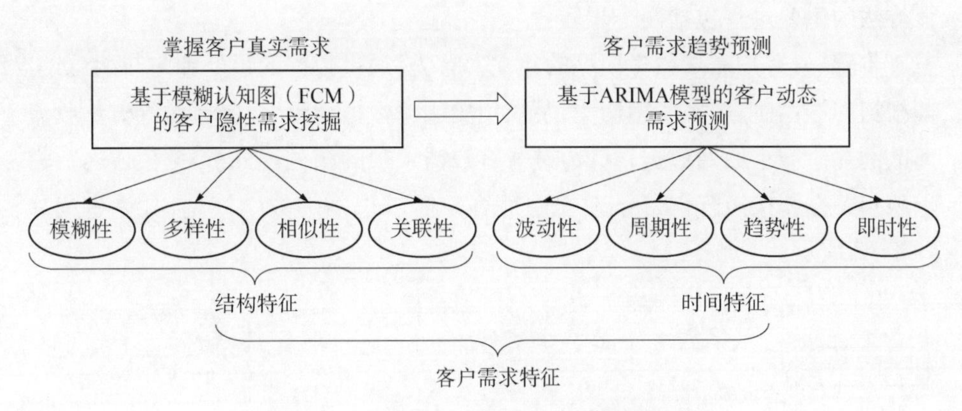

图4-5　客户需求挖掘与动态预测解决方案

智能产品服务生态系统客户需求挖掘与动态预测总体流程主要用到的算法流程，以及创新点或方法改进，如图4-6所示。

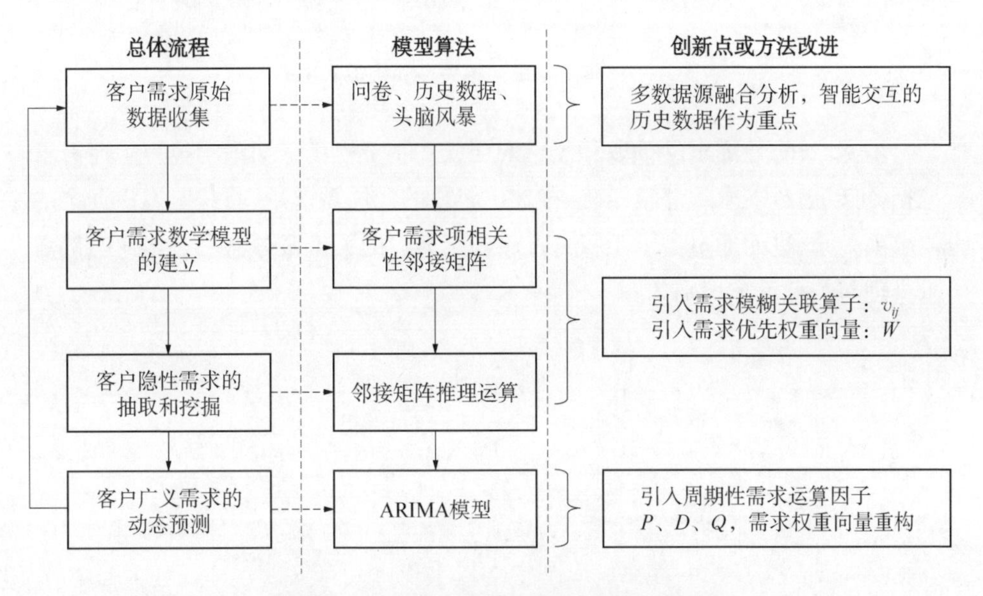

图4-6　客户需求挖掘与动态预测总体流程

4.3.2　基于模糊认知图的客户隐性需求挖掘方法

模糊认知图是一种新的知识表达和推理的方法。本节将FCM在知识表达和推理方面的优势，应用于智能产品服务生态系统客户需求的表达与挖掘，该方法的主要过程包括两个步骤：

步骤一：客户需求数学模型的建立。首先，通过数据的预处理与归纳总结，即根据问卷调研、产品使用历史记录、历史服务数据记录、头脑风暴等方法收集离散的客户需求原始数据；其次，进行客户需求项的相关性分析，并生成客户需求项相关性邻接矩阵；最后，建立隐性客户需求识别的数学模型，具体过程如图 4-7 所示。

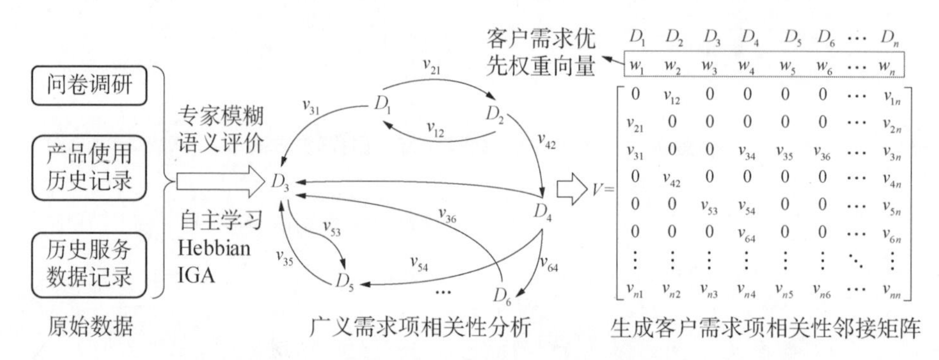

图 4-7　客户需求项相关性邻接矩阵生成

步骤二：隐性需求的抽取和需求的合成。基于模糊认知图的客户隐性需求挖掘，可以通过需求项邻接矩阵，推理出客户的隐性需求，从而获取客户真实的需求项集合，进而通过需求项权重排序识别客户的关键服务需求。客户隐性需求推理与关键需求识别如图 4-8 所示。

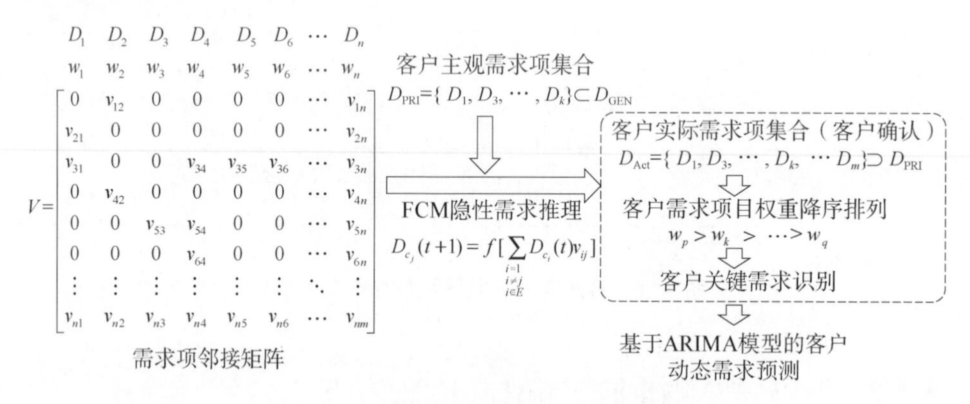

图 4-8　客户隐性需求推理与关键需求识别

该方法分别从需求分析内容和需求分析方法两方面进行相应的改进。

(1) 需求分析内容。首先,重新定义了客户需求的概念,认为需求信息的来源、传递和处理涵盖了产品全生命周期;然后,通过在产品全生命周期范围内挖掘隐性客户需求,使需求分析的内容更加完整。

(2) 需求分析方法。首先,用模糊度量方法定量描述所有需求及资源信息,保证数据描述的一致性;然后,抽取出隐性需求信息,合成客户实际需求项集合,并生成客户需求项目权重向量。

4.3.3　基于ARIMA模型的客户动态需求预测方法

4.3.3.1　客户动态需求预测的主要目标

智能产品服务生态系统中的客户需求存在着波动性、周期性、趋势性、即时性等动态特征,在应用模糊认知图获取了现有的客户实际需求项集合、关键需求重要度及历史时间序列之后,为了能够较为准确地预测客户需求的动态变化过程,则需要对未来若干时间段或若干周期之后的客户需求项集合及关键需求重要度进行动态预测,客户需求预测目标如图4-9所示。为了实现客户需求动态预测的准确性,这里引入了自回归移动平均模型。

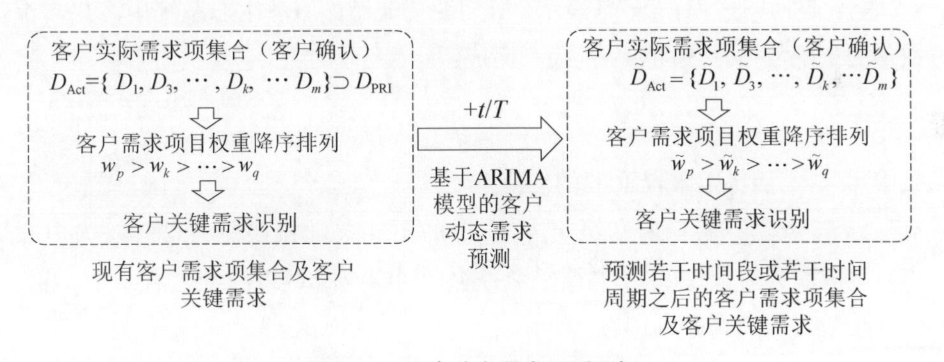

图4-9　客户动态需求预测目标

4.3.3.2　ARIMA模型算法分析

ARIMA模型通过复合运算的方式,可以提取数列变动的多种特征,应用于客户动态需求预测模型的建立,具有良好的匹配特性。ARIMA模型是由博克思和詹金斯于20世纪70年代初提出的一种著名时间序列预测方法。其中,AR 是自回归,p 为自回归项,MA 为移动平均,q 为移动平均项数,d 为时间序列平稳时所做的差分次数。

ARIMA 模型的基本思想是：将预测对象随时间推移而形成的数据序列视为一个随机序列，用一定的数学模型来近似描述这个序列。这个模型一旦被识别后就可以从时间序列的过去值及现在值来预测未来值。ARIMA 模型的参数构成如图 4－10 所示。在 ARIMA 模型的基础上进行改进，引入六个参数（p, d, q, P, D, Q），从而构建比较完整的模型体系，以涵盖客户需求动态特征的四个方面。一般的，ARIMA 模型中的几种复合类型的计算过程具体如下：

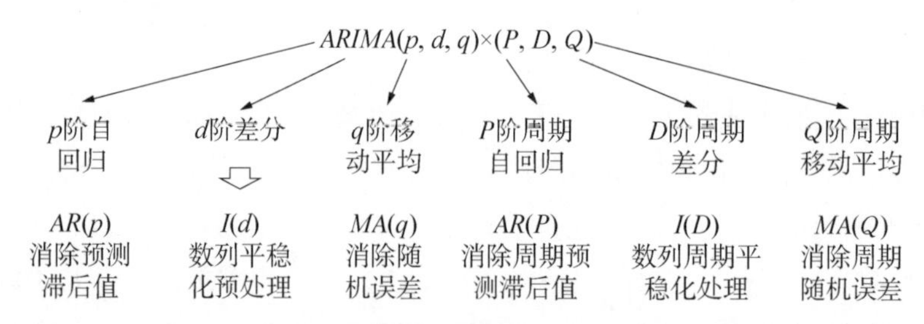

图 4－10　ARIMA 模型的参数构成

（1）自回归过程。令 Y_t 表示 t 时期的智能产品服务生态系统中客户需求权重的基础数据，如果把 Y_t 的模型写成：

$$(Y_t - \delta) = \alpha_1 (Y_{t-1} - \delta) + u_t \tag{4-3}$$

式中　δ——服务需求权重 Y 的均值；

u_t——具有零均值和恒定方差 σ^2 的不相关随机误差项（即 u_t 为白噪声），则成服务需求权重 Y_t 遵循一个一阶自回归或 $AR(1)$ 随机过程。

P 阶自回归函数形式为

$$(Y_t - \delta) = \alpha_1 (Y_{t-1} - \delta) + \alpha_2 (Y_{t-2} - \delta) + \cdots + \alpha_p (Y_{t-p} - \delta) + u_t \tag{4-4}$$

模型中只有服务需求权重 Y 这一个变量，没有其他变量，即为数据的自我表达。

（2）移动平均过程。上述 AR 过程并非产生服务需求权重 Y 的唯一可能机制，如果 Y 的模型描述为

$$Y_t = \mu + \beta_0 u_t + \beta_1 u_{t-1} \tag{4-5}$$

式中　μ——常数；

u——白噪声(零均值、恒定方差、非自相关)随机差项；t 时期的服务需求权重 Y 等于一个常数加上现在和过去误差项的一个移动平均值。则称 Y 遵循一个一阶移动平均或 MA (1)过程。q 阶移动平均为

$$Y_t = \mu + \beta_0 u_t + \beta_1 u_{t-1} + \cdots + \beta_q u_{q-1} \tag{4-6}$$

(3)自回归于移动平均过程。如果服务需求权重 Y 的变动兼有 AR 和 MA 的特性，就是 $ARMA$ 过程。Y 计算如下：

$$Y_t = \theta + \alpha_1 Y_{t-1} + \beta_0 u_t + \beta_1 u_{t-1} \tag{4-7}$$

式中，有一个自回归项和一个移动平均项，模型就是一个 $ARMA(1, 1)$ 过程；θ 为常数项。

$ARMA(p, q)$ 过程中有 p 个自回归和 q 个移动平均项。

(4) 自回归求积移动平均过程。上面所做的关于服务需求权重的变动预测都是基于数据是平稳的，但是很多时候服务需求权重的时间数据是非平稳的，即是单整(单积)的，一般非平稳数据经过差分可以得到平稳数据。因此，如果人们将一个时间序列差分 d 次变成平稳数列之后，然后用 $ARMA(p, q)$ 模型，人们就说那个原始的时间序列是 $ARIMA(p, d, q)$，即自回归求积移动平均时间序列。其中，$ARIMA(p, 0, q) = ARMA(p, q)$。

进一步，引入了智能产品服务生态系统中客户需求的周期性特征参数(P, D, Q)，其计算过程与上述(p, d, q)的计算过程相似，主要是根据客户需求的周期性特征要求，在原始数列基础上进行若干周期的间隔计算。

4.4　智能家居服务生态系统需求分析

4.4.1　系统边界分析

按照本书提出的智能产品服务生态系统边界分析的思路，将智能家居服务生态系统从业务边界分析和价值边界分析两个层面进行分析。

4.4.1.1　智能家居产品服务生态系统业务边界分析

第一步：确定所属核心行业与领域。智能家居产品服务生态系统所属以智

能家电产品设计、制造、交付、使用、服务和回收等为核心业务环节的智能家居行业，是电子信息、产品制造、生活服务和健康医疗等不同产业的交叉领域。

第二步：识别现有家电产品服务业务核心模块与业务流程。在业务边界层面，传统的家电产品与服务主要围绕家电产品的销售、使用过程、售后服务三个环节开展，应用集合表达式则可以定义为 $A=\{BP_1^0=$大卖场销售$,BP_2^0=$固有功能使用$,BP_3^0=$售后服务$\}$。其中，以空调、冰箱、洗衣机等白色家电为典型代表，传统方式下这类产品是在超市、连锁店等线下大卖场进行销售；而使用过程则主要是家电产品固有的基础功能，如空调调节室内温度，冰箱冷藏与冷冻食物，洗衣机清洗和甩干衣物；售后服务则是以产品损坏维修为主。由此可见，传统家电行业业务链条非常短，而且不同类型家电产品的业务链之间几乎没有交叉与相关性。

第三步：智能家居产品服务生态系统业务流程的纵向延伸和横向拓展。智能产品服务生态系统的核心业务链在传统销售、产品使用和售后服务三个主要环节进行升级整合。原有的销售从大卖场模式向电子商务模式转变，京东商城、苏宁易购、天猫电器商城、自营网点等线上渠道成为智能家居产品的核心销售渠道；产品使用从固有功能型用途向智能化服务型转变，智能空调除了可以通过人工调节之外，还可以记忆不同的情景模式及客户的个人偏好进行自主化室内问题调节，以为客户提供最舒适的生活环境；售后服务从故障后保修向自主故障识别与远程维护等模式转变，智能空调或智能冰箱通过 Wi-Fi 与管理终端 App 进行网络化联接，产品的运行状态可以实时监控，发生故障之前或之后，则可以进行预警及故障问题定位分析，将结果推送给客户或维修人员。整合之后的基础业务环节可表示为 $A^*=\{BP_1^1=$电子商务营销$,BP_2^1=$自主智能服务$,BP_3^1=$智能故障诊断与远程维护$\}$。

在智能家电全生命周期范围内横向拓展和纵向延伸，识别新增的业务流程与环节。通过纵向延伸，业务流程向前则延伸到智能家电的个性化设计与个性化制造等环节，向后则延伸到家电回收与以旧换新等新的业务环节。通过横向拓展，不同智能家居产品服务流程之间进行相互交叉融合，并产生新的业务流程，如智能冰箱除了冷藏冷冻食物之外，与健康医疗进行关联，根据使用者的个人情况（性别、年龄、体重等）进行食品推荐与一键采购等。新增正向和反向闭环回路，如面向产品回收与换新的生态环保保障措施，基于运行数据的产品设计制造过程迭代优化，产品的再利用和再制造等。拓展之后新增的业务流程集合可以表示为 $B^* = \{BP_1^* =$个性化设计，$BP_2^* =$个性化制造，…，$BP_j^* =$冰箱拓展服务，…，$BP_{n^*}^* =$回收与以旧换新$\}$，其中 BP_j^* 包含了不同智能家居产品，如智能冰箱、智能洗衣机、智能空调等产品的拓展业务流程。

第四步：智能家居服务生态系统业务流程整合。在前三步业务范围与领域描述、现有家电产品服务业务核心模块与业务流程识别、业务流程的横向和纵向拓展的基础上，结合 TRIZ“物场模型”方法，对智能家居产品服务生态系统的拓展业务流程进行整合，即 $B = A^* \cup B^*$，如图 4-11 所示。其中，A 区是原有业务范畴，B 区是拓展之后的业务范畴，图 4-11 中明显可以看出业务流程的横向和纵向拓展，新增业务流程之间相互关联，形成生态化的业务流程网络。

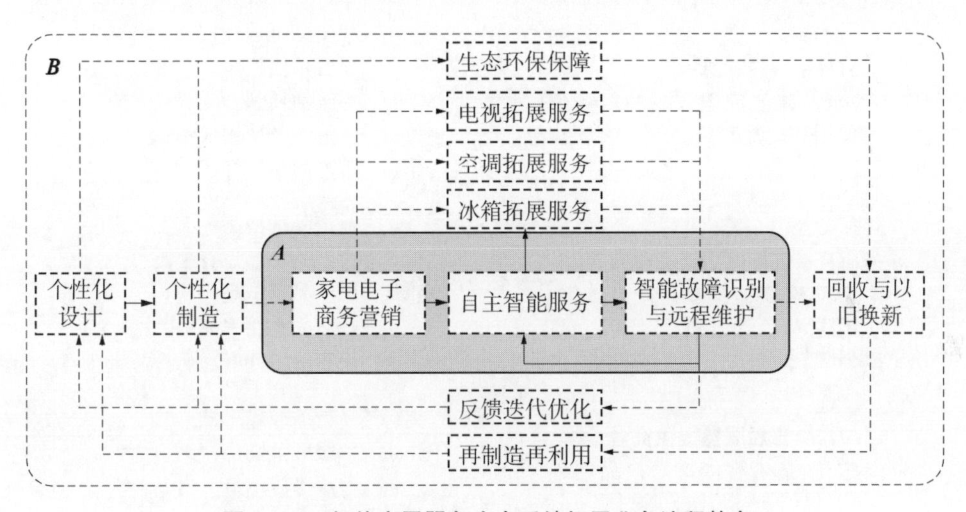

图 4-11　智能家居服务生态系统拓展业务流程整合

4.4.1.2　智能家居服务生态系统价值边界分析

在智能家居服务生态系统业务边界分析的基础上，对其价值边界进行研究，主要针对相关利益方、相关利益方各自价值、生态系统价值主张等。

第一步：识别现有相关利益方及其价值。家电产品服务系统现有相关利益方及其价值识别见表 4-3。以传统家电产品服务核心销售、使用、售后三个环节的业务流程为主线进行枚举，可以识别出现有主要的相关利益方集合为 $SH^0 = \{SH_1^0 =$用户，$SH_2^0 =$智能家居产品供应商，$SH_3^0 =$售后服务提供商$\}$，每个相关利益方的价值 V_1、V_2、V_3 具体见表 4-3。基础价值空间 $V^0 = \{V_1, V_2,$

V_3}。按照智能家居服务生态系统相关利益方分类，传统家电产品服务系统中的相关利益方不仅包含用户和核心产品服务供应商，而且缺少平台运营商与周边生态产品服务供应商。从表 4-3 中可以明显看出，不同的相关利益方的价值主张中总会存在一些矛盾，如用户追求冰箱、电视等产品价格低、寿命长从而降低综合使用成本，而家电供应商则希望产品价格比较高、淘汰周期短从而获取较高及持续性的收益。这些矛盾需要在进行智能家居服务生态系统服务业务与流程设计的时候进行合理化解决。

表 4-3 家电产品服务系统现有相关利益方及其价值识别

序号	相关利益方	相关利益方价值	价值分解
1	**SH_1^0=用户** 定位：智能家居产品和服务的使用和接受者	V_1	$v_{1,1}$=生活舒适 $v_{1,2}$=心情愉悦 $v_{1,3}$=生活便利 $v_{1,4}$=购置及使用成本低 $v_{1,5}$=产品品质好
2	**SH_2^0=智能家居产品供应商** 定位：负责智能家居产品销售、配送、安装等过程	V_2	$v_{2,1}$=产品价格高 $v_{2,2}$=产品市场占有率高 $v_{2,3}$=产品销量高 $v_{2,4}$=产品利润率高 $v_{2,5}$=产品口碑好
3	**SH_3^0=售后服务提供商** 定位：负责智能家居产品的维修、保养、改造、回收等过程	V_3	$v_{3,1}$=产品故障率低 $v_{3,2}$=服务范围广 $v_{3,3}$=服务成本低 $v_{3,4}$=服务效率高

第二步：识别新增相关利益方及其价值，并进行价值链与价值网络重构。根据图 4-11 所示整合拓展之后的智能家居服务生态系统业务范围与流程，识别分析新引入的相关利益方。其中，由于业务链的纵向延伸，智能家居产品的设计方、制造方、回收与换新服务提供商等也作为重要角色参与进来，以提供用户参与的产品个性化设计与制造服务，以及智能家居产品软硬件的持续升级；由于业务链的横向拓展，会将更多细分领域的生态产品服务供应商接入智能家居服务生态系统中来。此外，为了协调智能家居服务生态相关利益方之间的价值关系与协同配置产品服务资源，需要以业务链某个相关利益方为核心，搭建

支持互联互通的智能家居智慧服务平台，如以海尔、美的等智能家居产品制造商作为核心，或者以京东、天猫、小米等智能家居经销商为核心进行整合等，这里将其称之为平台运营商。因此，总结下来，在智能产品服务生态系统业务范围与流程进行拓展之后，智能家居服务生态系统新增相关利益方及其价值见表4-4。新引入的相关利益方群体包括 $SH^* = \{SH_1^* =$ 智能家居设计方，$SH_2^* =$ 智能家居制造方，$SH_3^* =$ 智慧服务平台运营商，$SH_4^* =$ 生态产品服务供应商$\}$，其相关利益方价值 V_1^*、V_2^*、V_3^*、V_4^* 的描述具体见表4-4，则新增的价值空间 $V^* = \{V_1^*, V_2^*, V_3^*, V_4^*\}$。

表4-4　智能家居服务生态系统新增相关利益方及其价值

序号	相关利益方	相关利益方价值	价值分解
1	**SH_1^* =智能家居设计方** 定位：负责智能家居产品的结构设计、服务方案设计等	V_1^*	$v_{1,1}^*$ =智能家居设计方案附加值高 $v_{1,2}^*$ =智能家居设计方案满足客户需求 $v_{1,3}^*$ =智能家居设计方案多样化 $v_{1,4}^*$ =智能家居设计方案模块化 $v_{1,5}^*$ =品牌知名度与市场认可度高
2	**SH_2^* =智能家居制造方** 定位：负责智能家居产品的生产与制造	V_2^*	$v_{2,1}^*$ =智能家居制造成本低 $v_{2,2}^*$ =智能家居产品多样性高 $v_{2,3}^*$ =智能家居制造质量好 $v_{2,4}^*$ =制造过程可视化
3	**SH_3^* =智慧服务平台运营商** 定位：负责协调智能家居产品服务生态系统中的相关利益方关系、资源整合与动态配置	V_3^*	$v_{3,1}^*$ =接入的生态参与者多 $v_{3,2}^*$ =生态参与者活跃度比较高 $v_{3,3}^*$ =服务平台现金流比较高 $v_{3,4}^*$ =客户忠诚度比较高 $v_{3,5}^*$ =覆盖用户比例高
4	**SH_4^* =生态产品服务供应商** 定位：由智能家居衍生出来的增值产品和服务的供应商	V_4^*	$v_{4,1}^*$ =与核心业务流程嵌入程度高 $v_{4,2}^*$ =用户调用服务频次和频率高 $v_{4,3}^*$ =边际成本比较低 $v_{4,4}^*$ =产品服务收益率较好

将识别出的现有和新增相关利益方与拓展之后业务模块与流程进行重构和整合，一方面，新增的智能家居设计方 SH_1^*、智能家居制造方 SH_2^*、智慧平台运营商 SH_3^* 及生态产品服务供应商 SH_4^* 在发挥各自角色功能的基础上，

会改变现有的业务流程组织，如当前智能家居产品的销售很大比例转移到了线上电子商务平台 BP_1^1，用户 SH_1^0 在使用产品的过程，即是与智慧服务平台及生态产品服务供应商的交互过程 BP_2^1。另一方面，现有的相关利益方也会发生角色的转变，如用户 SH_1^0 作为产品和服务的接受和使用者，由于其个性化需求的驱动，用户会参与到早期智能家居产品和服务的定制化设计 BP_1^* 和制造 BP_2^* 过程中；智能家居产品提供商 SH_2^0 会从单纯的产品销售的角色转变为面向智能家居产品和用户提供服务的角色。经过这两个过程的重构与整合，从而最终形成网络化的关系结构，并产生新的生态化价值交互。进一步有关智能产品服务业务流程详细的多层次建模与量化分析方法详见第 6 章。

第三步：智能家居服务生态系统的价值空间整合。基于智能家居服务生态系统已有价值空间 V^0 和新增价值空间 V^* 的识别，对整个智能家居服务生态系统的价值空间进行整合，由式(4－1)可知，整合与拓展之后的智能家居服务生态的价值空间 $\widetilde{V}=V^0\cup V^*=\{\widetilde{V}_1, \widetilde{V}_2, \widetilde{V}_3, \widetilde{V}_1^*, \widetilde{V}_2^*, \widetilde{V}_3^*, \widetilde{V}_4^*\}$，其中集合中各相关利益方价值元素除了表 4－3 和表 4－4 所描述的若干选项之外，还会生成新的正向价值项，即价值涌现过程，如由于家庭能源管理系统的应用与个性化服务，会大幅降低家庭的能源浪费，节约生活成本等。价值涌现机制将在第 5 章中进行详细论证。

应用式(4－2)对智能家居产品服务生态系统价值空间的各参数进行解读。首先，由于价值涌现，初始的家电产品价值空间 V^0 和智能家居产品服务拓展价值空间 V^* 均作为整合之后价值空间 $\widetilde{V}$ 的子集，智能产品服务生态系统的价值内涵趋于多样化发展。同时，价值空间的整合过程，也是消除相关利益方之间价值主张矛盾的过程，以用户与智能电视供应商的价值关系为例，用户希望智能电视的购置费用及使用成本较低，电视机功能和品质要好，然而智能电视供应商则希望提高单品价格，以实现更高的利润，进而两者在交易机制下通过价格协商进行相互妥协来达成交易，因此根据 4.2.2 小节的公式计算可得，两者价值匹配系数 $\xi(V_1, V_2)=0.5$。在对智能家居价值空间整合之后，智能电视供应商向智能电视生态服务整合者的角色进行转变，对应的商业策略也进行调整，即通过内容服务收费的方式补贴产品的硬件成本，用户则可以通过较低的成本获取智能电视及配套周边产品，智能电视供应商则可以快速扩大智能电视的用户群体，进而在视频点播等增值服务中挖掘新的价值空间，此时用户与智能电视提供商之间的价值匹配系数 $\xi(V_1, V_2)=1$，即实现了两者价值主张的趋同化整合。由此，电视机行业的产业结构会得到转型提升，产业规模也会由于服务领域的开放拓展得到放大。

4.4.2　客户需求挖掘与动态预测

4.4.2.1　客户需求特征分析

与一般性的智能产品服务生态系统一致，智能家居服务生态系统的客户需求也同样具有静态结构和动态结构两个大类，以及对应的八个小类的特征，针对智能家居服务生态系统客户需求特征描述与分类见表4-5。

表4-5　智能家居服务生态系统客户需求特征描述与分类

特征类别	特征名称	特征描述
需求的静态结构特征	模糊性	对于客户需要哪些类型的智能家居、需要对应哪些配套服务，客户自己比较难以描述清楚，智能家居服务供应商对于客户需求的理解也会有所偏差
	多样性	客户细分类别比较多，如不同区域、不同家庭、不同年龄段等，每种类型的客户对智能家居的具体需求项千差万别，单一解决方案难以满足众多客户的不同类型需求
	相似性	相同区域、类似收入的家庭、类似年龄段等客户对于智能家居产品服务的需求解决方案是相似的，通过类比推荐，可以提高智能家居服务解决方案的准确性和效率
	相关性	每一个客户对智能家居产品服务的需求项集合中的子项之间是有一定的关联关系的，如家庭中若安装了智能电视，则对于路由器等网络设备会产生需求，因此智能家居产品服务之间的关联关系可以进行聚类，从而实现需求项的模块化
需求的动态时间特征	波动性	客户对于智能家居产品及服务能力的总需求量在不同的时间段会有变动，如由于电脑的出现导致对于传统模拟信号电视机需求量的降低，而近几年智能电视的出现，促使电视机的销量有所回升
	周期性	智能家居产品与服务能力的需求量有明显的周期性趋势，如电视机、厨房电器等产品的使用与服务按天呈现周期性变化；空调、空气净化器等产品的使用与服务按季节呈现出周期性变化

(续表)

特征类别	特征名称	特征描述
需求的动态时间特征	趋势性	随着时间变迁、技术进步、客户收入增加和客户年龄增长等外在因素的变化,客户对于智能家居产品服务的具体需求,会逐步发生变化,呈现一定的趋势变化
	即时性	客户对于智能家居服务需求的响应要求是即时性或实时的,如对家庭安防摄像头的即时调用,智能空调、智能冰箱等产品故障之后的维护维修服务等需要快速响应上门服务

基于以上对智能家居领域客户需求特征的分析,本书下一步将通过建立客户隐性需求分析模型和客户需求动态预测模型,进一步较为准确全面地获取客户群体对于智能家居产品及服务的需求项集合。

4.4.2.2 智能家居服务生态系统客户需求数学模型的建立

定义智能家居产品服务生态系统的客户实际需求域为 CR,即是客户群体对智能家居产品和服务的显性和隐性需求的集合。以广州某大型社区 V 为分析对象,该社区内共有 5760 户居住家庭,常住人口约为 14000 人。为了获取社区内客户对于智能家居产品及服务的需求域 CR,通过该社区物业管理平台以家庭为基本单位开展在线问卷调研,问卷内容包括家庭基本人员构成、家庭对于智能家居产品及服务的需求选项及其重要度描述,抽取有效问卷 3416 份的数据开展分析。同时,通过智能家居产品及服务提供商的渠道获取部分产品的销售数据、客户使用数据和历史服务数据记录等信息,并结合小组讨论、头脑风暴等方法完成客户对于智能家居产品及服务需求项初始集合与需求频次表的编制,具体见表 4-6。

表 4-6 智能家居产品与服务需求频次表(部分举例)

编号	智能家居产品	功能/服务	需求频次/台	感知权重
D1	路由器	宽带/Wi-Fi 网络联接	3216	1.0
D2	智能电视	视频点播、游戏娱乐	3820	0.92
D3	空调	调节温度和湿度	8619	0.96
D4	冰箱	食物存储,食谱推荐	3429	1.0

（续表）

编号	智能家居产品	功能/服务	需求频次/台	感知权重
D5	洗衣机	清洁衣物、鞋子等	3 628	1.0
D6	扫地机器人	智能清洁室内地面	389	0.32
D7	安防摄像头	室内、室外监控	963	0.23
D8	电脑（台式机/笔记本）	办公、购物、娱乐	2 816	0.74
D9	移动终端（PAD/手机）	通信、娱乐、控制	6 782	0.92
D10	智能灯具	调节室内光照模式	2 789	0.53
D11	智能插座	节约电能、安全防护	1 320	0.29
D12	智能网关	智能传感器控制中心	893	0.15
D13	人体传感器	人体、动物感知	359	0.08
D14	温度传感器	室内温度感知	2 280	0.84
D15	湿度传感器	室内湿度感知	832	0.26
D16	有毒可燃气体报警器	一氧化碳、甲烷等有毒可燃气体检测、报警	684	0.78
D17	智能开关	节约能源、安全防护	469	0.25
D18	音响设备	影音娱乐	2 863	0.52
D19	抽油烟机	厨房除烟尘	3 416	1.0
D20	消毒柜	餐具等高温消毒	1 845	0.13
D21	洗碗机	餐具清洁	569	0.08
D22	热水器	提供厨房、洗浴等热水	3 820	1.0
D23	电饭煲	蒸米饭、煮粥等	3 518	0.94
D24	微波炉	食品加热	2 679	0.56
D25	电烤箱	面包、烤肉等食品制作	469	0.23
D26	电磁炉	锅等器具加热	2 886	0.55
D27	电压力锅	煲汤、煮粥等	1 947	0.47

（续表）

编号	智能家居产品	功能/服务	需求频次/台	感知权重
D28	咖啡机	咖啡饮品制作	296	0.04
D29	电风扇	小范围调节空气流通	2734	0.68
D30	新风系统	系统调节	158	0.01
D31	加湿器	增加室内湿度	483	0.23
D32	抽湿机	降低室内湿度	1895	0.46
D33	净水器/饮水机	饮用水过滤、加热	3102	0.86
D34	游戏主机	游戏娱乐	331	0.12
D35	健康检测仪（血压计等）	体征参数测量	2579	0.83

同时，以客户通用需求域为基础构建起智能家居产品服务模糊认知关联图模型（图 4-12），建模软件应用了瓦格宁根大学开发的模糊认知图建模分析开源软件 FuzzyDANCES（Version 1.1.3.0）[208]，运行环境：Windows 10 x64

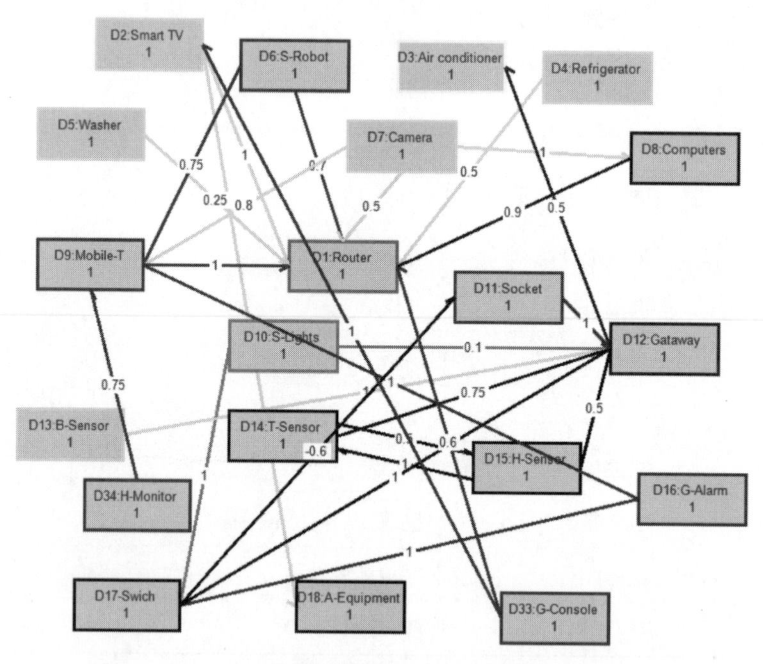

图 4-12　智能家居产品服务客户需求模糊认知关联图

专业版，Intel(R) Core i5－5200U CPU，8G 内存。模型中节点之间的有向箭头的作用权重值 w_{ij} 通过专家经验推理和在线问卷调研数据的 Hebbian 规则学习加权平均获得，表示不同类别的智能家居产品服务相互之间的影响和作用关系。模糊认知图从定性和定量两个方面，比较直观地体现了智能家居产品服务客户需求的相互作用网络图谱。

在图形化模型建立与作用权重参数设置的基础上，应用 FuzzyDANCES 生成了该模糊认知图的邻接矩阵(Adjacent Matrix)，如图 4－13 所示。智能家居产品服务客户需求的邻接矩阵为一个多维度的稀疏矩阵，但随着不同产品与服务之间的交叉互联，相互之间的作用关系会逐步生成并发生演变。

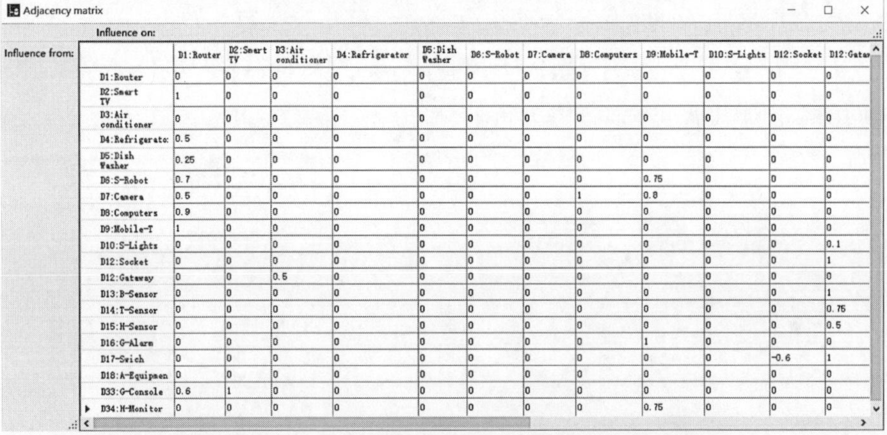

Adjacency matrix

Influence on:

Influence from:	D1:Router	D2:Smart TV	D3:Air conditioner	D4:Refrigerator	D5:Dish Washer	D6:S-Robot	D7:Camera	D8:Computers	D9:Mobile-T	D10:S-Lights	D12:Socket	D12:Gatew
D1:Router	0	0	0	0	0	0	0	0	0	0	0	0
D2:Smart TV	1	0	0	0	0	0	0	0	0	0	0	0
D3:Air conditioner	0	0	0	0	0	0	0	0	0	0	0	0
D4:Refrigerato	0.5	0	0	0	0	0	0	0	0	0	0	0
D5:Dish Washer	0.25	0	0	0	0	0	0	0	0	0	0	0
D6:S-Robot	0.7	0	0	0	0	0	0	0	0.75	0	0	0
D7:Camera	0.5	0	0	0	0	0	0	1	0.8	0	0	0
D8:Computers	0.9	0	0	0	0	0	0	0	0	0	0	0
D9:Mobile-T	1	0	0	0	0	0	0	0	0	0	0	0
D10:S-Lights	0	0	0	0	0	0	0	0	0	0	0	0.1
D12:Socket	0	0	0	0	0	0	0	0	0	0	0	1
D12:Gateway	0	0	0.5	0	0	0	0	0	0	0	0	0
D13:B-Sensor	0	0	0	0	0	0	0	0	0	0	0	1
D14:T-Sensor	0	0	0	0	0	0	0	0	0	0	0	0.75
D15:H-Sensor	0	0	0	0	0	0	0	0	0	0	0	0.5
D16:G-Alarm	0	0	0	0	0	0	0	0	1	0	0	0
D17-Swich	0	0	0	0	0	0	0	0	0	0	-0.6	1
D18:A-Equipmen	0	0	0	0	0	0	0	0	0	0	0	0
D33:G-Console	0.6	1	0	0	0	0	0	0	0	0	0	0
D34:H-Monitor	0	0	0	0	0	0	0	0	0.75	0	0	0

图 4－13　智能家居产品服务客户需求模糊认知图邻接矩阵

4.4.2.3　智能家居服务生态系统客户隐性需求的抽取和挖掘

客户隐性需求的抽取与挖掘是面向单一客户或特定用户群体展开的分析。本节以 V 社区中某一栋楼 180 户家庭客户群体 A 为分析对象进行示例验证，目标客户群体 A 在 2014 年年底住房交付，同步需要进行智能家居等产品及配套服务的选配与安装。客户群体 A 智能家居产品服务需求模糊认知图参数设置如图 4－14 所示。定义客户群体 A 在智能家居产品服务生态系统内显性需求的集合为 D'，根据在交房初期对客户群体 A 的调研访谈记录进行统计分析，了解到大部分业主的不完全主观显性需求集合 $D'=\{D_2, D_3, D_4, D_5, D_6, D_7, D_{11}, D_{14}, D_{17}, D_{33}, D_{34}\}$，其中集合内各元素编号对应表 4－6 中的产品服务选项的编号。

应用图 4-14 中构建的 FCM 基础模型，设置 D' 集合内对应元素的初始值为 1，其他元素值全部为 0，使用 FuzzyDANCES 对 FCM 模型节点参数进行重新计算。其中，设置迭代关系为 $D_i(k+1)=f\{D_i(k)+\sum_{j\neq i,\ j=1}^{N}[D_j(k)\cdot w_{ji}]\}$，传递函数为 Trivalent 方程，迭代次数为 10，则有 FCM 模型的迭代推理曲线如图 4-15 所示。FCM 模型的迭代收敛过程比较快，经过 2 步迭代即达到了平衡，对客户群体 A 智能家居隐性需求推理的具体节点参数变化过程见表 4-7。根据平衡态节点参数值与初始值的对比分析，则可知推理出来的隐性需求集合为 $D'=\{D_1, D_8, D_9, D_{12}, D_{18}\}$，而由于显性需求集合中 D_{17} 和 D_{11} 存在反向作用关系，因此在推理出来的需求集合中需求项 D_{11} 被消除。最终得到客户群体 A 的实际需求项集合 $D^0=\{D_1, D_2, D_3, D_4, D_5, D_6, D_7, D_8, D_9, D_{12}, D_{14}, D_{17}, D_{18}, D_{33}, D_{34}\}$，后续将针对客户群体 A 实际需求项的动态特征开展进一步深入分析。

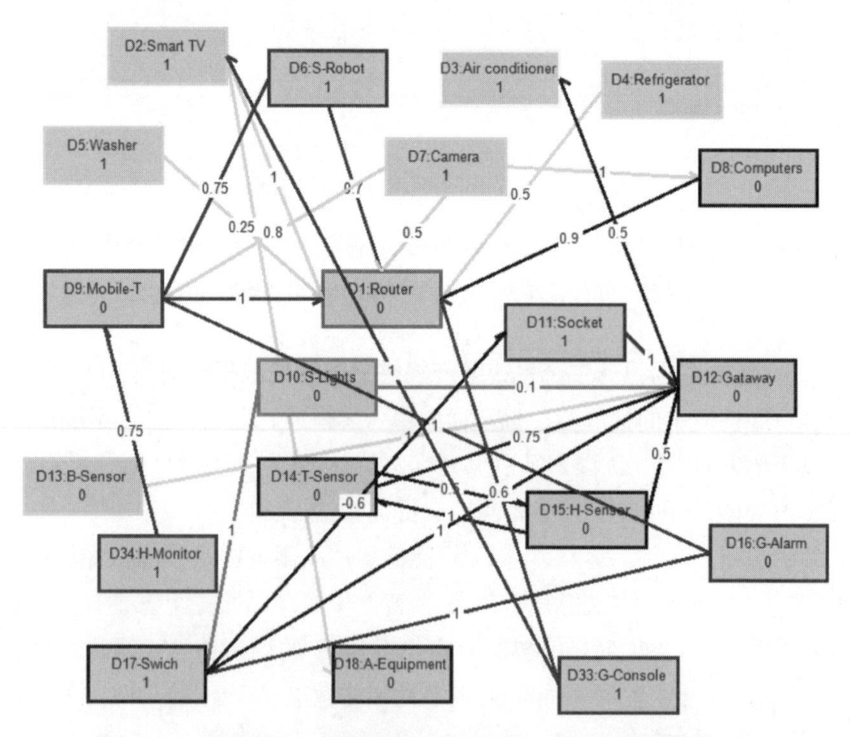

图 4-14 客户群体 A 智能家居产品服务需求模糊认知图参数设置

表4-7　客户群体 A 隐性需求推理迭代过程参数变化

Step	D1	D2	D3	D4	D5	D6	D7	D8	D9	D10
0	0	1	1	1	1	1	1	0	0	0
1	1	1	1	1	1	1	1	1	1	0
2	1	1	1	1	1	1	1	1	1	0

Step	D11	D12	D13	D14	D15	D16	D17	D18	D33	D34
0	1	0	0	0	0	0	1	0	1	1
1	0	1	0	0	0	0	1	1	1	1
2	−1	1	0	0	0	0	1	1	1	1

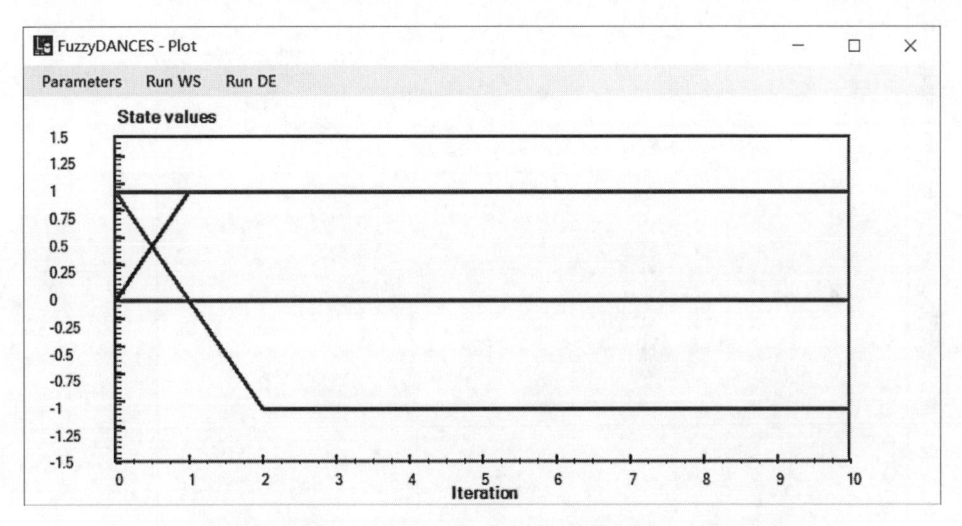

图4-15　客户群体 A 智能家居产品服务需求模糊认知图推理过程

4.4.2.4　基于ARIMA模型的智能家居服务生态系统客户需求动态预测

基于对客户群体 A 智能家居实际需求的合成，得到客户群体 A 的基本需求项集合 $D^0=\{D_1^0, D_2^0, \cdots, D_{13}^0\}$，其中，各需求项权重向量为 $\boldsymbol{w}=(w_1, w_2, \cdots, w_{13})$，通过对客户群体 A 开展24个月的跟踪，得到需求权重的变动数据见表4-8。其中，选取智能电视、燃气热水器和游戏主机三种不同类型的家居电器的客户需求权重，应用ARIMA模型进行数据拟合与预测分析，结果分别如图4-16～图4-18所示。ARIMA模型的建立应用了建模分析软件

表 4-8 过往 24 个月客户群体 A 对不同类型智能家居产品服务的需求权重时间序列原始数据收集(部分主要数据)

需求项	需求权重	2015 年 1—12 月												2016 年 1—12 月											
		1	2	3	4	5	6	7	8	9	10	11	12	1	2	3	4	5	6	7	8	9	10	11	12
路由器	w_1	1.0	1.0	1.0	1.0	1.0	1.0	1.0	1.0	1.0	1.0	1.0	1.0	1.0	1.0	1.0	1.0	1.0	1.0	1.0	1.0	1.0	1.0	1.0	1.0
智能电视	w_2	0.84	0.93	0.82	0.76	0.84	0.87	0.91	0.92	0.81	0.75	0.71	0.76	0.86	0.95	0.82	0.76	0.75	0.80	0.84	0.88	0.75	0.70	0.65	0.70
智能空调	w_3	0.34	0.22	0.56	0.32	0.42	0.60	0.86	0.95	0.92	0.75	0.32	0.26	0.29	0.25	0.40	0.35	0.63	0.72	0.85	0.96	0.83	0.73	0.42	0.32
智能冰箱	w_4	1.0	1.0	1.0	1.0	1.0	1.0	1.0	1.0	1.0	1.0	1.0	1.0	1.0	1.0	1.0	1.0	1.0	1.0	1.0	1.0	1.0	1.0	1.0	1.0
智能洗衣机	w_5	1.0	1.0	1.0	1.0	1.0	1.0	1.0	1.0	1.0	1.0	1.0	1.0	1.0	1.0	1.0	1.0	1.0	1.0	1.0	1.0	1.0	1.0	1.0	1.0
扫地机器人	w_6	0	0	0	0	0	0	0.3	0.46	0.45	0.48	0.57	0.55	0.58	0.65	0.68	0.66	0.70	0.74	0.72	0.76	0.79	0.78	0.80	0.81
安防摄像头	w_7	0	0	0	0	0	0	0	0	0	0	0.9	0.95	1.0	1.0	1.0	1.0	1.0	1.0	1.0	1.0	1.0	1.0	1.0	1.0
燃气热水器	w_8	0.88	0.85	0.82	0.81	0.81	0.8	0.78	0.8	0.82	0.81	0.84	0.85	0.87	0.84	0.83	0.81	0.81	0.79	0.78	0.8	0.83	0.82	0.85	0.86
移动终端	w_9	1.0	1.0	1.0	1.0	1.0	1.0	1.0	1.0	1.0	1.0	1.0	1.0	1.0	1.0	1.0	1.0	1.0	1.0	1.0	1.0	1.0	1.0	1.0	1.0
电风扇	w_{10}	0	0	0	0	0.32	0.45	0.50	0.52	0.42	0.32	0	0	0	0	0	0.23	0.39	0.44	0.49	0.53	0.24	0	0	0
抽湿机	w_{11}	0	0.62	0.91	0.45	0	0	0	0	0	0	0	0	0	0.53	0.88	0.43	0	0	0	0	0	0	0	0
饮水机	w_{12}	1.0	1.0	1.0	1.0	1.0	1.0	1.0	1.0	1.0	1.0	1.0	1.0	1.0	1.0	1.0	1.0	1.0	1.0	1.0	1.0	1.0	1.0	1.0	1.0
游戏机	w_{13}	0.54	0.60	0.63	0.66	0.62	0.54	0.55	0.50	0.48	0.47	0.45	0.42	0.40	0.35	0.33	0.32	0.35	0.31	0.29	0.28	0.28	0.26	0.25	0.24

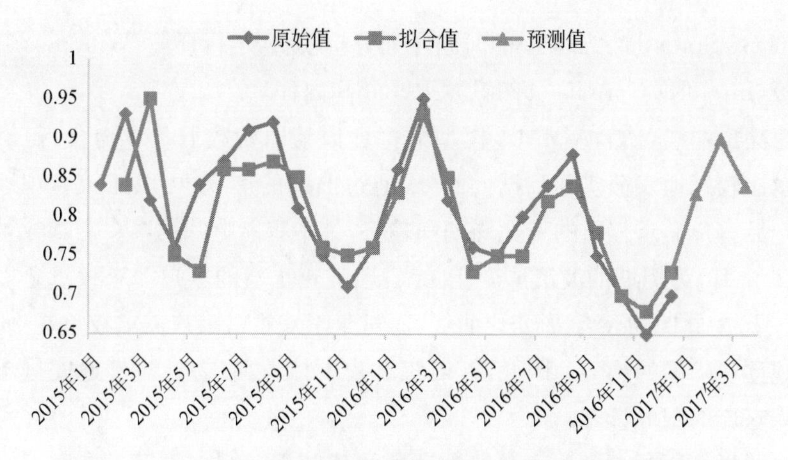

图 4－16　客户对于智能电视需求权重的拟合值与预测值时间序列

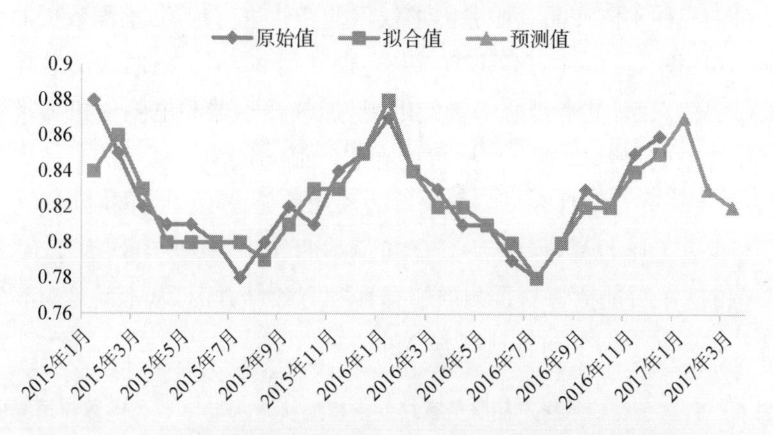

图 4－17　客户对于燃气热水器需求权重的拟合值与预测值时间序列

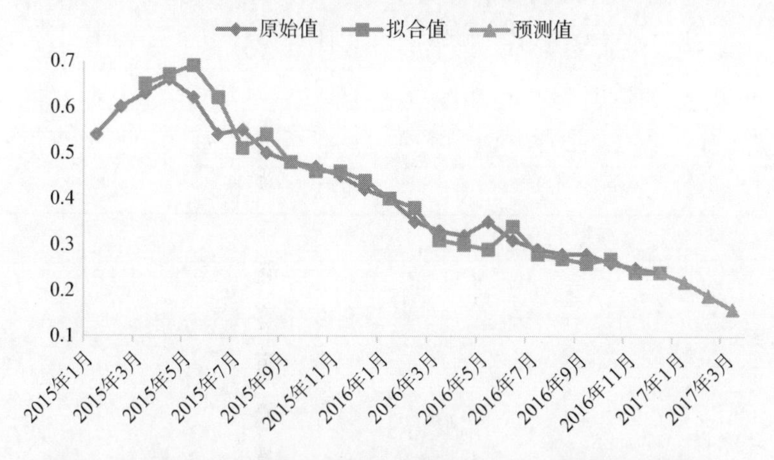

图 4－18　客户对于游戏主机需求权重的拟合值与预测值时间序列

IBM SPSS Statistics 24.0 中的时间序列分析模块，运行环境：Windows 10 x64 专业版，Intel(R) Core i5－5200U CPU，8G 内存。

由图形曲线可知，ARIMA 模型的拟合值与原始数据基本吻合，得出的模型可以比较好地表征实际数据。此外，通过曲线的形状，可以比较直观地得出不同产品客户需求权重的变化周期和趋势，其中智能电视的客户需求权重是以半年(6 个月)为周期的波浪形变化曲线，燃气热水器的客户需求权重是以一年(12 个月)为周期的 V 字形变化曲线，而对于游戏主机客户需求权重在 24 个月内呈现逐步降低的趋势。因此，针对该客户群体，可以有针对性地安排不同时间段内对应的服务计划。

在通过 ARIMA 模型建立拟合模型的基础上，对 2017 年一季度三个月内该客户对于三种不同产品及服务需求权重的变化进行预测，预测数据曲线分别如图 4－16～图 4－18 中三角形节点灰色曲线所示，从三条曲线的总体变化趋势上进行定性判断，基本符合了智能电视、燃气热水器和电脑主机需求权重变化的周期性或趋势性规律。三种智能家居产品 ARIMA 模型的具体参数配置及 2017 年一季度三个月客户需求权重的预测值见表 4－9。同时用平稳 R^2 值作为模型拟合度度量标准，三条拟合和预测曲线平稳 R^2 值均大于 0.5，证明 ARIMA 模型在数据拟合与预测的解释性和有效性方面，基本满足对于智能家居产品与服务客户需求动态预测方面的要求。

表 4－9　典型智能家居产品服务客户需求权重预测 ARIMA 模型参数与预测值

需求项	ARIMA 模型 (p, d, q)×(P, D, Q)	2017 年一季度需求权重预测值			模型拟合度统计平稳 R^2
		1 月	2 月	3 月	
智能电视	(2, 1, 2)×(0, 0, 1)	0.83	0.90	0.84	0.548
燃气热水器	(2, 0, 2)×(1, 0, 0)	0.87	0.83	0.82	0.704
游戏主机	(2, 1, 2)×(1, 0, 0)	0.22	0.19	0.16	0.655

第5章 智能产品服务生态系统解析

智能产品服务生态系统作为一种协同共生的新型组织形态，需要对其内在的结构关系、稳定性、价值创造等核心机理进行剖析。首先，智能产品服务生态系统具有多层次性及复杂性，需要寻求用于描述智能产品服务生态系统结构层次嵌套关系和拓扑关系的方法。其次，智能产品服务生态系统具有稳定的生态结构，需要对其稳定性机理、发展演化过程、系统节点关系等相关机制开展分析，并寻求合理化的方式增强系统的稳定性。最后，智能产品服务生态系统的子系统、各类参与者及外部环境通过复杂交互过程，实现功能/价值的复合和涌现。

针对以上基本问题，本章介绍了智能产品服务生态系统的系统层次化构成，以及其稳健性和价值增值机制，以指导智能产品服务生态系统的构建和长期稳定运行。具体内容包括：①智能产品服务生态系统解析的思路与框架流程；②基于生态化可生存系统模型(eco-viable system model, EVSM)的智能产品服务生态系统结构化层次拓扑分析模型与方法；③智能产品服务生态系统稳健性；④智能产品服务生态系统价值增值机制。

5.1 智能产品服务生态系统解析的问题特征

由于智能产品服务生态系统融合多样化的要素构成，为了能够保证系统的稳定、可持续运行，因此需要对其内在普遍性的运行机理开展分析，包括一般的系统结构、系统稳定性和可持续的价值创造等方面，从而为智能家居、智能网联汽车等行业智能产品服务生态系统的构建提供参考依据。本节将这一过程归纳为智能产品服务生态系统的“**解析**”过程。

首先，重点剖析了智能产品服务生态系统在结构关系、稳定性、价值创造等方面的基本问题特征，主要包括以下三个方面：

（1）智能产品服务生态系统具有多层次性及复杂的内部关联关系。需要构建一种通用的理论模型，用于描述智能产品服务生态系统的层次嵌套关系和拓扑关系。

（2）智能产品服务生态系统具有相对稳定的类生态结构。需要剖析其内在的稳定性机制，研究系统演化发展过程，同时系统内的构成节点（包括产品、相关利益方等）需要合理定位，减少冲突，以促进服务生态角色的多样性发展。

（3）智能产品服务生态系统的子系统及相关利益方之间通过类生态化的交互过程，会由于环境效应、结构效应、组分效应及规模效应等，产生功能或价值的复合与涌现，价值总量会通过价值交互而不断增加。

为了解决智能产品服务生态系统解析的三个主要问题，从三个方面的内容展开介绍，即智能产品服务生态系统层次结构拓扑分析与建模、系统稳健性、生态系统价值增值。同时，由于智能产品服务生态系统“智能、生态、服务”三个方面特征的独特性，进一步将三个方面的内容与这三个主要特征进行对照，将所需要具体分析解决的问题分别映射到三个特征层次上，智能产品服务生态系统解析的关键问题特征分解见表 5-1。

表 5-1 智能产品服务生态系统解析的关键问题特征分解

特征	智能产品服务生态系统层次结构拓扑分析与建模	智能产品服务生态系统稳健性研究	智能产品服务生态系统价值增值机理研究
智能	系统水平层次及垂直层次的智能联结交互	基于智能感知、决策优化的自反馈与自组织	智能化技术对于系统效率及客户体验的提升
生态	系统的整体性、层次性及复杂多样性，开放式的功能系统、结构形式与组织方式	服务生态系统的共生性、健壮性与生态位分离	服务生态系统的价值结构与功能价值涌现
服务	集成性、无形性、差异性与不可存储性	智能产品服务生态系统的可持续性	个性化服务、差异化智能产品服务的增值性

为了对智能产品服务生态系统解析所需的理论和方法体系展开介绍，从系统建模、稳健性分析、价值分析三个层面，分别对产品系统解析、服务系统解析、智能产品服务生态系统解析已有及所需的理论与方法进行对比，见表5-2。

表5-2　面向智能产品服务生态系统解析的理论方法需求

主要问题	产品系统解析	服务系统解析	智能产品服务生态系统解析
系统建模	二维、三维装配结构图、电气原理图等	服务流程图、时序图等	构建SPSE生态化、多维度、嵌套式结构描述模型
稳健性分析	系统结构强度、刚度分析、系统响应曲线	排队论、马尔科夫链等	应用耗散结构及生态位理论解释SPSE系统稳健性
价值分析	产品可靠性、功能多样性、性能等指标	服务可用性、服务效率、客户满意度等	产品服务的生态价值增值的定性和定量分析

(1) 在系统建模方面。区别于应用CAD图纸、电气原理图、流程图、时序图等进行产品系统和服务系统建模，智能产品服务生态系统需要新的理论方法来构建其生态化、多维度、嵌套式结构描述模型。

(2) 在系统稳健性分析方面。区别于应用系统结构强度、刚度、响应曲线来描述产品稳健性，应用排队论、马尔可夫链等分析服务系统稳健性，需要引入包括耗散结构理论、生态位理论等方法用于解释智能产品服务生态系统的稳健性机制。

(3) 在价值分析方面。产品价值体现在其可靠性、功能多样性及性能指标等维度，服务价值体现在其可用性、效率及客户满意度等维度，而面向智能产品服务生态系统则需要引入新的理论方法来解释生态系统价值涌现及空间拓展等现象。

5.2　智能产品服务生态系统层次结构拓扑分析与建模

5.2.1　智能产品服务生态系统层次分析

依据图1-5所示从产品到智能产品服务生态系统的转型路径分析，总结出智能产品服务生态系统具有四个基础层次，即智能产品（L1级）、智能产品功能系统（L2级）、智能产品服务系统（L3级）、智能服务生态系统（L4级），四个层次自底向上逐层叠加生成，每个层次的系统构成、功能与作用，以及应用举例具体见表5-3。

表5-3 智能产品服务生态系统的四个基础层次

系统层级	L1级 智能产品	L2级 智能产品系统	L3级 智能产品 服务系统	L4级 智能产品服务 生态系统
系统构成	单台智能化的设备或单机软件系统	多元化的软件和硬件系统，包括控制器、协调器、执行器、监视器等	在智能软硬件功能系统的基础上，融入服务流程和支持系统	在智能产品服务系统基础上，融合多元化的服务供应商和服务资源
功能与作用	实现特定的机械电子或软件功能，相对比较单一	将多元化的软硬件互联集成，实现相对比较复杂的功能且具有一定的自适应性	通过软件和硬件系统功能的复合，满足客户个性化的需求，实现产品价值增值	通过服务供应商的协作与资源共享，实现服务生态系统运行效率最优化，以及系统功能与价值的涌现
应用举例	单台空调、洗衣机、电视机等	家电控制系统、节能控制系统、情景模式控制系统等	家庭保洁服务、影音云服务、健康医疗服务、O2O生活服务	融合家庭保洁、健康医疗、O2O生活服务、社区服务等的智能家居服务生态系统

其中，本节考虑智能产品服务生态系统的最小粒度分解到L1级，即可以实现独立功能的智能产品级，不涉及智能产品的内部功能实现原理及技术开发。L2级智能产品系统则由若干L1级智能产品或软件系统所构成，通过多元化的软硬件的互联集成，实现相对比较复杂的功能，且具有一定的自适应能力。L3级智能产品服务系统则在L2级智能软硬件功能系统的基础上，融入服务流程和支持系统，通过软硬件系统的功能复合，满足客户个性化的需求，实现产品价值增值。L4级智能产品服务生态系统则融合了多元化的服务供应商和外部服务资源，通过服务供应商的协作与资源共享，实现智能产品服务生态系统的运行效率最优化，以及系统功能与价值的涌现。

5.2.2　智能产品服务生态系统生存系统模型

为了能够较为准确地描述5.3.1小节总结出的智能产品服务生态系统的四个基础层次嵌套结构，本节基于可生存系统模型（viable system model, VSM）[209]，开发了面向智能产品服务生态系统的可生存系统模型，用于对SPSE进行层次化的拓扑分析与建模。通过国内外研究现状部分的总结可知，可生存系统模型的根本是基于多样性平衡思想和递归分解思想，对于智能产品服务生态系统的复杂多层次特征具有很好的解释性和匹配度。

图5-1所示为智能产品服务生态系统可生存系统模型基础构成。如图5-1左图所示，EVSM将智能产品服务生态系统的基础构成模块划分为三个部分，包括执行模块（operation, O）、管理模块（management, M）和外部环境（environment, E）。如图5-1右图所示，进一步对EVSM进行子模块划分，其中执行模块由多个执行过程S1构成，管理模块则由S2协调系统、S3控制系统、S3* 监督系统、S4计划系统和S5目标决策系统五个子系统模块构成，而外部环境E则会呈现不同的场景和状态影响系统的运作模式，详细的EVSM各个系统子模块构成要素的功能说明见表5-4。

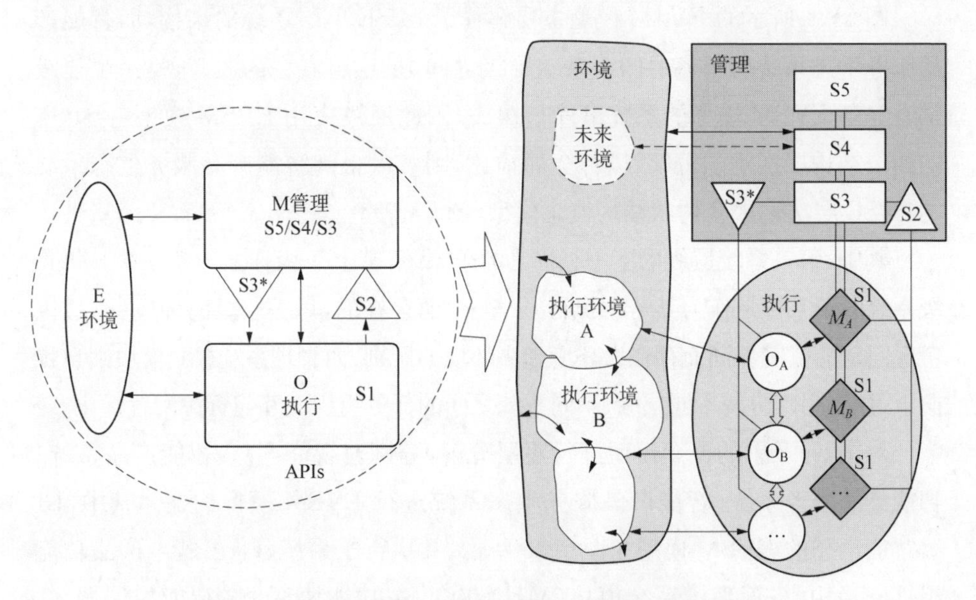

图5-1　智能产品服务生态系统可生存系统模型基础构成

表 5-4 EVSM 各个系统子模块构成要素的功能说明

模块	序号	要素名称	要素功能描述
O	S1	执行系统	可独立提供产品功能或执行特定服务流程的子系统
M	S2	协调系统	提供系统资源、时间、费用等方面的协调机制
	S3	控制系统	执行控制功能的组织单元,资源分配、任务分工等
	S3*	监督系统	监控系统的运行状态,确保达成既定的目标
	S4	计划系统	组织计划、环境研究、方案的研究与规划
	S5	目标/决策系统	明确的战略层目标和决策机制
E	E	外部环境	外部的经济、政策、自然、客户状态等环境

类似于人体具有神经系统、运动系统、免疫系统和循环系统等功能结构,自然生态系统具有非生物的物质和能量、生产者、消费者和分解者等生态结构,人类社会具有生产、消费娱乐、政治和教育等组织结构,智能产品服务生态系统的不同子系统模块各司其职、相互配合,从而实现系统的稳定运行。

5.2.3 基于 EVSM 的智能产品服务生态系统结构建模

图 5-1 所示的 EVSM 模型主要解释了 SPSE 单层系统的结构,而智能产品服务生态系统所具备的四个系统层级之间,是逐层嵌套的关系,每一个层级都有完备 EVSM 模型的系统组件与构成,因此通过应用 EVSM 模型将 SPSE 的四个结构层次逐层分解,进行全局描述,则可以得到智能产品服务生态系统的 SPSE 层次化嵌套树状结构概念模型(图 5-2)。

其中,每一系统层级的下一级称之为子系统,其上一级称之为超系统。每一级系统的子系统是作为其若干执行系统(O)而存在的,每一层级的环境(E)也因考虑问题的范围不同而存在大环境和小环境的区别,而管理系统(M)模块则自顶向下贯穿,用以协调不同层级、不同系统之间的任务组织交互与资源配置优化。

对图 5-2 中的概念模型进行逐层分解,分别对智能产品、智能产品系统、智能产品服务系统、智能产品服务生态系统进行 EVSM 模型构建。其中,L1 级智能产品的 EVSM 模型如图 5-3 所示,其执行子系统(O)由若干产品功能组件(S1)构成;管理子系统模块(M)则包含 S2 功能协调、S3 智能控制器/软件、S3* 状态监控、S4 功能参数智能规划和 S5 技术指标自主选择等决策与控

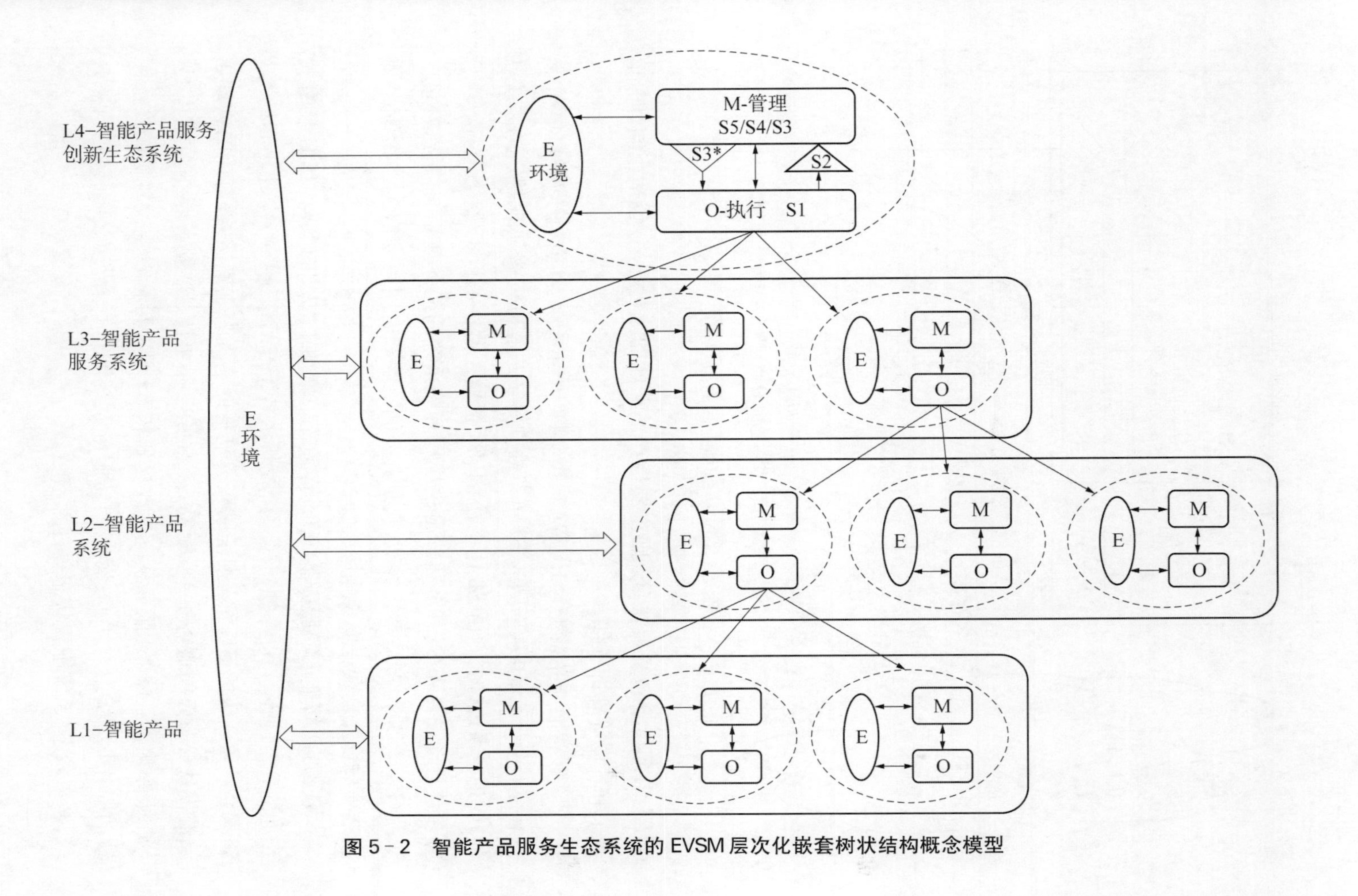

图 5–2　智能产品服务生态系统的 EVSM 层次化嵌套树状结构概念模型

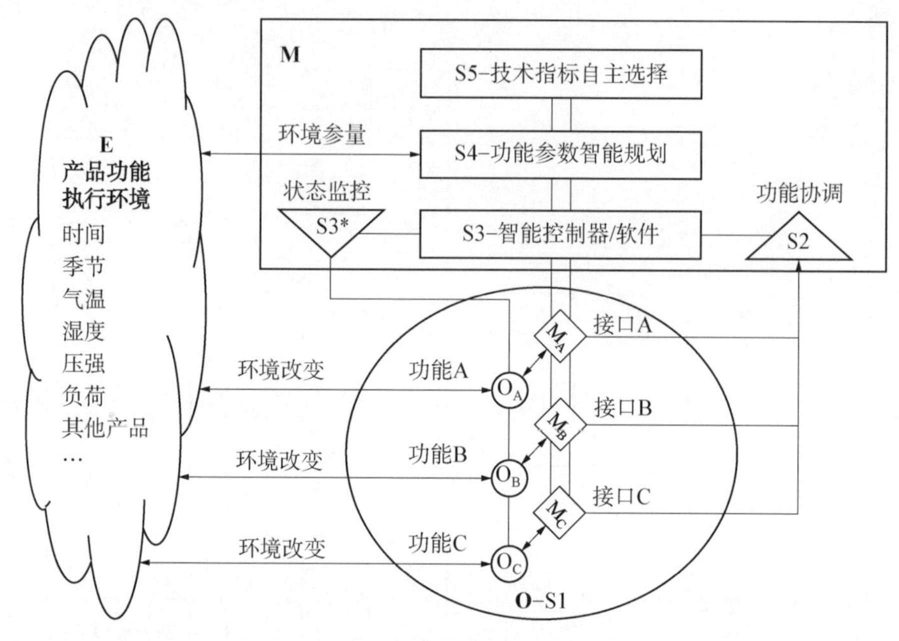

图 5-3 L1-智能产品的组件构成

制环节；环境子系统模块(E)则主要指产品功能的执行环境，包括空间、时间、季节和气温等外部条件。

L2 级智能产品系统的 EVSM 模型如图 5-4 所示，其执行子系统(O)由若干智能产品(S1)构成，不同的 S1 可以独立完成或相互配合实现特定的系统功能；管理子系统(M)则由 S2 任务协调、S3 智能控制中心、S3* 状态监控、S4 任务参数自动设置和 S5 任务目标自主规划等跨系统的任务规划与协调；环境子系统(E)与 L1 级产品系统类似，只是其空间范围和时间跨度增大，其他环境参量选项数量及复杂程度会响应叠加。

从 L3 级智能产品服务系统开始，系统中增加了“人”的参与，其 EVSM 模型如图 5-5 所示，其中，执行子系统模块由若干产品系统(S1)构成，区别于 L2 级子系统，L3 级的 S1 系统则是以服务过程的实现为主要任务；对应的管理子系统模块(M)面向服务过程，配置 S2 服务任务协调、S3 服务系统控制中心、S3* 服务状态监控、S4 服务系统参数规划和 S5 服务目标自主设置等跨产品系统的服务业务组织与协调；智能产品服务系统的运行环境(E)则包括自然环境、客户状态、系统配置状态等外部参数。

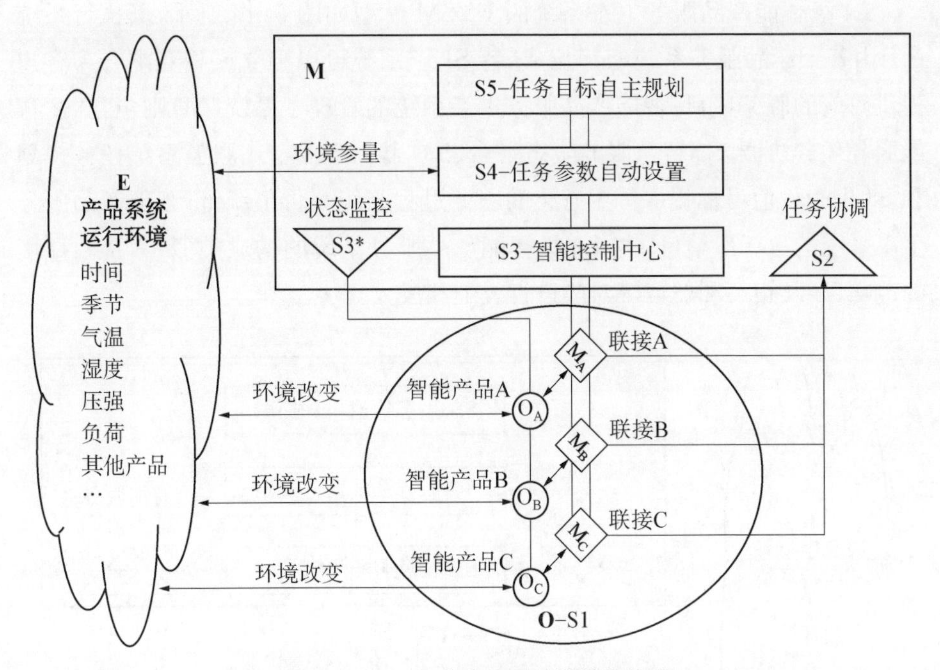

图 5-4　L2-智能产品系统的模块构成

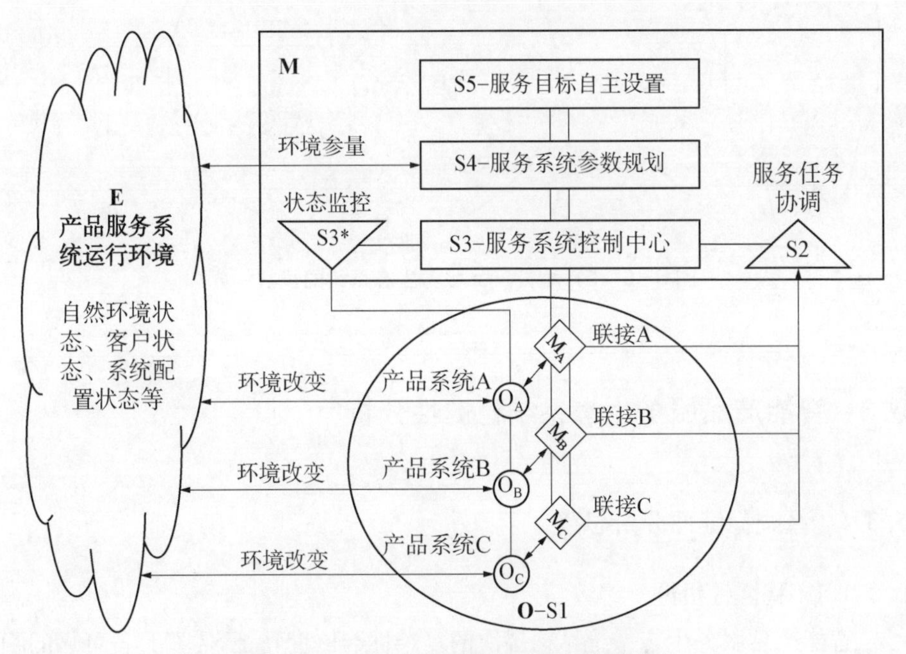

图 5-5　L3-智能产品服务系统的模块构成

L4 级智能产品服务生态系统的 EVSM 模型如图 5－6 所示，其执行系统(O)由若干产品服务系统(S1)构成，各 S1 子系统可以独立或相互配合为客户提供对应的服务项目；智能产品服务生态系统的管理子系统(M)则包含 S2 智能服务任务协调、S3 智慧服务生态平台、S3* 状态监控、S4 服务系统任务规划和 S5 生态价值目标提取等生态化的服务过程组织与价值统筹；智能产品服务生态系统的运行环境(E)与 L3 级智能产品服务系统的构成类似，其自然环境的范畴、涉及相关利益方等对应进行叠加和放大。

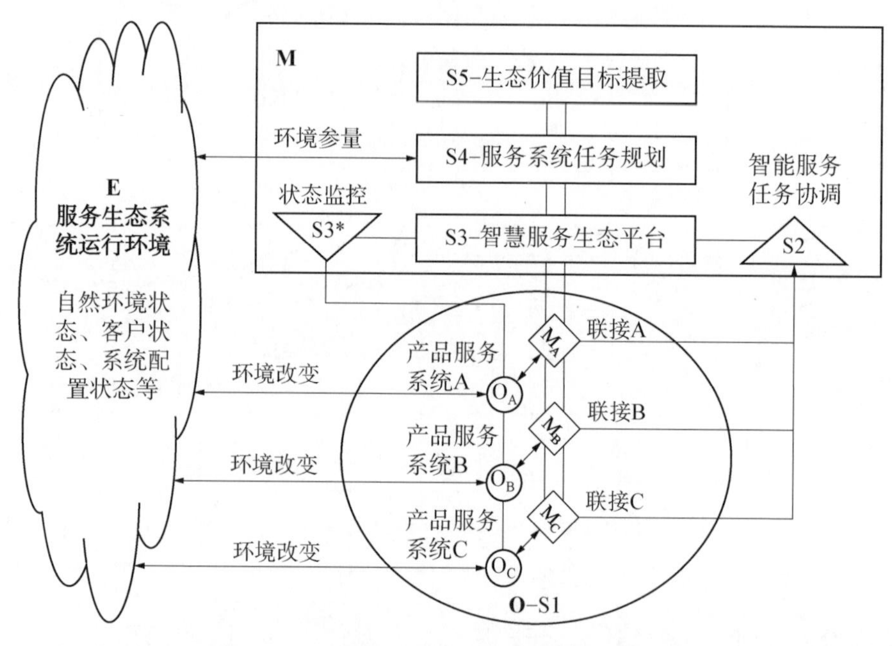

图 5－6　L4－智能产品服务生态系统的模块构成

5.3　智能产品服务生态系统稳健性分析

5.3.1　系统稳健性分析思路

5.3.1.1　稳健性机理

智能产品服务生态系统结构层次的复杂性与嵌套特征，需要具备可靠的稳健性机制来保证系统的有序运行。因此，为了进一步分析智能产品服务生态系统的静态和动态稳定性，本节对其稳健性机理进行探讨。首先，从保障智能产品服务生态系统可持续发展的视角分析有三个关键性的指标，具体如下：

(1) 高价值产品服务产出。智能产品服务生态系统发起者通过生态系统构建，设计高价值商业模型，共享互换核心资源，提高产品和服务的价值贡献。

(2) 共生吸引力。生态系统成员之间组合后的业务形态具备 1＋1＞2 的共生吸引力，生态系统整合将极大降低管理成本，并提高成员独立成长积极性。

(3) 价值增量。服务生态价值的复合与涌现；生态系统成员之间通过系统性运行降低单个利益方独立运营的风险。

为了实现这三个关键性指标，本节构建了智能产品服务生态系统稳健性的四个分析维度，具体包括结构维、功能维、机制维和关系维，如图 5－7 所示。其中，结构维主要对应 SPSE 的联接交互与市场定位两个层面，强调结构稳定，并减少交叉重叠；功能维对应 SPSE 的智能技术层面，强调功能可靠，并适当降低功能冗余；机制维则对应 SPSE 的商业模式层面，强调生态系统风险可控；关系维则对应 SPSE 的关联关系和用户体验层面，强调的是智能产品服务生态系统的价值共创。

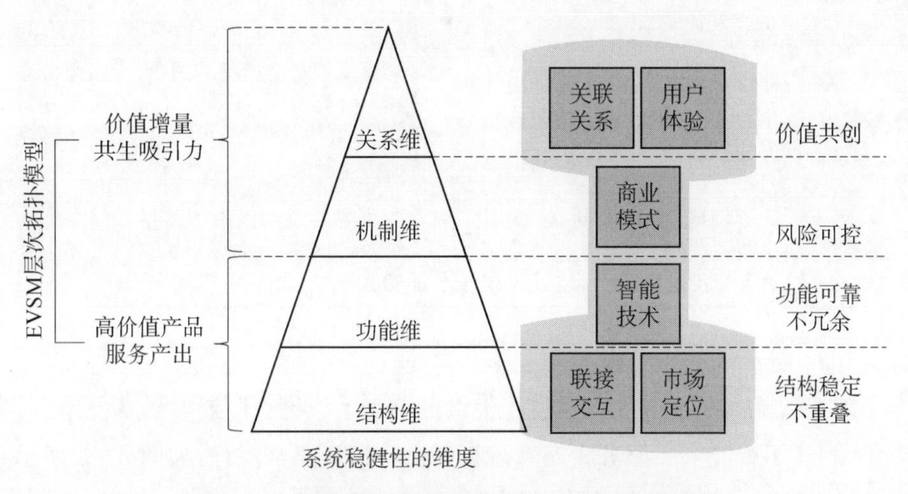

图 5－7　智能产品服务生态系统稳健性的分析维度

根据智能产品服务生态系统稳健性的四个基本分析维度，制定了对应每个维度的基本原则，并以智能家居服务生态系统进行相应解决方案的应用举例，具体见表 5－5。包括：①**结构维**通过增加生态系统个体多样性，增加节点数量，以提高服务能力，提升到理论的高度，其思想与耗散结构理论的原理平衡态和有序性的增加相类似；②**功能维**则重点关注生态功能的稳定性和可靠性，功能系统之间通过优势互补，从而减少功能交叉，消除瓶颈问题，以及过度的冗余和浪费，这一点与自然界生态系统的生态位分离现象不谋而合；③**机制维**则要求系统内网络节点之间风险共担，将个体风险转化为系统风险，从而减少节点的功能性损失；④**关系维**需要对已有的关系网络、业务流程和价值链进行重构，达到价值主张的趋同及功能系统的协同，从而建立合作共赢和价值共创的关系，其主要目的归根结底即实现冲突的消解和价值的增值。

表 5－5　智能产品服务生态系统稳健性的四个基本分析维度解释

分析维度	基本原则	解决方案（以智能家居服务生态系统为例）
结构维	增加生态系统个体多样性，增加联结节点数量，提高服务能力（耗散结构远离平衡态，有序性）	● 生态圈引入健康服务、能源管理、O2O 生活服务等服务供应商，提高服务的多样化 ● 通过智能家居互联互通，将更多的用户和产品服务供应商联接到一起
功能维	生态功能稳定可靠，优势互补，减少功能交叉，消除瓶颈、冗余和浪费（生态位分离）	● 空调、空气净化器、通风设备等系统功能减少交叉，功能上相互补充，避免冗余和浪费 ● 接入电子支付平台，方便、快捷、安全
机制维	风险共担机制，将个体风险转化为系统风险，减少功能性损失（网络结构的健壮性）	● 智能家居服务生态系统中的产品服务系统相互补充协调：如果家庭洗衣机出现故障，那么在维修期间，可通过 O2O 生活洗衣服务来补充
关系维	价值趋同/功能协同，建立合作共赢、价值共创关系（冲突消解与价值增值）	● 产品服务供应商以服务质量和服务能力为绩效，避免陷入向客户销售过多不需要的功能性产品的商业模式怪圈

5.3.1.2　分析思路与流程

对应智能产品服务生态系统稳健性的前三个维度，即结构维、功能维和机制维，构建了智能产品服务生态系统稳健性分析思路与流程，如图 5－8 所示。关系维的稳健性将在价值增值机制部分做进一步研究。其中，对于结构维稳健性的研究应用了系统耗散结构演变理论，引入系统能效等级（system capability level, SCL）参数作为系统发展水平的度量；对于功能维稳健性的研究应用生态位分离方法，引入生态位宽度和生态位重叠两个参数作为指标，通过系统节点间的优势互补，减少功能交叉，提高系统稳定性；对于机制维稳健性的研究应用了系统健壮性的测度方法，引入了系统抵抗力、系统恢复力两个参数，并提出了系统的多级冗余机制以提高系统的健壮性。虽然每个环节具有独立的算法体系和计算参数，如系统状态参数 SCL 值、生态位宽度/重叠、系统抵抗力/恢复力和多级冗余等，但不同的参数之间通过图 5-8 右侧关联接口进行信息传递与互联互通。

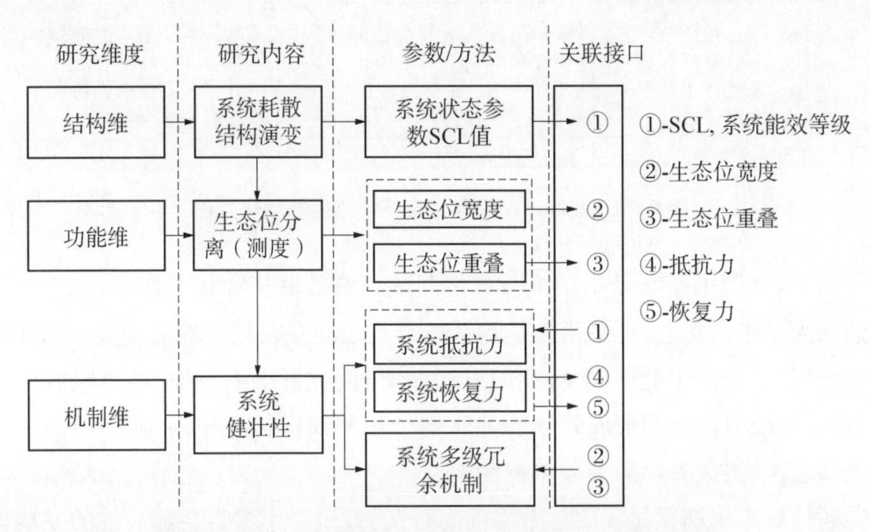

图 5-8　智能产品服务生态系统稳健性分析思路与流程

5.3.2　系统耗散结构演变

耗散系统[114]是指一个远离平衡态的开放系统（力学的、物理的、化学的、生物的和社会的等）通过不断地与外界交换物质和能量，在外界条件的变化达到一定阈值时，就有可能从原有的混沌无序状态过渡到一种在时间上、空间上或功能上有序地规范状态，这样的新结构就是耗散结构或称为耗散系统。

智能产品服务生态系统具有典型的耗散结构，即由于智能技术提高、相关利益方之间关联关系的增强、持续的生态价值创造等“负熵流”的持续输入，智能产品服务生态系统中的节点（包括智能产品、相关利益方、服务平台和服务资源等）会进行功能性专业分化与集成，同时节点之间的联接会逐渐增多增强，形成有序的、稳定的系统结构。进一步对智能产品服务生态系统的耗散结构演变过程进行分析，将其平衡态演化为三个主要阶段，即**松散平衡态**、**近平衡态**和**耗散平衡态**，如图 5-9 所示。

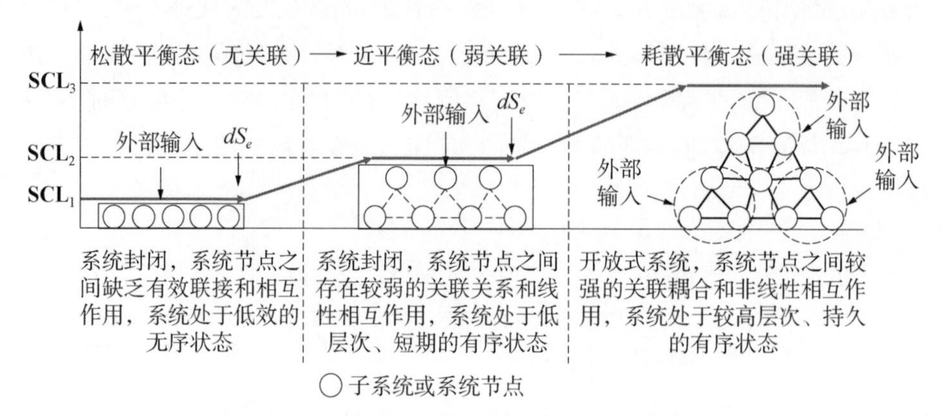

图 5-9 智能产品服务生态系统平衡态演化过程

其中，松散平衡态是指系统节点之间缺乏有效联接和相互作用，系统处于低效的无序平衡状态；近平衡态是指系统节点之间存在较弱的关联关系和线性相互作用，系统处于低层次、短期的有序状态；而耗散平衡态中，通过吸收外部负熵流，系统节点之间形成较强的关联耦合和非线性相互作用，从而推动系统向较高层次、持久有序的平衡状态发展。

通过对系统演化过程中三个平衡态分析，发现三个参量会随系统的发展而变化，包括系统有序测度、功能效益、功能成本，因此定义了一个综合性指标，即系统能效等级参数，来衡量智能产品服务生态系统的发展水平，具体表达式如下：

$$\mathrm{SCL}=f(R,\ V,\ C)=\frac{R\cdot V}{C}=\frac{(\alpha R_1+\beta R_2)\cdot\sum v_i}{\sum c_j} \tag{5-1}$$

式中 R ——系统熵值有序测度，衡量智能产品服务生态系统的多样性及内部关联程度，$R=\alpha R_1+\beta R_2$，R_1 为时效测度，R_2 为质量测度，α 和 β 为两个参量权重；

V——系统价值效益 v_i 的集合，衡量智能产品服务生态系统的服务能力；

C——系统功能成本 c_j 的集合，衡量智能产品服务生态系统的运行效率。

从定性分析的角度看，在耗散平衡态下，系统熵值有序测度 R 值较高，系统价值效益 V 也比较高，同时由于具有比较高的系统运行效率极大降低了系统功能成本 C，因此，耗散系统结构具有较高的 SCL 值，是一种高等级的、有序的平衡状态。

5.3.3 系统生态位分离

5.3.3.1 生态位分离的问题特征

自然界生态系统中，不同的物种和个体之间相互作用，各自占据一定的生态资源和生存空间，从而达到一种相对的平衡状态。一般的，学术界将一个种群在生态系统中，在时间空间上所占据的位置及其与相关种群之间的功能关系与作用，称为“**生态位**”。类似的，智能产品服务生态系统耗散结构的形成过程，即系统中不同要素和节点的“生态位”相互作用达到相对平衡的过程。

智能产品服务生态系统中包含了多种类型的个体，包括产品、服务及其供应商等。智能产品服务生态系统生态位分离的机制如图5-10所示。初始状态的系统个体之间缺少联系，个体功能追求多样化，而不同的个体之间功能雷同，挤占了比较狭窄的生态位空间，同质化竞争比较严重，资源利用率比较低。通过生态位分离，将个体之间进行功能分离或功能集成，从而达到个体共生或淘汰的目的。生态位分离，实现不同个体的专业化分工，消除瓶颈问题，减少过度冗余，从而可以消除流程浪费，为客户提供集成化、专业化、模块化的功能服务。

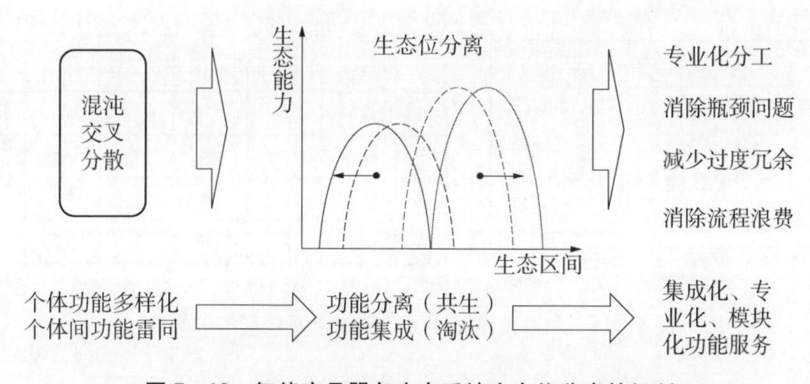

图5-10　智能产品服务生态系统生态位分离的机制

本节将智能产品服务生态系统节点或子系统的生态位定义为$V=\{D, T, S\}$，即为功能/服务节点/子系统对客户需求项集合$D=\{D_1, D_2, \cdots, D_n\}$、时间（$T$）、空间（$S$）三个维度覆盖程度的综合描述。

1）生态位测度

生态位的概念是抽象模糊的，可以通过一些量化的数量指标进行说明，其中生态位宽度和生态位重叠是描述单个生态位及生态位之间资源/功能关系的重要指标。

（1）生态位宽度（V_x）。在智能产品服务生态系统中，各级子系统之间功能/服务对客户需求、时间、空间的覆盖范围，如产品的功能构成、参数范围、服务供应商的服务范围、服务选项及服务能力。

（2）生态位重叠（V_{XY}）。在智能产品服务生态系统中，各级子系统之间功能/服务对客户需求、时间、空间覆盖范围的交叉重叠程度，如同一生态空间内两种产品之间的功能交叉，两个服务供应商的服务内容及服务流程的相似度等。

2）生态位与系统形态

系统生态位的配置，会影响系统内竞争与合作关系，以及系统稳定性及运行效率。生态位宽度与重叠对生态系统形态的影响如图 5－11 所示。一般根据生态位宽度和重叠的量值，可将生态系统划分为掠夺型生态系统（Ⅰ）、竞争型生态系统（Ⅱ）、合作共生型生态系统（Ⅲ）和竞争共生型生态系统（Ⅳ），对这四类形态从节点关系、平均占用资源、功能选项、稳定性、服务能力和运行效率进行对比，其中合作共生型生态系统是一种最优化的系统形态。

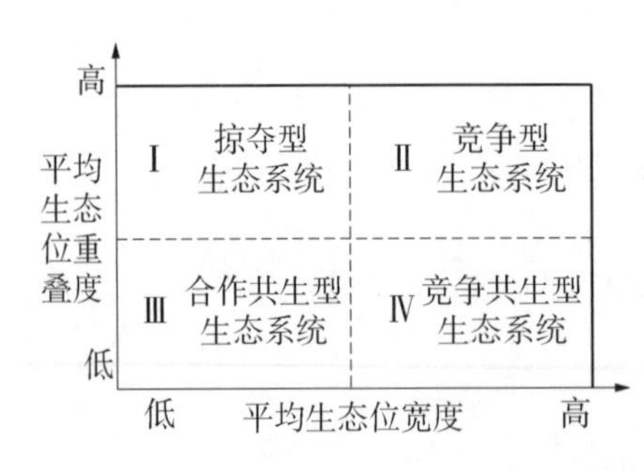

	节点关系	平均占用资源	功能选项	稳定性	服务能力	运行效率
Ⅰ	竞争	少	少	极差	低	极低
Ⅱ	竞争	多	多	差	一般	低
Ⅲ	合作	少	多	极强	很高	很高
Ⅳ	竞合	多	多	强	高	高

图 5－11　生态位宽度与重叠对生态系统形态的影响

基于以上关于智能产品服务生态系统生态位相关特征的分析，提取生态位宽度和生态位重叠两个参数作为重点分析内容，介绍了本节的整体分析思路与流程如图 5－12 所示。本节基于国内外生态位理论的研究（详见文献综述部分），重点分析智能产品服务生态系统中生态位的特征及关键问题，引入 Type 2 模糊集对智能产品服务生态系统中的生态位宽度和生态位重叠进行定

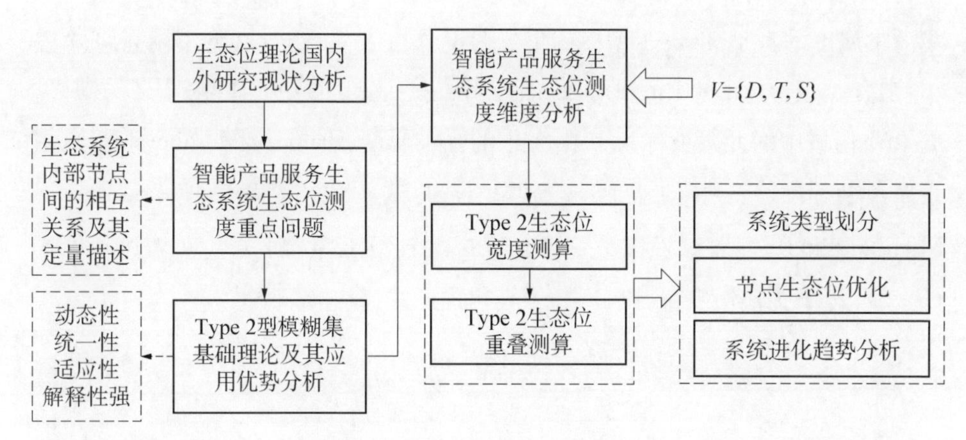

图5-12　基于Type 2型模糊集的智能产品服务生态系统生态位分离分析思路与流程

量描述，并在此基础上进行系统类型划分、节点生态位优化及系统进化趋势分析。

5.3.3.2　基于Type 2型模糊集的智能产品服务生态系统生态位测度分析

为了定量描述智能产品服务生态位的特征，本节引入Type 2型模糊集方法。Type 2型模糊集在处理语言变量和模糊信息等方面具有一定的优势，该方法在对智能产品服务生态系统生态位（宽度和重叠）的描述方面具有很好的匹配性。

基于Type 2型模糊集对生态位进行解释，克服了以往生态位定义的缺陷，同时也是以往空间生态位、功能生态位、多维超体积生态位和模糊生态位等概念定义的一般形式。Type 2型模糊集对于智能产品服务生态系统生态位动态变动具有非常贴切的解释，即存在：

(1) 基础生态位 V_F。最大生态空间边界（最大化满足客户需求）。

(2) 理想生态位 V_I。最小生态空间边界（最小化满足客户需求）。

(3) 实际生态位 V_R。实际占有的生态空间（实际满足的客户需求集合）。

明显有 $V_I \subseteq V_R \subseteq V_F$，即生态位有**宽度和幅度**两个方向上的模糊变动。而应用Type 2型模糊集可对三个变动生态位进行合理描述，正好可以描述系统节点的生态位根据环境的变化和竞争过程中的动态过程，其中 $\bar{\mu}_{\tilde{A}}(x_i)$ 对应于基础生态位 V_F，$\underline{\mu}_{\tilde{A}}(x_i)$ 对应于理想生态位 V_1，而实际生态位 V_R 则为 $[\underline{\mu}_{\tilde{A}}(x_i), \bar{\mu}_{\tilde{A}}(x_i)]$ 区间内的模糊变动边界。

一般的Type 1型模糊集的隶属度值是[0, 1]上的实数，而Type 2型模糊集的隶属度本身是 Type 1 型模糊集。假设分布 X 的 Type 2 型模糊集用 $\tilde{A}$ 表示，则有 $x \in X$ 在 $\tilde{A}$ 中的隶属度 $\mu_{\tilde{A}}(x)$ 是[0, 1]上的一个 Type 1 型模糊集。$\mu_{\tilde{A}}(x)$ 值域中的元素被称为 x 在 $\tilde{A}$ 中的主隶属度(Primary Memberships)，主隶属度在 $\mu_{\tilde{A}}(x)$ 中的隶属度称为 x 在 $\tilde{A}$ 中的次隶属度(Secondary Memberships)，一般对于 $\forall x \in X$，若 x 为连续变量，则 $\mu_{\tilde{A}}(x)$ 表达式见式(5-2)；若 x 为离散变量，则 $\mu_{\tilde{A}}(x)$ 表达式见式(5-3)。

$$\mu_{\tilde{A}}(x)=\int_{u\in[0,\ 1]} \frac{f_x(u)}{u},\ u \in J_x \subseteq [0,\ 1] \tag{5-2}$$

$$\mu_{\tilde{A}}(x)=\frac{f_x(u_1)}{u_1}+\frac{f_x(u_2)}{u_2}+\cdots+\frac{f_x(u_m)}{u_m}=\sum_i \frac{f_x(u_i)}{u_i} \tag{5-3}$$

典型的 Type 2 型模糊集为高斯 Type 2 型模糊集，其集合中每个点的隶属度都是[0, 1]上的高斯 Type 1 型模糊集，高斯 Type 2 型模糊集隶属度函数如图 5-13 所示。

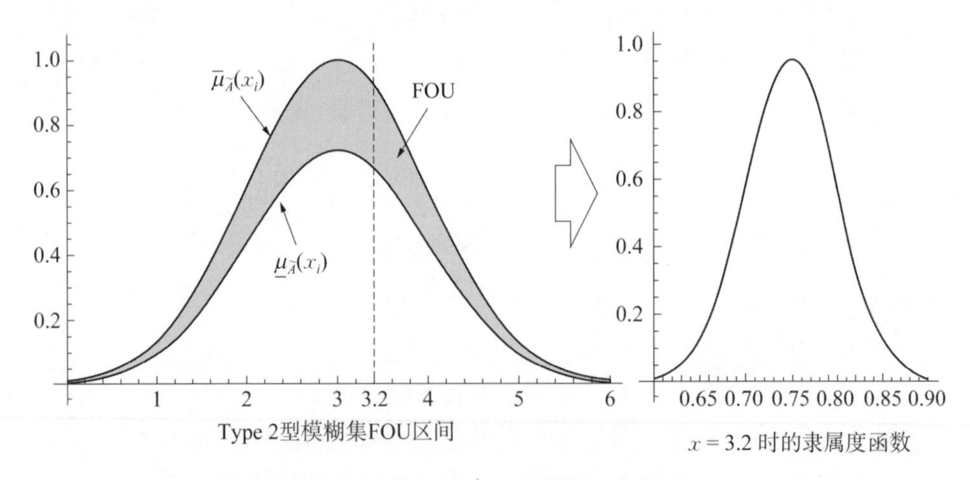

图 5-13　高斯 Type 2 模糊集隶属度函数

为了帮助准确理解 Type 2 型模糊集，这里给隶属度函数的不确定性覆盖域(footprint of uncertainty, FOU)的概念。一般的 Type 2 型模糊集 $\tilde{A}$ 的主隶属度的不确定性由一系列有界区域构成，称之为 Type 2 型模糊集 $\tilde{A}$ 的不确定性覆盖域，它是所有主隶属度的并集，即可表示为

$$\mathrm{FOU}(\tilde{A})=\bigcup_{x\in X} J_x \tag{5-4}$$

式中，$\tilde{A}$ 的 FOU 的上边界和下边界分别称之为上隶属度函数和下隶属度函数，分别记作为 $\bar{\mu}_{\tilde{A}}(x_i) \equiv \overline{\mathrm{FOU}(\tilde{A})}$ 和 $\underline{\mu}_{\tilde{A}}(x_i) = \underline{\mathrm{FOU}(\tilde{A})}$。

1）节点生态位宽度计算

利用 Type 2 型模糊集数学模型，构建智能产品服务生态系统中各节点的生态位宽度计算公式。若 $x \in X$ 为离散分布，则可记 $\omega(x_i) = \bar{\mu}_{\tilde{A}}(x_i) - \underline{\mu}_{\tilde{A}}(x_i)$，其中 $\omega(x_i)$ 表示客户需求状态 x_i 时的生态位宽度，共有 N 个客户需求状态，则该节点在这一客户需求轴上的生态位宽度为

$$V = \sqrt{\frac{\sum_{i=1}^{N} \omega^2(x_i)}{N}} \tag{5-5}$$

若 $x \in X$ 为连续分布，则该节点在这一资源轴上的生态位宽度为

$$V = \int_X \mid \bar{\mu}_{\tilde{A}}(x_i) - \underline{\mu}_{\tilde{A}}(x_i) \mid dx_i = \int_X \mid \omega(x_i) \mid dx_i \tag{5-6}$$

2）生态位重叠计算

设节点 X 和 Y 的生态位宽度分别为 V_x 和 V_y，则节点 X 和 Y 在某一客户需求轴线上的重叠生态位为

$$\begin{aligned} V_{xy} &= V_x \Pi V_y \\ &= (V_{x1}, V_{x2}, \cdots, V_{xn}) \Pi (V_{y1}, V_{y2}, \cdots, V_{yn}) \\ &= (V_{xy1}, V_{xy2}, \cdots, V_{xyn}) \end{aligned} \tag{5-7}$$

其中，节点 X 和 Y 在某客户一需求状态轴 i 上的投影生态位重叠值可表示为

$$V_{xyi} = V_{xi} \Pi V_{yi} = \int_{v_i \in F_i} \frac{1}{v_i} \Pi \int_{w_i \in G_i} \frac{1}{w_i} = \int_{q_i \in Q_i} \frac{1}{q_i} \tag{5-8}$$

式中，$v_i \in F_i = [l_f, r_f]$，$w_i \in G_i = [l_g, r_g]$，$l_f = \underline{\mu}_{\bar{X}}(x_i)$，$l_f = \bar{\mu}_{\bar{X}}(x_i)$。

5.3.4　系统稳健性评价

智能产品服务生态系统是一种生态化的网络结构，单个节点的流失不会对系统功能的执行造成决定性的损失，反而会由于节点间的风险分摊及功能补

齐，可以确保系统的功能/服务稳定性，同时具有抵抗外部环境冲击和节点流失的健壮性。智能产品服务生态系统的状态变量用耗散结构演变参数，即系统能效等级来表示，则其系统的稳健性可用收到外部作用 $a(t)$ 时的抵抗力 S_a 和恢复力 S_b 两个指标来衡量。智能产品服务生态系统的抵抗力和恢复力如图 5-14 所示。

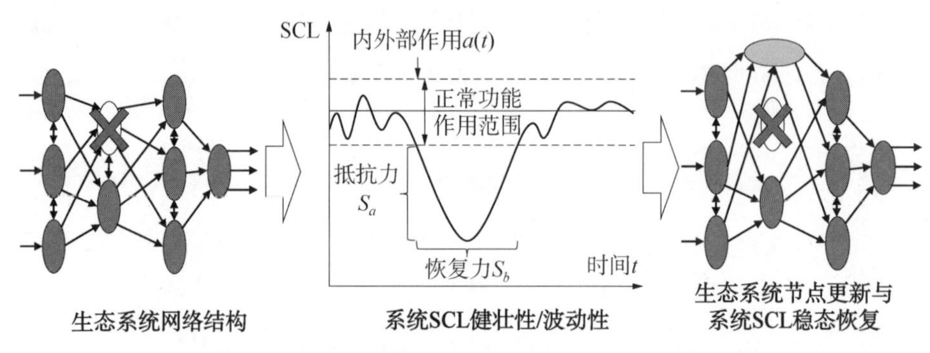

图 5-14　智能产品服务生态系统的抵抗力和恢复力

通过对典型的智能家居服务生态系统、智慧农业服务生态系统等案例分析，总结得出智能产品服务生态系统内外部扰动 $a(t)$ 主要分为四种类型，包括如下：

（1）资源的缺失，如系统能源、物料、信息等资源的缺失，将导致系统运行停滞或部分功能缺失，以及超系统对于子系统联接的失效。

（2）环境的改变，如天气、温度、湿度等，系统节点都会有额定工作区间，环境的变化会导致节点工作状态的变化。

（3）节点的失效，内部单一或多个节点的失效，若是关键节点（如联接核心或控制核心）失效，则会对系统正常运行造成比较严重的影响；若是拓展的 API 功能节点失效，则在有替代节点存在的情况下，对系统稳定性的影响较小。

（4）需求的变化。需求的变化包括需求的量变和质变两个过程，若是需求量的上下浮动，则需要考验系统的弹性和可伸缩性；若是需求的内容发生了变化，则需要考验系统的兼容性和可拓展性。

针对以上集中系统内外部扰动，构建统一化的智能产品服务生态系统稳健性量化分析模型。其中，用 y 表示生态系统的状态变量 SCL；$a(t)$ 为干扰因数，包含了以上分析的资源缺失、环境改变、节点失效和需求变化等四种外部干扰，则智能产品服务生态系统的耗散发展水平 SCL 及干扰函数 $a(t)$ 的状态过程及其初始条件计算公式如下：

$$\begin{cases} \dfrac{dy}{dt} = f[y,\ a(t)] \\ a = a_0(t) \\ y(0) = y_0(t) \\ t < 0 \end{cases} \tag{5-9}$$

图 5-15 所示为智能产品服务生态系统的干扰函数 $a(t)$ 的变动过程，智能产品服务生态系统的抵抗力就是生态系统在干扰参数变为 $a(t)$ 时，在其作用区间：$0 \leqslant t \leqslant T_d$ 上维持其状态变量 $y_1(t)$ 在 $y_0(t)$ 水平的能力。当干扰参数回到 $a_0(t)$ 后，即 $t \geqslant T_d$ 时，系统稳健性状态参量 SCL 从 $y_1(t)$ 回到 $y_0(t)$ 的能力称恢复力，则有

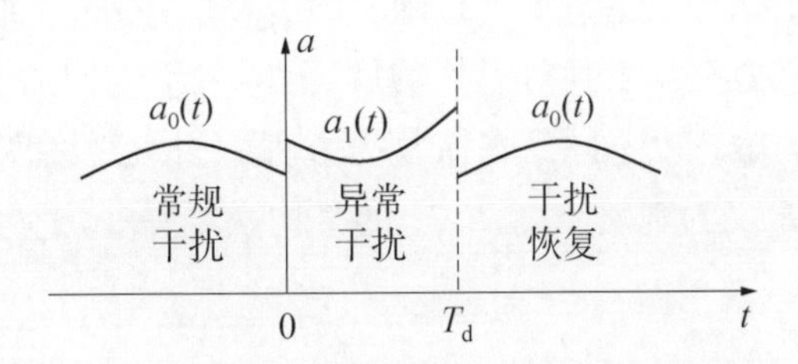

图 5-15 智能产品服务生态系统的干扰函数 $a(t)$ 的变动过程

(1) 智能产品服务生态系统的抵抗力状态方程如下：

$$\begin{cases} \dfrac{dy}{dt} = f[y,\ a_1(t)] \\ y(0) = y_0(0) \\ t \in [0,\ T_d] \end{cases} \tag{5-10}$$

(2) 智能产品服务生态系统的恢复力状态方程如下：

$$\begin{cases} \dfrac{dy}{dt} = f[y,\ a_0(t)] \\ y(T) = y_1(T_d) \\ t \in [T_d,\ \infty] \end{cases} \tag{5-11}$$

式中，智能产品服务生态系统稳健性状态参量 SCL 在不同状态下的值，包括 $y_0(t)$、$y_1(t)$、$y_2(t)$ 分别为方程式(5-9)～式(5-11)的解，它们所对应的区间和初值不同。抵抗力可用产生状态变化所需要的干扰强度来表征，记为 S_a，其计算公示为

$$S_a = \frac{1}{T_d}\int_0^{T_d} \left| \frac{a_1(t) - a_0(t)}{y_1(t) - y_0(t)} \right| dt \tag{5-12}$$

将式(5-12)中关键因子进行提取和封装，则系统抵抗力 S_a 又可以分解表示为

$$\begin{cases} S_a = \dfrac{1}{T_d}\displaystyle\int_0^{T_d} h^{-1} dt \\ h(t) = \left| \dfrac{y_1(t) - y_0(t)}{a_1(t) - a_0(t)} \right| \end{cases} \tag{5-13}$$

式中，$h(t)$ 反映了状态变量对于干扰因子的敏感性，因此智能产品服务生态系统对于干扰的抵抗力有赖于其对干扰的敏感性，对于不同的干扰行为，智能产品服务生态系统的敏感度不同。在恢复力方程中引入观察恢复行为的时间尺度 T_0，恢复力可定义为观察测度 T_0 上的平均恢复程度，记为 S_b，则有恢复力 S_b 的计算公式：

$$S_b = \frac{1}{T_0}\int_{T_d}^{T_d+T_0} | y_2(t) - y_0(t) | dt \tag{5-14}$$

通过对智能产品服务生态系统抵抗力 S_a 和恢复力 S_b 的量化分析，以及与标杆数据的对比，即可对智能产品服务系统的稳健性水平予以合理评估与定位，以指导其后续的生态化结构建设与改进。

5.3.5 系统冗余机制

为了提高智能产品服务生态系统的健壮性，本节重点介绍如何通过设置合理的冗余机制，即将不同类型系统节点的生态位重叠 V_{xy} 控制在合理范围之内，以期提高智能产品服务生态系统的抵抗力和恢复力两个指标，最终实现提高系统健壮性的目标。

图 5-16 所示为智能产品服务生态系统的冗余机制。智能产品服务生态系统不同系统层次的特征不同，需要设计不同的冗余机制。其中，在 L1 级智

能产品层，通过功能冗余的设计实现单个智能产品的功能可靠性；在L2级智能产品系统层，通过产品冗余的设计实现智能产品系统结构的完整性；在L3级智能产品服务系统层，通过资源冗余的设计实现智能产品服务系统资源的可用性；在L4级智能产品服务生态系统层，通过组织冗余的设计实现智能产品服务生态系统价值创造组织的内张力。

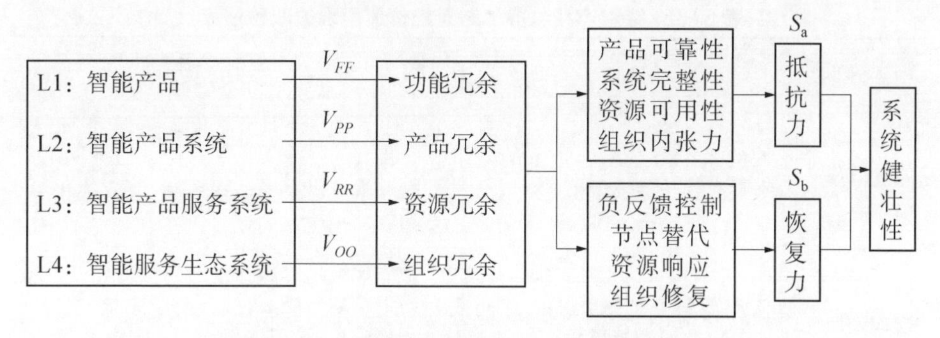

图5-16　智能产品服务生态系统的冗余机制

这些冗余机制作用的叠加，则可以显著提高智能产品服务生态系统在遭遇外部扰动时候的抵抗力 S_a。此外，通过负反馈控制、节点替代、资源共享及组织修复，可以提升智能产品服务生态系统在遭受扰动偏离平衡态之后快速恢复稳定状态的固有能力 S_b。

5.4　智能产品服务生态系统价值涌现

5.4.1　价值涌现机理

在智能产品服务生态系统耗散结构演变过程中，持续的价值创造是其中最重要的“负熵流”来源与输入之一。区别于一般的耗散结构系统，智能产品服务生态系统的价值创造是内生性的，即由于系统内部各要素和节点之间的生态交互，在已有的系统价值基础上会生成新的生态价值，这种现象称之为“价值涌现”(value emergence)。

依据系统工程的观点，系统的功能涌现来源于系统内的不同要素之间多样化的组合、配置与作用关系。类似的，智能产品服务生态系统的价值涌现，也同样可以归结到几种基本效应中，基于智能产品服务生态系统与一般系统的同构性，可以总结出四种基本效应，即组分效应、规模效应、结构效应及环境效应。四种效应的具体描述及应用举例见表 5-6。智能产品服务生态系统节点之间通过不同的作用关系触发不同的价值涌现效应，从而产生内源性的价值生成现象，即 1+1>2 的价值增量。

表 5-6　智能产品服务生态系统价值涌现的四种效应

涌现效应	具体描述	应用举例
组分效应	不同的系统节点组合带来的各组分不具有的功能或价值	如空调本身不具有智能的特性，但是一旦将其通过嵌入式芯片接入服务网络，空调就可以实现远程控制、节能优化等功能
规模效应	智能产品服务生态系统中相同或不同节点数量的规模化	智能冰箱只有达到足够的保有量，才能产生足够的样本数据，用于冰箱本身的故障分析、运行参数优化、用户数据收集等
结构效应	智能产品服务生态系统中不同的网络结构、流程结构、参数配置带来不同的结果	一般广播电台都有固有频率，只有将收音机调频进行匹配，才可以收听到信号
环境效应	由于 SPSE 是开放式系统，外部的负熵流和扰动因素会持续输入；同时系统也会向环境输出能量、物质等	环境的周期性和随机性变化带来了持续的客户需求，智能家居服务生态系统对于不同环境的自适应能力，本身即是一种价值的体现

5.4.2　价值空间拓展

价值涌现机制的存在，使得智能产品服务生态系统的价值总量不断增加，这里给出“价值空间”的概念来描述这种变化。“价值空间”即系统在某种状态下，系统内所包含的各节点价值集合及拓展价值集合的并集。具体内容包括如下：

(1) 在松散平衡态下：系统内各节点之间几乎没有交互与关联，此时系统的价值空间为系统各节点价值的简单线性叠加，因此将各节点的价值称之为单纯价值 v_p，单纯价值通过简单现行叠加得到的价值空间称之为**基础价值空间 $\mathbf{V_p}$**。

(2) 在近平衡态下：系统内各节点之间产生了松散的联接与耦合，因此会由于价值涌现产生新的价值 v_c，将其称之为复合价值，近平衡态的价值空间称之为**复合价值空间 $\mathbf{V_C}$**。

(3) 当系统达到耗散平衡态下：系统节点由于更加复杂的生态化交互，复合价值会进一步生成新的价值 v_e，将其称之为生态价值，此时的价值空间称之为**生态价值空间 $\mathbf{V_E}$**。

智能产品服务生态系统的价值空间拓展如图 5-17 所示。三个不同阶段的价值空间形成层次化的嵌套关系，由于价值涌现现象的存在，智能产品服务生态系统的价值空间会逐步从基础价值空间扩大为复合价值空间，再进一步扩大为生态价值空间，这种现象在本节中定义为价值空间的拓展。类似于由于劳动促使社会财富的增加，价值空间拓展模型可以为智能产品服务生态系统价值总量的衡量提供基础理论支撑。

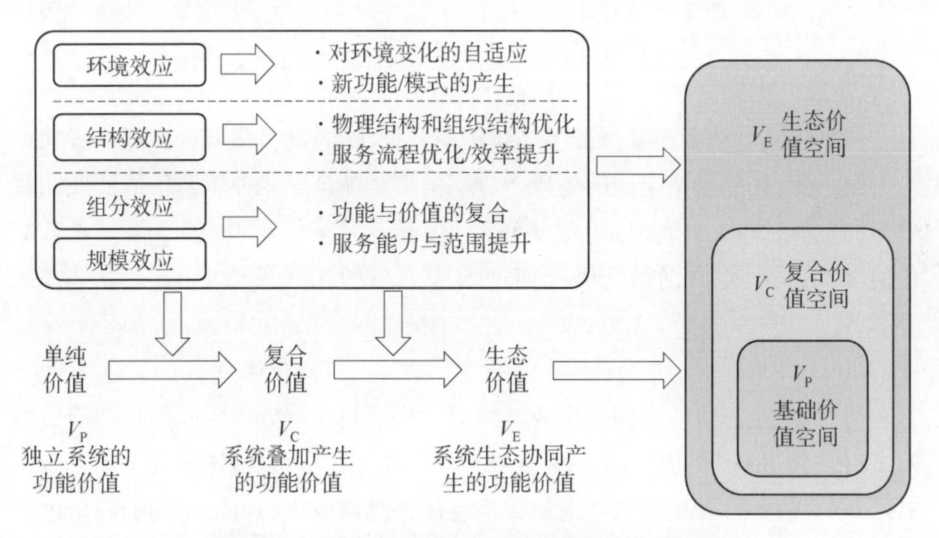

图 5-17　智能产品服务生态系统的价值空间拓展

5.4.3　价值空间评价

为了能够在定性分析的基础上，进一步评价智能产品服务生态系统价值空间的价值总量，这里定义了价值涌现的四则符号运算法则，即

(1) 组分效应：$V_1 \oplus V_2 = \{\alpha_1 V_1, \beta_1 V_2, V_{\oplus 3}, \cdots\}$。

(2) 规模效应：$V_1 \otimes n = \{\alpha_2 V_1, V_{\otimes 2}, V_{\otimes 3}, \cdots\}$。

(3) 结构效应：$V_1 \odot S = \{\alpha_3 V_1, V_{\odot 2}, V_{\odot 3}, \cdots\}$。

(4) 环境效应：$V_1 \circledast E = \{\alpha_4 V_1, V_{\circledast 2}, V_{\circledast 3}, \cdots\}$。

式中，V_1 代表现有价值空间；V_2 代表新增加的其他系统组分价值集合；n 表示节点数量；S 表示不同的结构参数；E 表示不同的环境类型；$\oplus$、$\otimes$、$\odot$、$\circledast$ 分别代表价值涌现四则运算法则的运算符号；α 和 β 为基础价值空间的倍增系数，右下角标带有运算符号的 V 值为对应效应下涌现出来新的价值。由于一般智能产品服务生态系统中普遍存在四种效应，则将四则运算混合情况下，可以得到智能产品服务生态系统生态价值空间的生成与评价如图 5-18 所示。

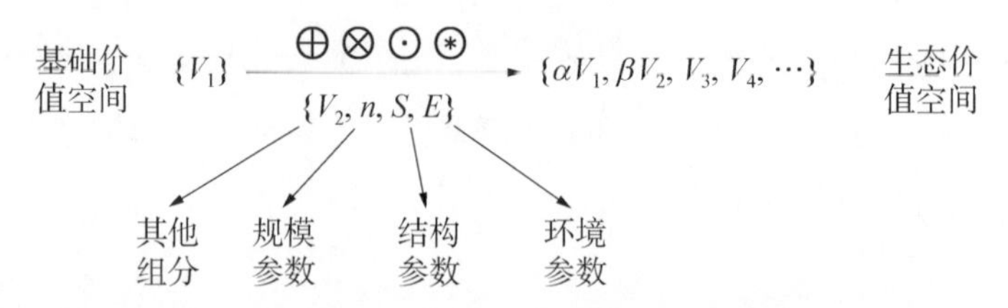

图 5-18 智能产品服务生态系统生态价值空间的生成与评价

在具体进行智能产品服务生态价值空间评价运算时，主要分为两个步骤：

第一步：拓展价值空间的生成。分别依据智能产品服务生态价值涌现四种效应的运算法则，分析基础价值空间 V_1 在引入 V_2、n、S、E 四个基础参数的价值增量过程，并分别得到经过四种效应之后的拓展价值空间，包括 $\{\alpha V_1, \beta V_2, V_{\oplus 3}, \cdots\}$，$\{\alpha V_1, V_{\otimes 2}, V_{\otimes 3}, \cdots\}$，$\{\alpha V_1, V_{\odot 2}, V_{\odot 3}, \cdots\}$，$\{\alpha V_1, V_{\circledast 2}, V_{\circledast 3}, \cdots\}$。

第二步：生态价值空间的生成。将第一步通过四种效应生成的拓展价值空间进行并集运算，将价值项进行合并同类项之后，生成生态价值空间 $\{\alpha V_1, \beta V_2, V_3, V_4, \cdots\}$，则可以用此结果对智能产品服务生态价值空间的容量进行评价。

5.5 智能家居服务生态系统解析

本节沿用智能家居服务生态系统的案例对所提出的智能产品服务生态系统解析相关的理论方法进行可行性与先进性的验证。示例验证主要从智能家居服务生态系统结构拓扑层次分析、稳健性研究、系统价值涌现三个方面展开。

5.5.1　系统结构拓扑层次分析

首先,应用 L1 级到 L4 级四层次分析模型,选取智能家居服务厂商 H 的解决方案进行的要素构成与系统嵌套关系进行分析,具体见表 5－7。

表 5－7　智能家居服务生态系统构成层次分析

系统层级	L1 智能家居产品	L2 智能家居产品系统	L3 智能家居服务系统	L4 智能家居服务生态系统
系统构成	空调、冰箱、洗衣机、智能电视、路由器、热水器、扫地机器人、智能灯控等	室内清洁系统、家电控制系统、节能控制系统、情景模式控制系统、温度调节控制系统等	家庭保洁服务系统、影音娱乐服务系统、健康医疗服务系统、O2O 生活服务系统、社区物业服务系统	融合家庭保洁、影音娱乐、健康医疗、O2O 生活服务、社区服务等内容的集成化的智能家居服务生态系统

同时,选取了"智能家居产品→室内情景模式控制系统→健康医疗服务系统→智能家居服务生态系统"这样一条主线,应用 EVSM 方法进行了建模分析,其 L1 到 L4 四个层次的嵌套关系模型如图 5－19 所示,其共性的外部环境包括家庭环境、社区环境、社会环境、自然环境等方面,子系统由于所处层次及其超系统的不同而包含不同的内容。

进一步,针对图 5－19 中构建的智能家居服务生态系统总体 EVSM 模型,按照自底向上堆叠的方式,选取典型的智能家居产品服务生态子系统进行结构拓扑分析。其中,L1 级子系统选取了家用智能空调进行 EVSM 建模,其系统各模块构成如图 5－20 所示,空调运行的外部环境包括了室内温度、室内湿度、季节、房间封闭状态等要素;各执行系统 O 包括了加热、制冷、抽湿等功能;S2 具体管控空调任务的切换,包括功率和频率的调节;S3 为智能空调的智能控制器软硬件;$S3^*$ 为智能空调运行状态实时监控模块;S4 为空调运行参数的智能规划与优化模块;S5 集成了智能场景判断与运行模式自主选择的功能,用以对智能空调的运行做出全局的智能判断与决策。

类似的,应用 EVSM 模型,构建了 L2 级家庭智能场景控制系统(图 5－21),L3 级家庭智能健康医疗服务系统(图 5－22),以及 L4 级智能家居产品服务生态系统(图 5－23)。应用 EVSM 模型,很直观地梳理出了智能家居服务生态系统的嵌套结构层次,以及不同层次、不同子系统之间的关联关系。

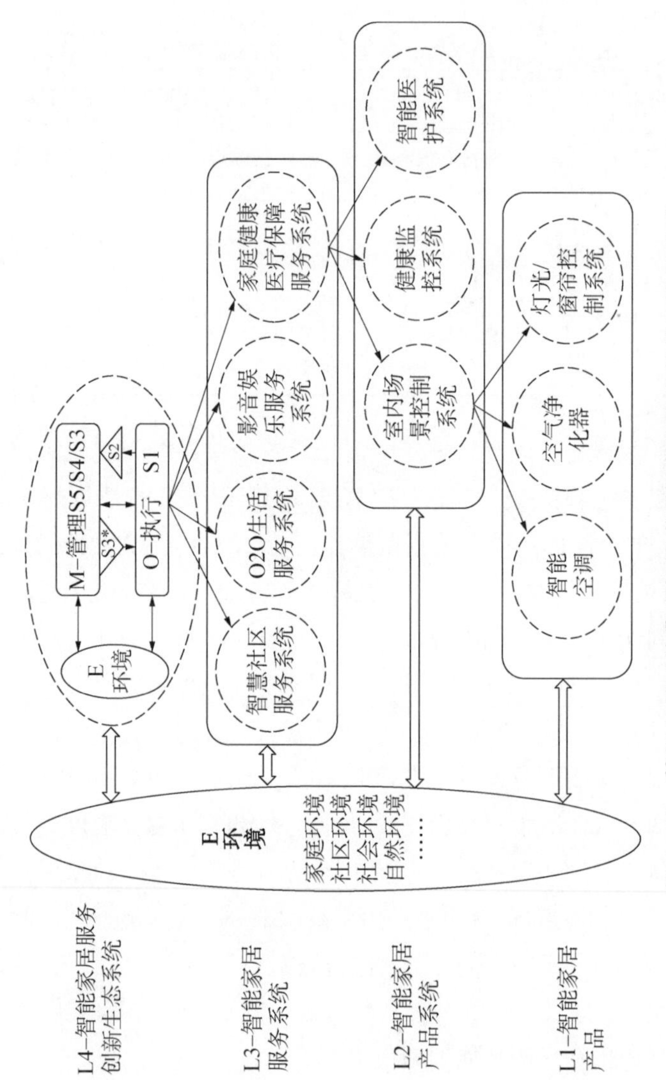

图5-19　基于EVSM的典型智能家居服务生态系统的层次化建模

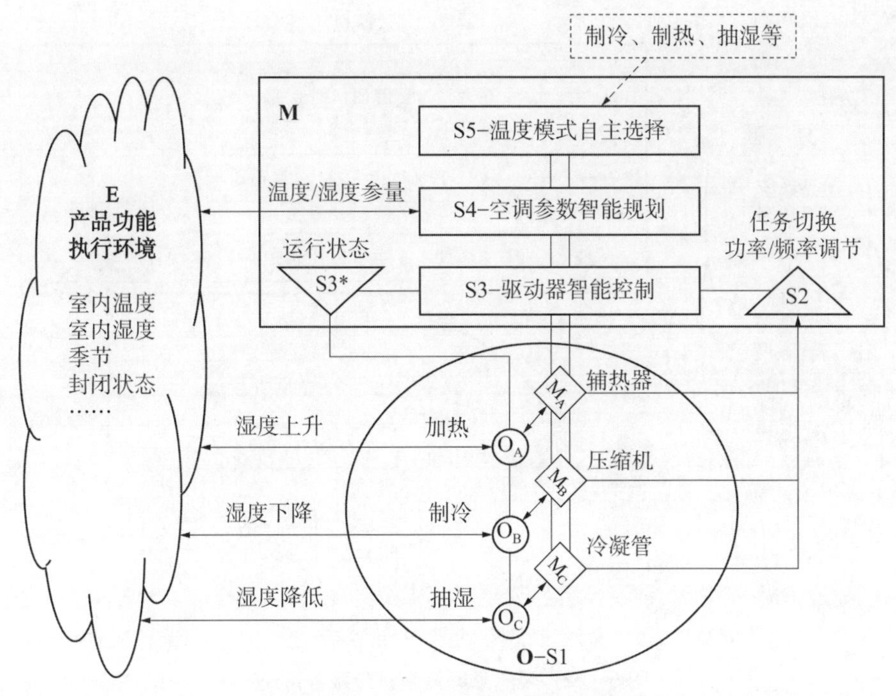

图 5-20　L1-智能空调产品系统

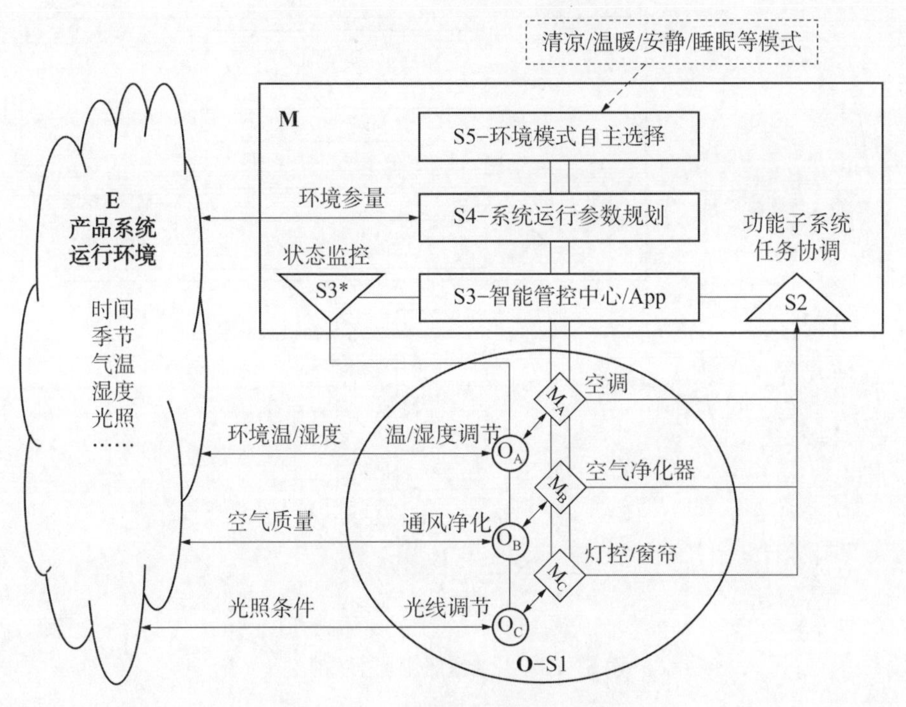

图 5-21　家庭智能场景控制系统

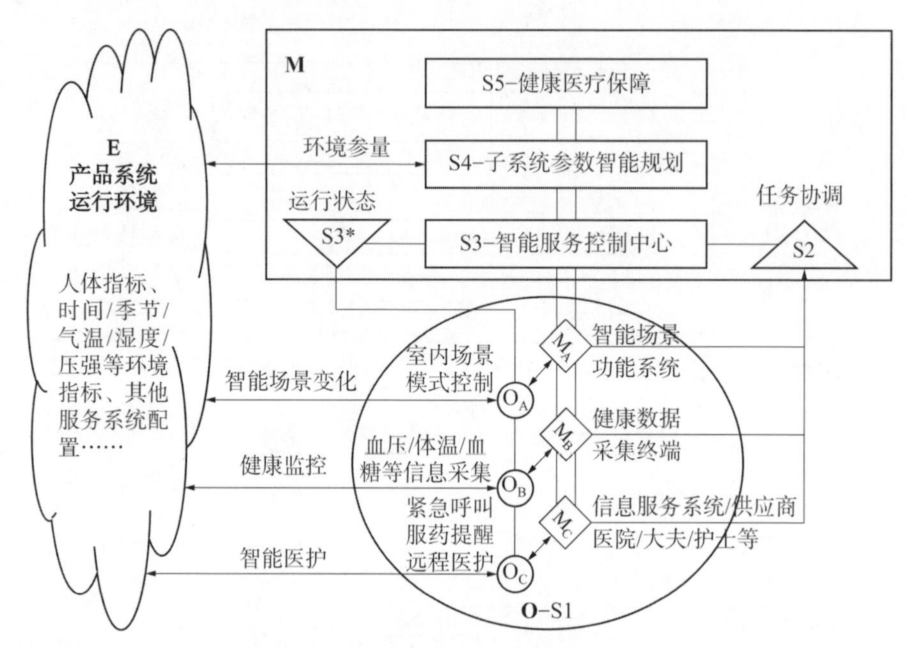

图 5－22　智能家庭健康医疗服务系统

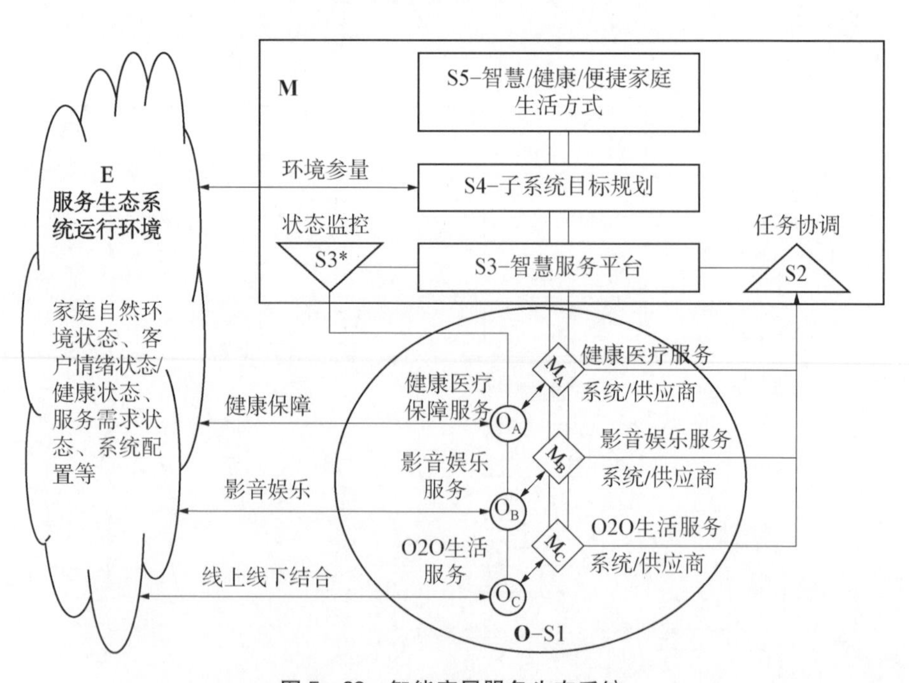

图 5－23　智能家居服务生态系统

5.5.2　系统稳健性研究

5.5.2.1　耗散结构演变

为了描述智能家居服务生态系统的耗散平衡过程，应用模型中提出的系统能效等级(SCL)作为衡量指标，选取典型家用电器——洗衣机的发展作为案例，验证耗散结构理论在解释SPSE稳健性方面的有效性。

如图5-24所示，从定性分析上看，洗衣机的功能与拓展服务结构等演变经历了大概三个过程。在洗衣机最初出现的时候，一般设计了两个旋筒，一边具有旋转洗衣功能，另外一边负责二道工序烘干，两个筒独立存在；洗衣过程需要人手工加入洗涤剂，不同洗衣类型需要手工控制洗衣和烘干时长、力度等选项，操作比较繁琐；面向客户的服务一般仅限于洗衣机的故障维修。这种状态下的洗衣机，产品结构、功能与服务相互之间相互独立，关联很少，因此其SCL值很低，处于低效的松散平衡态。

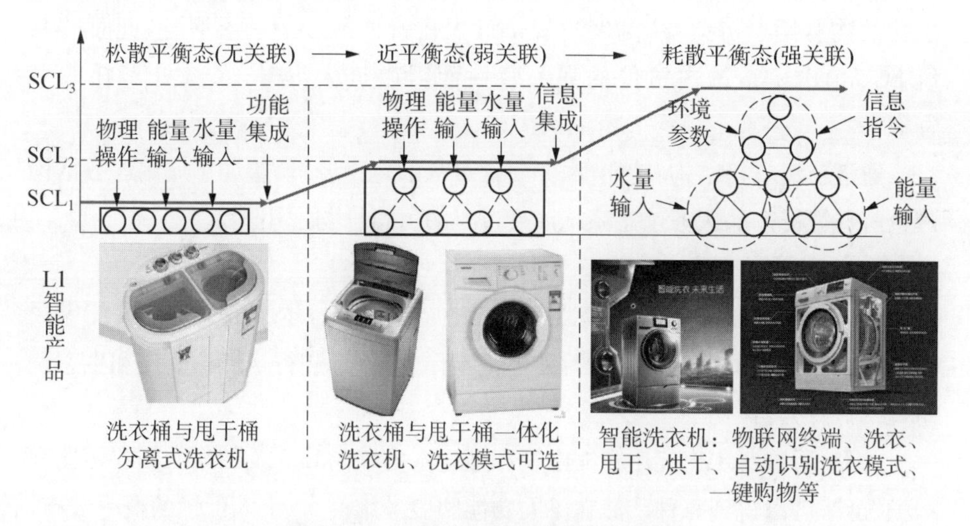

图5-24　智能洗衣机的耗散结构演变

随后，随着洗衣机结构的优化与多样化功能的集成，洗衣机的洗衣筒与甩干筒合二为一，并演化为波轮式和滚筒式两种主要结构；同时，洗衣机预设了针对不同类型衣物的洗衣模式，如棉麻、羽绒服、羊绒、快洗等；洗衣机可以根据衣物重量自动投递洗涤剂，自动加注对应水量，需要人工干预的操作变少；此外，面向客户的服务从故障维修转变为了定期保养维护，以提高洗衣机的可用性和可靠性。这个阶段的洗衣机，产品结构紧凑，功能集成度增加，结构与功能的耦合程度增加，服务方式更贴近用户实际需求，此时的 SCL 值由于洗衣机的结构优化与功能集成等负熵流的持续输入而得到提升，系统处于近平衡态，即系统弱耦合和弱关联状态。

当前，随着人工智能技术和网络化的发展，洗衣机的结构、功能与服务得以进一步优化和提升。在结构和电气设计上，采用直流变频技术，可以更加精准控制洗衣机的运转；在功能上，洗衣机可以自动识别衣物类别，并自主选择洗衣模式，自动根据时间段选择运转方式（如夜间静音等）；在服务上，通过将洗衣机接入网络，可通过手机 App 监控洗衣机的运转状态，可对洗衣机进行耗电量和耗水量的分析以节约能源和资源消耗，根据洗涤剂的量在洗衣机上一键购物，收集洗衣机运转数据和状态数据以对其进行预测性和预防性维护等。在这个阶段，信息和智能技术进一步集成到洗衣机的产品和服务设计中，使得洗衣机运转中的所有数据得以充分利用，洗衣机演变成了一台智能化的物联网服务终端，为客户提供最大化价值体验的洗衣服务，此时的系统 SCL 值由于系统内组件的强关联性而得以极大提升，系统处于耗散平衡态。

通过对洗衣机结构、功能、服务演化过程的定型分析，验证了应用耗散结构理论解释智能产品服务生态系统演变过程的可行性与适用性。

5.5.2.2 生态位分离

为了解释基于 Type 2 模糊集的生态位分离理论，本小节选取了智能家居服务生态系统中的智能电视和智能笔记本作为对象，进行生态位宽度和生态位重叠的计算分析。

首先，通过对用户使用智能电视和笔记本电脑的频率及用途的问卷访谈和数据统计，可以得到每种产品在不同功能和服务维度 x_i 上匹配性的概率分布，可以用分布区间为[a, b]的 Type 1 型高斯分布 $N(\mu, \sigma^2)$ 来表示，其中 μ 为高斯分布期望，σ 为高斯分布标准差。而 a 和 b 映射到 Type 2 模糊隶属函数图上，则分别为 x_i 状态下 FOU 的上限值与下限值。最终统计可得智能电视和笔记本电脑的 Type 2 型模糊隶属度维度及分布，具体见表 5-8。将表中的数据进行平滑处理，绘制到同一个坐标系中，可得智能电视和笔记本电脑的 Type 2 模糊生态位隶属度分布如图 5-25 所示。

表 5 - 8　智能电视和笔记本电脑的 Type 2 模糊隶属度维度及分布

智能产品	分析维度及 Type 2 模糊隶属区间						
	信息获取	音视频服务	游戏娱乐	即时通信	办公	专业设计	控制中心
智能电视	(0.42,0.6)	(0.75,1.0)	(0.25,0.35)	(0.12,0.16)	(0,0)	(0,0)	(0,0)
笔记本电脑	(0.56,0.75)	(0.46,0.61)	(0.55,0.72)	(0.62,0.78)	(0.71,0.9)	(0.88,1)	(0.6,0.8)

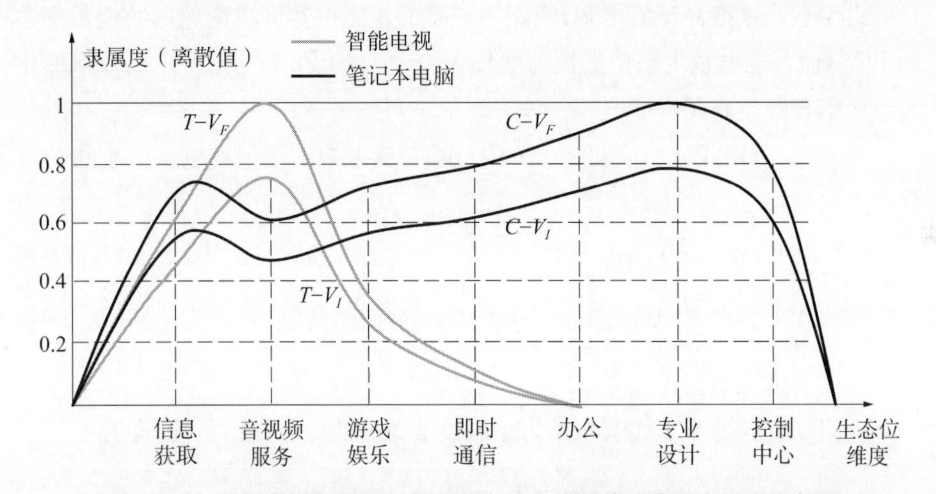

图 5 - 25　智能电视和笔记本电脑的 Type 2 型模糊生态位隶属度分布图

定义衡量生态位的信息获取、音视频服务、游戏娱乐、即时通信、办公、专业设计、控制中心等七个维度按照顺序依次定义为 $\{x_1, x_2, \cdots, x_7\}$，并将每一个生态位维度的宽度规范化定义为 1，则有生态位宽度论域为 7。应用数学分析软件 Mathematica 11.0（运行环境：Windows 10 x64 专业版，Intel(R) Core i5 - 5200U CPU，8G 内存）根据表 5 - 8 中对于智能电视和笔记本电脑生态位的基础描述数据，应用式(5 - 5)和式(5 - 6)对两种产品的生态位宽度进行计算，则可得智能电视的生态位宽度为

$$V_{\text{TV}} = \sum_{i=1}^{7}\left[\mu \cdot \int_{\underline{\mu}_{\tilde{A}}(x_i)}^{\overline{\mu}_{\tilde{A}}(x_i)} N(\mu,\sigma^2)\,\mathrm{d}\mu_{\tilde{A}}(x_i)\right] \tag{5-15}$$

$$= V_{\text{TV}}^{x_1} + V_{\text{TV}}^{x_2} + \cdots + V_{\text{TV}}^{x_7}$$

$$= 0.51 + 0.875 + 0.3 + 0.14 + 0 + 0 + 0 = 1.825$$

类似的，计算可得笔记本电脑的生态位宽度为

$$
\begin{aligned}
V_{\mathrm{Lap}} &= V_{\mathrm{Lap}}^{x_1} + V_{\mathrm{Lap}}^{x_2} + \cdots + V_{\mathrm{Lap}}^{x_7} \\
&= 0.655 + 0.535 + 0.635 + 0.7 + 0.805 + 0.94 + 0.7 \\
&= 4.97
\end{aligned} \tag{5-16}
$$

由生态位宽度计算值可知，笔记本电脑的生态位宽度在论域内的覆盖率达到 71%，而智能电视生态位的覆盖率仅为 26%，由此可知笔记本电脑在家庭中的使用率会明显高于智能电视。

进一步，应用式(5-7)和式(5-8)计算智能电视和笔记本电脑的生态位重叠度量向量：

$$
\begin{aligned}
\mathbf{V}_{xy} &= V_{\mathrm{TV}} \Pi V_{\mathrm{Lap}} \\
&= (V_{\mathrm{TV}}^{x_1}, V_{\mathrm{TV}}^{x_2}, \cdots, V_{\mathrm{TV}}^{x_7}) \Pi (V_{\mathrm{Lap}}^{x_1}, V_{\mathrm{Lap}}^{x_2}, \cdots, V_{\mathrm{Lap}}^{x_7}) \\
&= (0.51, 0.535, 0.3, 0.14, 0, 0, 0)
\end{aligned} \tag{5-17}
$$

应用度量向量 $\mathbf{V}_{xy}$ 数值和作为生态位重叠度的综合评价指标，即有

$$
\mathbf{V}_{xy} = 0.51 + 0.535 + 0.3 + 0.14 + 0 + 0 + 0 = 1.485 \tag{5-18}
$$

智能电视的生态位重叠率为 $\dfrac{V_{xy}}{V_{\mathrm{TV}}} = 81.4\%$，重叠率比较高；而相应的笔记本电脑的生态位重叠率为 $\dfrac{V_{xy}}{V_{\mathrm{Lap}}} = 29.9\%$，重叠率比较低；生态位重叠度占论域比例为 20.8%。

总结下来，智能电视作为一种独立的智能产品与服务载体存在，但由于其生态位宽度比较窄，而且其生态位大部分与笔记本电脑相重叠，从而导致智能电视的综合使用率比较低，基本可以被笔记本电脑所取代。因此，智能电视作为智能家居服务生态系统中的一个节点，其产品缺失或功能缺失，对于智能家居服务生态系统的稳定性影响非常小，而笔记本电脑则对于系统具有不可或缺的作用。

在这个生态位宽度和生态位重叠案例分析的基础上，本书对智能家居产品服务生态系统部分核心节点之间的关系进行了分类，将关系划分为生态位交叉、生态位完全分离、生态位关联、生态位包含四种关系。其中生态位交叉指

$V_{xy} \neq 0$，而 $V_x \not\subseteq V_y$ 且 $V_x \not\supseteq V_y$；生态位完全分离指 $V_{xy}=0$，且二者无相互作用或因果依附关系；生态位关联指虽然 $V_{xy}=0$，但 V_x 和 V_y 具有相互作用或因果依附关系，如开关和电灯生态位独立，但电灯功能的实现依赖于开关的正常工作；生态位包含指 $V_{xy} \neq 0$，且有 $V_x \subseteq V_y$ 或 $V_x \supseteq V_y$。

以智能电视和笔记本电脑为例，其二者生态位重叠部分占论域比例20.8%，但互不包含，属于典型的生态位交叉关系。其他典型智能家居产品相互之间的生态位关系总结见表5-9。

表5-9　不同类型智能家居产品的生态位关联关系

智能家居产品	智能电视	便携电脑	空调	吊扇	灯具	洗衣机	挂烫机	干衣机	冰箱	直饮水机	路由器
智能电视	—	—	—	—	—	—	—	—	—	—	—
便携电脑	X	—	—	—	—	—	—	—	—	—	—
空调	O	Δ	—	—	—	—	—	—	—	—	—
吊扇	O	O	X	—	—	—	—	—	—	—	—
灯具	Δ	Δ	O	X	—	—	—	—	—	—	—
洗衣机	O	Δ	O	O	O	—	—	—	—	—	—
挂烫机	O	O	O	O	O	⊃	—	—	—	—	—
干衣机	O	O	O	O	O	⊃	O	—	—	—	—
冰箱	O	Δ	O	O	O	O	O	O	—	—	—
直饮水机	O	Δ	O	O	O	O	O	O	X	—	—
路由器	Δ	Δ	Δ	O	Δ	Δ	O	O	Δ	Δ	—

图例说明：X——生态位交叉；O——生态位完全分离；Δ——生态位关联；⊃——生态位包含。

5.5.3　系统价值涌现

智能家居服务生态系统具有典型的“价值涌现”四种效应，包括组分效应、规模效应、结构效应和环境效应，选取部分典型案例进行应用举例，具体见表5-10。

表 5-10　智能家居产品服务生态系统的价值涌现效应

涌现效应	效应举例	价值涌现
组分效应	将空调、冰箱、洗衣机等产品接入网络	空调、冰箱、洗衣机等产品的远程监控，能源消耗分析与节能控制，故障预警，洗涤剂、食物等消耗品的智能推荐与一键购物补给等新的客户价值体验
规模效应	空调、冰箱、洗衣机等产品集群化服务	空调、冰箱、洗衣机等达到较高的保有量和远程接入，产生足够的样本数据，用于产品的故障分析、预防性/预测性维护、运行参数优化、用户群体行为习惯分析等
结构效应	对室内音响设备、灯具等设施的合理布局与配置	对室内音响设备的位置和空间进行科学合理的布局，可以显著提升音响的效果，提升客户对音乐和影视的体验。类似的，合理布置室内灯具位置和高度，使室内光照更加均匀
环境效应	灯控、窗帘、空调等对环境参数和用户习惯的智能感知	一般情况下家电产品的功能实现需要人为操作和控制，而灯控、窗帘、空调等新型智能家居通过对环境和用户习惯的智能感知，实现功能参数的自适应性调节，实现与客户生活的无缝衔接，达到舒适、省心、节能等目的

其中，**在组分效应方面**，基于智能联接实现智能家居产品的系统化组合，典型智能家居产品(如空调、冰箱、洗衣机等)均可通过路由器、智能网关等接入互联网，与手机 App 进行集成互联，除了可以实现其基本功能外，还可以通过远程监控、数据收集等方式进行家电能耗分析、节能控制、故障预警，以及洗涤剂、食物等消耗品的智能推荐与一键购置补给等信息的客户体验。**在规模效应方面**，由于空调、冰箱、洗衣机等产品在客户端达到较高的保有量和远程接入，可以产生足够的样本数据积累和实时数据流，进而用于产品共性的故障模式分析，开展面向同类型产品的预防性/预测性维护及运行参数优化，还可以用于用户群体行为习惯分析与预测。**在结构效应方面**，以音响和灯具为例，对室内音响设备的位置和空间进行科学合理的布局，可以显著提升音响的效果，提升客户对音乐和影视的体验；类似的，合理布置室内灯具位置和高度，可使室内光照更加均匀，用户感官更加舒适。**在环境效应方面**，由于灯控、窗帘、空调等新型智能化家用电器均具有环境感知和客户感知能力，因此可以根据环境和用户习惯进行参数自适应性调节，从而减少人为干预，达到人、机、环境的协同，实现舒适、省心的用户体验。

根据表 5-10 的智能家居服务生态系统价值涌现效应，应用图 5-17 所示的智能产品服务生态系统价值空间拓展模型，进一步分析智能家居服务生态系统价值空间的拓展过程，具体以智能空调、智能洗衣机和智能冰箱三种产品及其服务的价值空间拓展为例，见表5-11。

表5-11 智能空调、智能洗衣机和智能冰箱的价值空间拓展

智能家居产品	单纯价值V_P	复合价值V_C	生态价值V_E
智能空调	V_{a1} = 制冷 V_{a2} = 制热 V_{a3} = 抽湿	V_{a4} = 空气清洁 V_{a5} = 睡眠模式 V_{a6} = 温度记忆 V_{a7} = 自动调风 V_{a6} = 人体感知 V_{a7} = 光线感知	V_{a8} = 远程监控 V_{a9} = 能耗分析 V_{a10} = 故障模式分析 V_{a11} = 维修保养计划 V_{a12} = 参数优化升级 V_{a13} = 空气质量监测
智能洗衣机	V_{b1} = 洗涤 V_{b2} = 漂洗 V_{b3} = 甩干	V_{b4} = 洗涤剂自动投放 V_{b5} = 洗衣杀菌消毒 V_{b6} = 洗衣模式自动选择 V_{b7} = 故障信息提示 V_{b8} = 高端变频节约能耗	V_{b9} = 水量/电量分析 V_{b10} = 状态远程监控 V_{b11} = 维护保养计划 V_{b12} = 产品设计优化 V_{b13} = 洗涤剂推荐 V_{b14} = 洗涤习惯分析
智能冰箱	V_{c1} = 冷藏 V_{c2} = 冷冻 V_{c3} = 保鲜	V_{c4} = 除菌除味 V_{c5} = 数字化温控 V_{c6} = 分时节电 V_{c7} = 故障信息提示	V_{c8} = 食品/菜谱推荐 V_{c9} = 食物保质期提醒 V_{c10} = 一键食品购置 V_{c11} = 能耗分析 V_{c12} = 故障诊断预警

由表5-11中三种典型智能家居产品的单纯价值V_P、复合价值V_C、生态价值V_E的演变分析，可得出以下结论：

家电产品面向客户需求进行设计的初衷包含了若干最原始的单纯价值，如空调提供制冷和制热功能，取代了传统火炉或暖气，使生活更加舒适；冰箱提供食物冷藏和冷冻功能，延长了食物的保存时间和新鲜程度；而洗衣机提供衣服洗涤和甩干的功能，解放了人的劳动力。

而随着智能感知等技术与家电产品的相互融合以及各种效应（组分效应$\oplus$、规模效应$\otimes$、结构效应$\odot$、环境效应$\circledast$）的叠加，涌现出了新的拓展性功能价值（复合价值），如智能空调的睡眠模式、温度记忆、自动调风、人体感知和光线感知等，智能洗衣机的洗涤剂自动投放、杀菌消毒、自动洗衣模式、故障信息

提示和变频节能等，智能冰箱的除菌除味、数字化温控、分时节电等。

进一步，由于网络化技术的支持，以及产品服务供应商的多维度参与，组分效应⊕、规模效应⊗、结构效应⊙、环境效应⊛等效应进一步发挥作用，涌现出了智能家居生态化的价值，如智能空调的能耗分析、故障模式分析等，智能洗衣机的洗涤剂推荐、耗水/耗电分析等，智能冰箱的食品/菜谱推荐、食物保质期提醒、一键食品采购等。

由表 5－11 分析也可得出，智能空调、智能洗衣机、智能冰箱的价值涌现的非线性过程极大丰富了其价值空间的内涵，为客户提供了更加舒适、更便利、更省心的智慧家庭生活体验和价值。

因此，通过应用本小节的理论方法对智能家居服务生态系统案例进行实际分析，比较全面地验证了智能产品服务生态系统价值涌现理论和价值空间拓展评价模型的有效性和广泛适用性。

第6章 智能产品服务生态系统设计

智能产品服务生态系统的最终目标是要面向客户提供价值最大化的服务体验，因此需要对智能产品服务支撑体系及方案进行合理化的设计与配置，以匹配客户的个性化需求。然而，智能产品服务生态系统的四个层次（L1～L4）分别具有不同的特征和设计要求，其中，从 L1 级智能产品设计生成 L2 级智能产品系统，需要重点关注智能产品之间的关联关系，以聚类生成模块化的功能子系统；从 L2 级智能产品系统设计生成 L3 级智能产品服务系统，则需要融入服务流程相关要素的设计过程；从 L3 级智能产品服务系统设计生成 L4 级智能产品服务生态系统，则需要重点考虑生态价值网络的构建与相关利益方之间的价值平衡。

针对以上智能产品服务生态系统设计阶段的主要问题，本章从智能产品功能系统构建、服务流程体系构建、生态价值体系构建等方面介绍了智能产品服务生态系统多维度的设计方法。具体内容包括：①智能产品服务生态系统设计的核心关键问题梳理与框架流程的构建；②基于模糊关联聚类方法的智能产品功能层次聚类；③基于多方法融合的智能产品服务流程图形化建模与量化分析；④智能产品服务生态系统的价值交互与平衡。

6.1 智能产品与功能层次聚类

智能产品服务生态系统从 L1 级智能产品生成 L2 级智能产品系统的过程，是根据客户多样化需求和结构最优化原则，对智能产品及其功能进行集成打包、网络互联的一个过程。这个过程存在两个明显的问题：

（1）由于智能产品服务生态系统中涉及的产品种类及其功能选项众多，

客户面对复杂的智能产品及功能选项配置往往存在选择困难或认知局限等问题。

(2) 供应商需要主动根据客户多样化的需求适配最优化的智能产品功能系统解决方案，在标准化、模块化的基础上进行个性化的配置。

这两个问题的核心可以归纳为如何构建智能产品功能最小化单元之间的相互关联关系，并由此生成最小化系统及拓展的标准化产品功能配置表。

针对以上两个核心问题特征，采用定性快速预判与定量客观分析相结合的方式。先从横向和纵向两个维度对零散的智能产品功能列表进行预处理，包括如下：

(1) 横向分类。对智能产品按照其所具备的不同功能进行分类，覆盖客户不同的需求范围，即明确智能产品所属的不同**"种群"**。

(2) 纵向分层。按照智能产品所能满足的客户需求层次(低/中/高档)进行纵向分层，明确不同产品节点的**"功能水平"**，以及目标客户和受众群体。

智能产品的横向分类和纵向分层会给予单元节点一个基本的"生态位"，本节重点通过开发应用模糊层次聚类算法，将处于不同"生态位"的智能产品根据关联强弱与接口关系，聚类生成智能产品系统**节点包络图(类"群落")**，并形成可以满足个性化客户需求的**智能产品功能选项配置结构树列表**。

常用的分层和聚类方法包括 K-means 算法、层次聚类算法、神经网络聚类算法和模糊层次聚类算法等。通过国内外文献分析与聚类算法对比可知，模糊层次聚类算法在聚类的精确度及计算性能上有比较好的综合效益，而且与生态位理论应用到 Type 2 模糊集分析方法具有较好的延续性，同时与所需要解决的智能产品功能关联分析与分层聚合问题具有非常高的匹配性[214-215]。

本节以模糊层次聚类算法为基础，融合研究对象的特征，开发了智能产品功能模糊层次聚类方法，通过对产品和功能的聚合分块形成节点聚类包络图，进一步生成产品功能模块化配置树列表，为 L1 级智能产品聚合生成 L2 级智能产品系统提供依据。

智能产品功能模糊层次聚类算法包括七个主要步骤，具体内容包括如下：

(1) 选取因素集。设 $U=\{u_1, u_2, u_3, \cdots, u_m\}$ 为描述智能产品功能相关性的 m 个评价因素(指标)，其中 m 为评价因素的个数。

(2) 制定评价语义集。设 $V=\{v_1, v_2, v_3, \cdots, v_n\}$ 为评价者对被评价对象(智能产品功能)可能做出各种评价结果组成的评语等级的集合。其中,v_j 表示第 $j(j=1、2、\cdots、n)$ 个评价结果,其中 n 为总的评价结果数。

(3) 分配权重向量。设 $\boldsymbol{A}=(a_1, a_2, \cdots, a_m)$ 为权重分配模糊向量,其中 a_i 表示第 i 个因素的权重,要求 $0\leqslant a_i\leqslant 1$,且 $\sum a_i=1$。

(4) 进行单一因素评价。建立模糊关联矩阵 $\boldsymbol{R}$,计算公式如下:

$$\boldsymbol{R}=\begin{bmatrix} r_{11} & r_{12} & \cdots & r_{1n} \\ r_{21} & r_{22} & \cdots & r_{2n} \\ \vdots & \vdots & \ddots & \vdots \\ r_{m1} & r_{m2} & \cdots & r_{mn} \end{bmatrix} \tag{6-1}$$

其中

$$r_{ij}=\begin{cases} 1 & (i=j) \\ 1-c\sum\limits_{k=1} \mid x_{ik}-x_{jk} \mid & (i\neq j) \end{cases} \tag{6-2}$$

选取适当的 c 值,使得 $0\leqslant r_{ij}\leqslant 1$。

(5) 多指标综合评价(合成模糊综合评价矢量)。利用合适的模糊合成算子将模糊权矢量 $\boldsymbol{A}$ 与模糊关系矩阵 $\boldsymbol{R}$ 合成得到智能产品功能的模糊综合评价结果矢量 $\boldsymbol{B}$,模糊综合评价的模型具体为

$$\boldsymbol{B}=\boldsymbol{A}\cdot\boldsymbol{R}=(a_1, a_2, \cdots, a_m)\begin{pmatrix} r_{11} & r_{12} & \cdots & r_{1n} \\ r_{21} & r_{22} & \cdots & r_{2n} \\ \vdots & \vdots & \ddots & \vdots \\ r_{m1} & r_{m1} & \cdots & r_{mn} \end{pmatrix}=(b_1, b_2, \cdots, b_n) \tag{6-3}$$

式中:b_j 为智能产品功能从整体上对评价等级模糊集元素 v_i 的隶属程度,这里模糊合成算子选取 $M(\cdot, \oplus)$,即 $b_j=\min\left(1, \sum\limits_{i=1}^{m}a_i r_{ij}\right)$,$j=1、2、\cdots、n$。

(6) 采用加权平均原则评价关联度。应用式(6-4)计算不同智能产品功能要素两两之间的关联度,并生成智能产品功能要素关联度矩阵,见表6-1。

表 6-1 智能产品功能要素关联度矩阵

—	P_1	P_2	P_3	P_4	P_5	P_6	P_i	P_n
P_1	1	$c(1, 2)$	$c(1, 3)$	$c(1, 4)$	$c(1, 5)$	$c(1, 6)$	$c(1, i)$	$c(1, n)$
P_2	—	1	$c(2, 3)$	$c(2, 4)$	$c(2, 5)$	$c(2, 6)$	$c(2,i)$	$c(2, n)$
P_3	—	—	1	$c(3, 4)$	$c(3, 5)$	$c(3, 6)$	$c(3, i)$	$c(3, n)$
P_i	…	…	…	…	…	…	1	$c(i, n)$
P_n	—	—	—	—	—	—	…	1

$$c=\frac{\sum_{j=1}^{n} b_j^k \cdot v_j}{\sum_{j=1}^{n} b_j^k} \tag{6-4}$$

(7) 生成聚类包络图及关联层次结构树(图 6-1)。根据最大生成树原则,依据表 6-1 中不同节点之间的关联系数矩阵,生成图 6-1(a)的智能产品功能要素层次聚类包络图。同时,通过对满足客户需求的优先级进行排序,可将聚类出的智能产品服务子系统划分为四个层次,即接口产品子系统(根节点)、核心功能型产品子系统、拓展功能型产品子系统及辅助功能型产品子系统,并由此生成智能产品功能要素配置结构树列表,如图 6-1(b)所示。

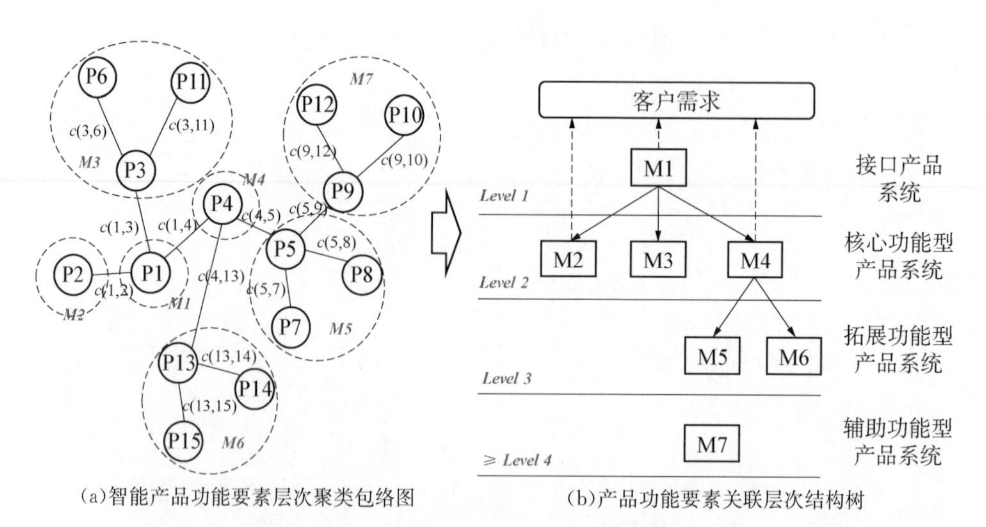

(a)智能产品功能要素层次聚类包络图　　(b)产品功能要素关联层次结构树

图 6-1 通过要素层次聚类生成这智能产品功能要素关联层次结构树

6.2　智能产品服务流程建模

6.2.1　智能产品服务配置框架

基于6.1节的分析可知，从L2级智能产品系统生成L3级智能产品服务系统的核心要素是服务。图6-2所示为构建智能产品服务配置总体框架结构，以服务流程为主线，整合相关的服务要素，模块化配置服务单元和服务包，创新服务模式，以满足面向用户和产品的个性化服务需求。

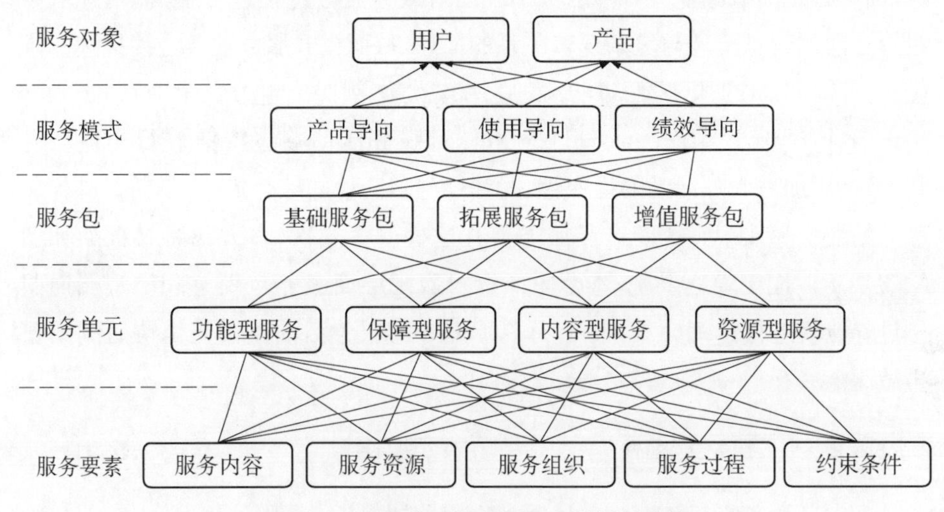

图6-2　智能产品服务配置总体框架结构

各个层次要素的具体解释如下：

(1) 服务对象，包括用户及产品两类主要的服务对象。

(2) 服务模式，是指为客户提供服务的方式，包括产品导向、使用导向及绩效导向三种服务模式。

(3) 服务包，为满足客户特定的需求而进行服务模块的组合，根据满足客户需求的不同等级，可以将其划分为基础服务包、拓展服务包和增值服务包。

(4) 服务单元，为实现特定服务功能的而进行服务要素的组合，包括功能型服务、保障型服务、内容型服务和资源型服务四种。

(5) 服务要素,包括服务内容、服务资源、服务组织、服务过程、响应时间、成本及距离等约束条件。

智能产品服务配置层次框架描述的是智能产品服务系统的静态结构,然而服务的交付是一个以流程为主线的动态过程,因此需要从服务的动态结构这一视角对服务流程建模的理论与方法进行研究和探讨。针对服务流程建模的不同粒度,从微观层面的服务活动、中观层面的服务过程及宏观层面的服务包三个层次的不同生态特性,分别开展工具方法的研究与改进。其中,面向客户的个性化需求,应用改进服务蓝图方法进行服务包划分,增加服务业务板块直接按交叉重叠及串并联等关系的梳理,重点提升智能产品服务板块规划的完备性;面向特定的服务业务,应用 BPMN 图对服务业务过程进行梳理,增加服务过程之间的信息传递与复杂逻辑关系的描述,从而提升服务业务主线描述的准确性;针对具体的服务活动,开发应用层次化赋时着色 Petri 网(hierarchy temporal colored petri-net, HTCP-Net)对服务活动响应特性进行建模与优化,通过增加对服务活动的层次性、时间性与多向性的综合描述,不断提升优化服务的质量和效率。智能产品服务流程建模的多层次、多方法融合框架如图 6-3 所示。囿于篇幅限制,本节重点针对宏观层面服务包划分和中观层面服务过程建模进行详细介绍,基于 HTCP-Net 的服务活动建模将留待后续书籍再做深入展开。

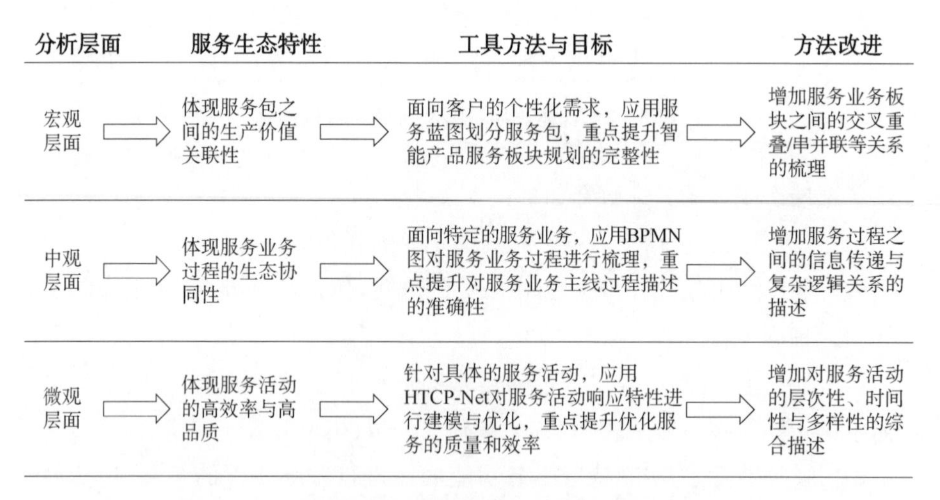

图 6-3 智能产品服务流程建模的多层次、多方法融合框架

6.2.2　基于服务蓝图的智能产品服务包划分

服务包(service package, SP)指面向客户的特定需求提供一系列产品和服务的组合。Kellogg等提出由有形和无形两方面组成是服务包的特点,服务包的优劣用有形和无形因素中满足顾客需求的程度来描述[210]。本节将服务包所具有的基本要素归结为显性服务、隐性服务、支持过程和支持资源四大类,基于一般的服务蓝图模型进行改进,形成应用于服务包分析的基础模型。由文献综述部分可知,服务蓝图广泛应用于服务流程分析与设计过程,该方法的技术特性对于支持本节所提出智能产品服务系统的宏观层面服务包划分具有很好的匹配性。

服务包蓝图基本结构模型如图6-4所示。以客户的服务活动(用户行为)为主线,梳理其背后的服务支撑体系,通过设置三条线,即客户互动分界线、前后台互动分界线、内部互动分界线,将模型划分为四个区域,包括客户活动域(用户需求与行为)、前台服务域(显性服务)、后台服务域(隐性服务)、支持过程域(支持活动与支持资源),有效表达了服务包的不同要素层次。其中,面向不同客户的服务集合由若干服务包构成,因此这里以用户行为的纵向条线为基准,进行智能产品服务包的划分。不同的服务包之间会由于要素的关联、资源的共享、先后活动的继承等进行多个层面的交互与集成。

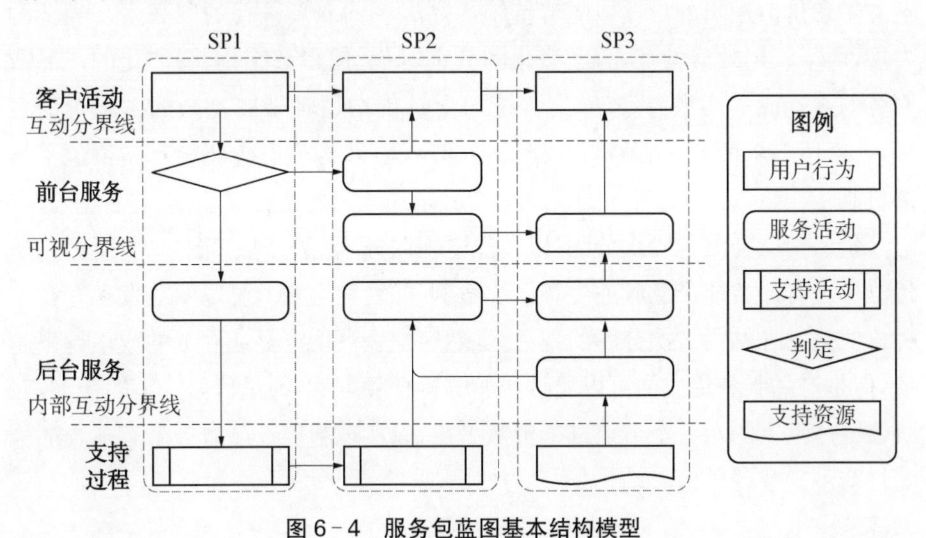

图6-4　服务包蓝图基本结构模型

6.2.3 基于 BPMN 图的智能产品服务过程建模

一般的服务流程设计，往往聚焦于宏观服务包的分析及服务交付活动的响应分析，而从服务包转化为服务活动的建模，中间缺少一个服务信息流动及不同环节之间逻辑关系梳理的过程。为了弥补这个技术方法上的缺口，本节基于 BPMN 图对服务过程的图形化建模方法进行开发。基于 BPMN 智能产品服务流程建模一般模型如图 6－5 所示，应用 BPMN 图可以在创建服务过程模型时提供一个简单的机制，同时又能够处理来自业务流程的复杂性。

依据 BPMN 2.0 规范体系，BPMN 图提供了标准化的图形化标记元素，其中主要的元素基本类型包括流对象（flow）、连接对象（connection）、泳道（swimline）、人工信息（artifact）四种，BPMN 的图例及其说明如图 6－6～图 6－8 所示。

6.3 智能产品服务生态价值交互与平衡

6.3.1 价值交叉补贴

智能产品服务生态系统的稳定性、持续性发展，依赖于各子系统和相关利益方生态价值逻辑的设计。随着传统产品经济向着新一代的服务生态经济的发展，由于长尾效应的存在，网络化的数字时代，使得数字化、智能化的产品或服务的边际成本几乎为零，导致传统的交易价格逻辑转向复杂的生态价值逻辑，一般所追求的商品交易与价格的博弈平衡，转为生态价值交互与价值平衡的机制。

价值交叉补贴与二次分配（以智能电视服务生态为例）如图 6－9 所示。通过分析现有的智能产品服务生态系统案例（如智能电视），可以明显发现存在一种价值交叉补贴与二次分配的现象，虽然客户在获取产品或服务的成本越来越低，但是产品服务集成商可以通过产业链整合的方式，通过价值管道的传输，对价值链体系上的每一个节点进行价值平衡，以实现智能产品服务生态系统的稳定性与可持续的价值流动。

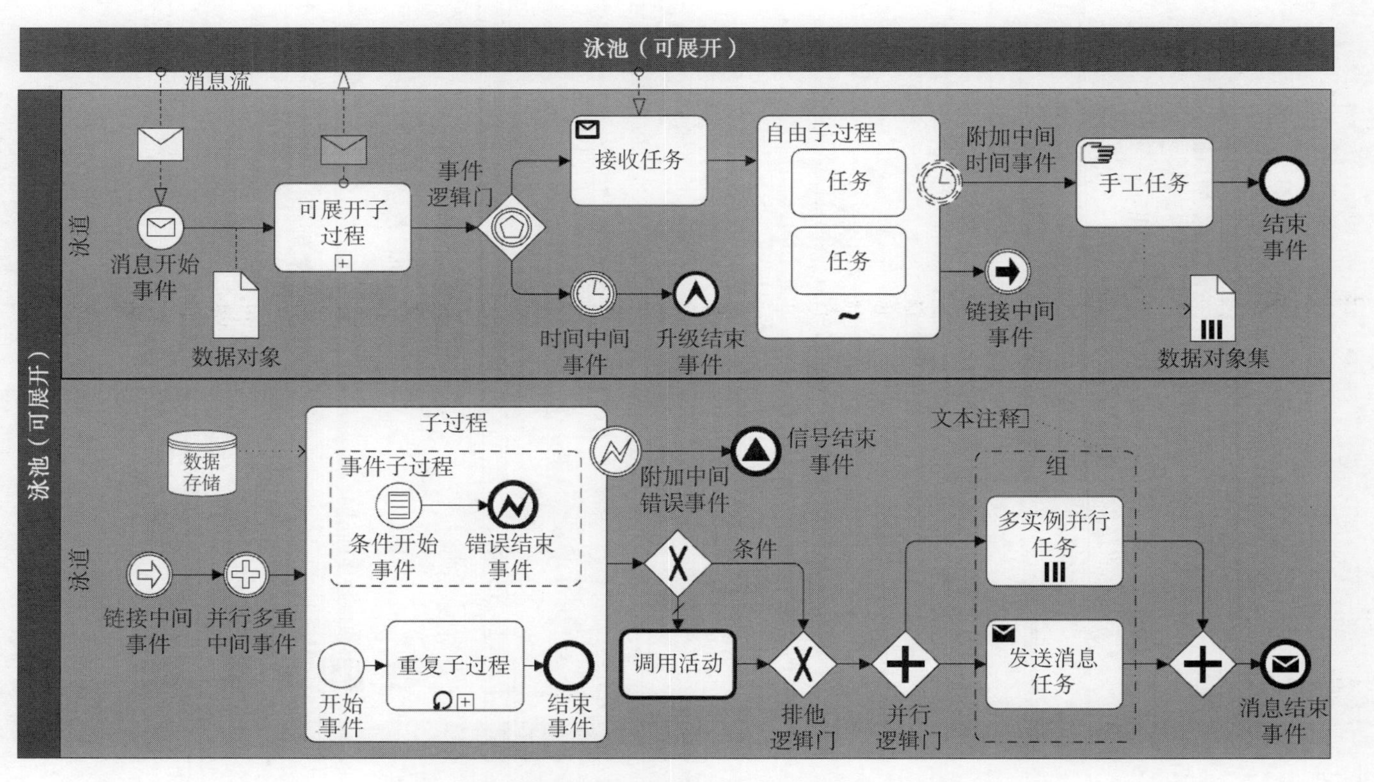

图6-5 基于BPMN智能产品服务流程建模一般模型

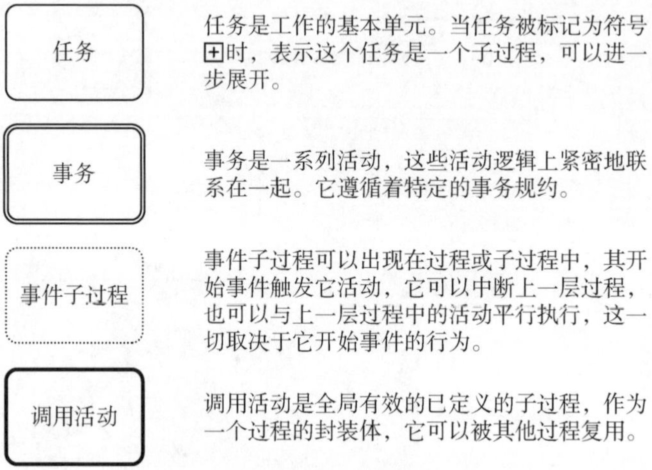

任务	任务是工作的基本单元。当任务被标记为符号⊞时，表示这个任务是一个子过程，可以进一步展开。
事务	事务是一系列活动，这些活动逻辑上紧密地联系在一起。它遵循着特定的事务规约。
事件子过程	事件子过程可以出现在过程或子过程中，其开始事件触发它活动，它可以中断上一层过程，也可以与上一层过程中的活动平行执行，这一切取决于它开始事件的行为。
调用活动	调用活动是全局有效的已定义的子过程，作为一个过程的封装体，它可以被其他过程复用。

图 6-6 BPMN 图活动类型图例

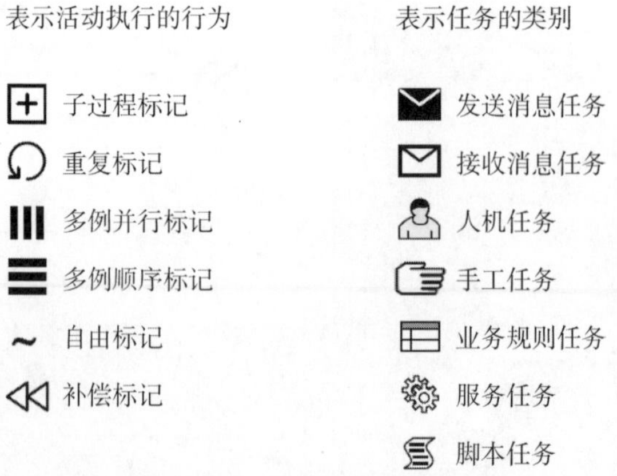

表示活动执行的行为	表示任务的类别
子过程标记	发送消息任务
重复标记	接收消息任务
多例并行标记	人机任务
多例顺序标记	手工任务
自由标记	业务规则任务
补偿标记	服务任务
	脚本任务

图 6-7 BPMN 图活动行为标记和任务类型标记图例

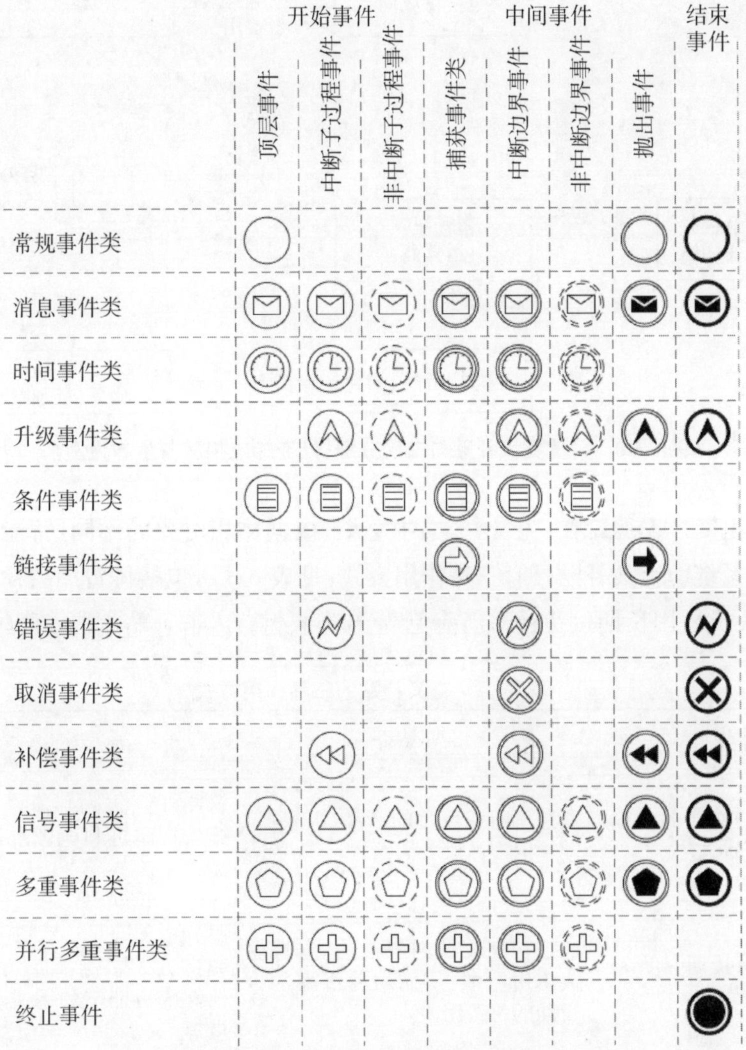

	开始事件			中间事件				结束事件
	顶层事件	中断子过程事件	非中断子过程事件	捕获事件类	中断边界事件	非中断边界事件	抛出事件	
常规事件类								
消息事件类								
时间事件类								
升级事件类								
条件事件类								
链接事件类								
错误事件类								
取消事件类								
补偿事件类								
信号事件类								
多重事件类								
并行多重事件类								
终止事件								

图 6-8　BPMN 图中事件的图例

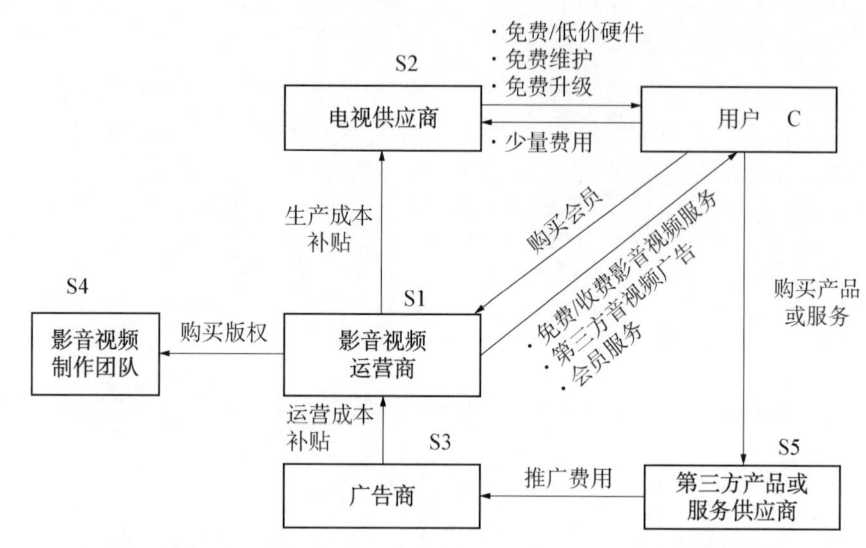

图6-9 价值交叉补贴与二次分配(以智能电视服务生态为例)

克里斯·安德森在《免费》一书中总结,**根据作用对象的不同**,智能产品服务生态系统中交叉补贴具有三种作用方式,见表6-2,包括付费产品补贴免费产品(A类)、用长期付费补贴当前免费(B类)、付费人群补贴免费人群(C类)。

表6-2 交叉补贴的三种作用方式

作用方式	主要特征	典型案例
A类:付费产品补贴免费产品	通过低廉或免费的产品/服务带动增值产品服务的销售	智能TV、吉列剃须刀、惠普/施乐打印机和电影院销售食品等
B类:用长期付费补贴当前免费	通过初期较低的门槛使用户形成使用习惯,从而培养潜在的、长期的付费用户	服务绩效合同、淘宝/京东商城初期发展、滴滴打车、Uber、软件试用推广和手机套餐优惠等
C类:付费人群补贴免费人群	数字时代的5%定律:数字产品收益来源于5%的付费用户 一般性产品的二八原则:20%的顾客可能给商家带来80%的利润	游戏付费玩家补贴普通玩家、会员用户补贴普通用户、俱乐部女士免票和游乐场家长陪同儿童免票等

进一步，**根据对象之间的作用关系类型进行总结**，智能产品服务生态系统中的交叉补贴又具有四种模式，分别为直接交叉补贴、三方市场、免费＋收费和非货币市场。四种交叉补贴模式的特点及典型案例见表6-3。

表6-3　四种交叉补贴模式的特点及典型案例

交叉补贴模式	模式特点	典型案例
直接交叉补贴	同一产品服务供应商自有产品或服务之间的交叉补贴	智能电视硬件与视频服务的直接补贴、吉列剃须刀柄和刀片的直接补贴、惠普/施乐打印机和耗材的直接补贴等
三方市场	多方相关利益方之间的价值交换，推动生态价值的流动	用户、视频提供商、广告商等多方合作；电子商务平台、用户、卖家和物流服务商等多方合作
免费＋收费	部分收费、限时免费和角色互补等	软件试用版本/专业版本、普通免费账号/付费VIP账号、产品基础三包周期/付费延长三包周期等
非货币市场	礼品经济：以物易物、利他主义 劳动交换：众包平台，产品内测	易物平台、高德地图儿童失踪预警平台、开源软件/技术交流论坛、百度众包平台和Windows 10系统公众测试Insider项目等

6.3.2　价值网络分析

价值交叉补贴的主体是系统中的相关利益方，而载体是智能产品服务生态系统的价值网络，本节针对价值网络中的相关利益方及网络的构建进行分析，为生态价值的传递与平衡分析提供基础。

智能产品服务生态系统的相关利益方分析如图6-10所示。智能产品服务生态系统中以用户群体为核心，包含了品牌服务供应商(main service supplier, MSP)、智能服务平台运营商等主服务供应商，以提供和新应用服务及资源配套的次级服务供应商(secondary service supplier, SSP)，以及提供周边服务内容、配套资源和相关支持的生态服务供应商(ecological service supplier, ESP)等。同时，智能产品服务生态系统是一个动态、开放的组织，各级服务供应商都会有一个产生、成长、成熟、衰退等过程，也会有外部跨产业供应商的引入，以及内部供应商的整合与淘汰等。

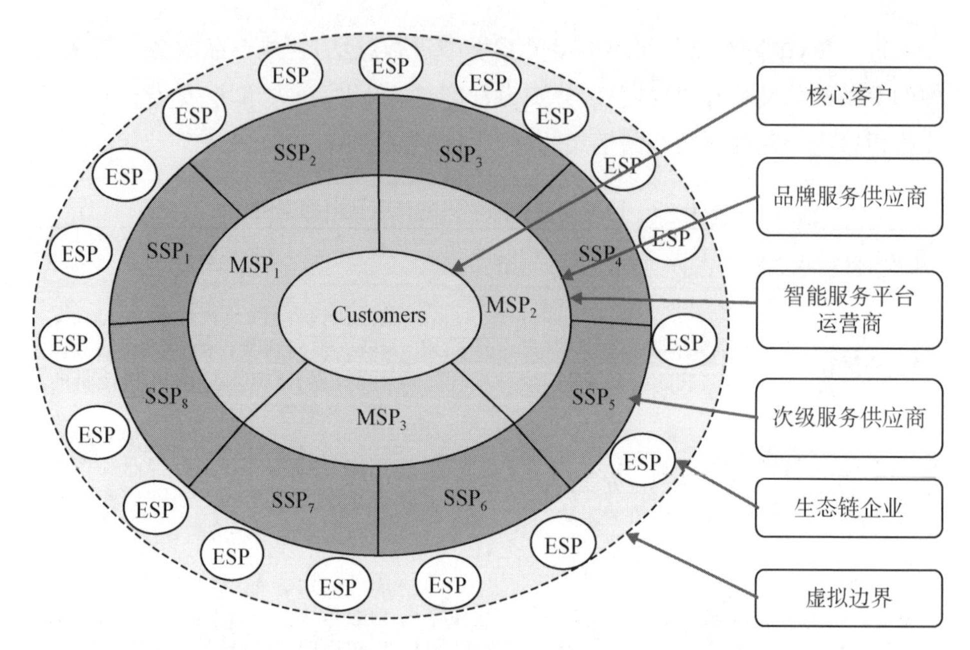

图 6-10 智能产品服务生态系统的相关利益方分析

为了进一步对不同相关利益方之间的价值流动关系进行梳理，本章应用价值网络分析(value network analysis, VNA)图，按照价值补贴原则，绘制智能产品服务生态系统的价值网络图谱，如图 6-11 所示。其中，图 6-11 中椭圆形代表不同的相关利益方和关键节点，虚线箭头代表无形的交互(价值流)，实线箭头代表有形的传递(物质流)。

6.3.3 价值传递矩阵

智能产品服务生态系统正常运行，除了要保证生态系统的结构稳健性之外，还需要保证生态价值网络可持续的价值传递与平衡机制。本节针对智能产品服务生态系统价值网络构建的基本原则与目标，开发了价值传递矩阵作为生态价值平衡分析的工具。

智能产品服务生态系统价值网络构建所需要保证的三个基本原则：**①连续性**：价值流、资金流、物流、服务流的连续性；**②可持续**：价值共创网络的稳定性与可持续发展；**③价值增量**：价值空间的持续拓展。而智能产品服务生态系统价值网络正常运行的两个基本目标，即**客户价值最大化**和**相关利益方价值最优化**。

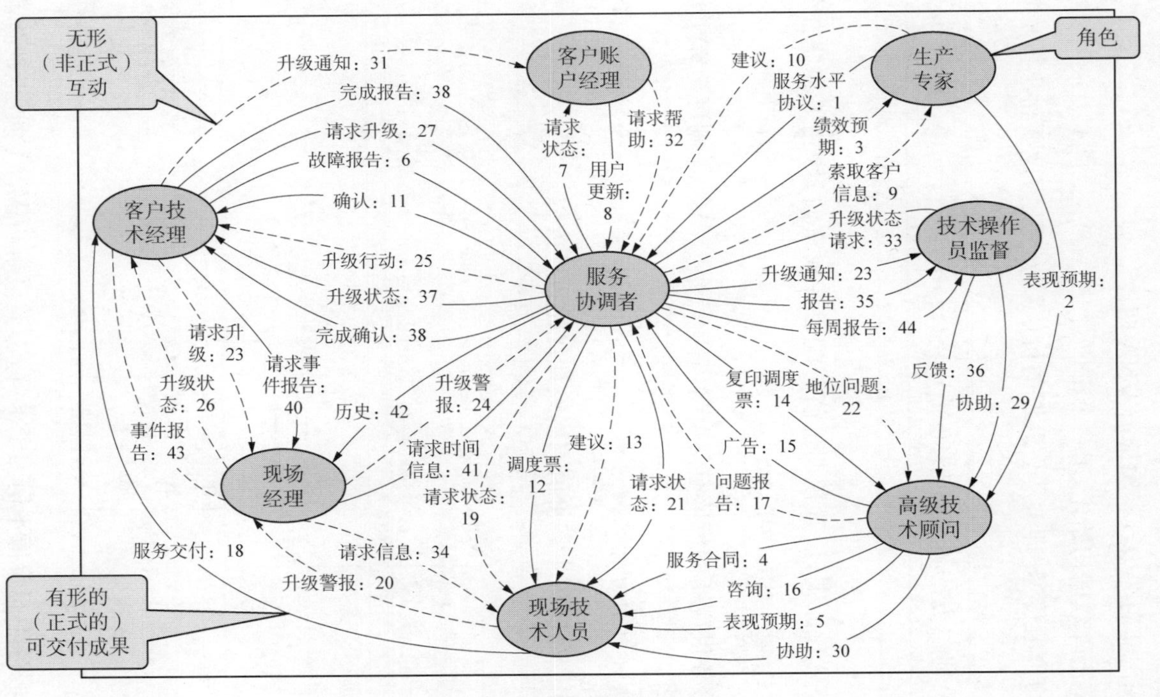

图6-11　价值网络分析图

针对智能产品服务生态系统的价值传递与平衡过程，开发了智能产品服务价值传递矩阵（表 6-4）作为定量分析的工具，探讨了相关利益方之间的价值流转。价值传递矩阵算法的主要步骤包括如下：

（1）绘制智能产品服务生态系统价值 VNA 图。

（2）价值传递矩阵数据初始化，用一个价值对 $V_{ij}=\{p_{ij}, c_{ij}\}$ 表示相关利益方 i 和 j 之间的价值传递，即 i 从 j 获取的价值量 p_{ij} 及为此要付出的成本 c_{ij}。

（3）折算相关利益方的价值评估向量 $\mathbf{V}=\{v_1, v_2, \cdots, v_m\}$，其中 $v_k=\sum_{j=1}^{k} V_{kj}$。

（4）根据价值优化原则，设置预期价值分配目标权重向量（相关利益方分配比例）：$\mathbf{W}=\{w_1, w_2, w_3, w_4, w_5\}$。

（5）若选取服务供应商的价值空间度量值为 $V_s=\sum_{j=1}^{m} V_{j+1}$，则可计算出每个服务供应商的实际价值分配比例为 $u_i=\dfrac{V_{i+1}}{V_s}$，其中 $i=1、2、\cdots、m-1$。

（6）确定智能产品服务生态价值网络设计优化目标方程

$$Obj.\begin{cases}\mathrm{Max}V_1=\sum_{k=1}^{m} V_{k1}\\ \mathrm{Max}V_s=\sum_{j=1}^{m-1} V_{j+1}\\ \mathrm{Min}\sigma=\sqrt{\sum_{i=1}^{m-1}\dfrac{(w_i-u_i)^2}{m-1}}\end{cases} \tag{6-5}$$

$$S.T.\begin{cases}\forall V_k>0\\ \dfrac{\mathrm{d}V_k}{\mathrm{d}t}>0\\ k=1、2、\cdots、m\end{cases} \tag{6-6}$$

（7）智能产品服务生态价值平衡因子求解：①通过解析 VNA 图，识别智能产品服务生态系统价值交互中的核心价值传递枢纽 S^* 及关键价值传递链 $\{L_1, L_2, \cdots, L_m\}$；②引入价值平衡因子（交叉补贴系数）$=\{R_1, R_2, \cdots, R_m\}$，即 S^* 对价值传递链上的相关利益方的补贴比例，来调控系统的价值传

表 6-4 智能产品服务价值传递矩阵

—	C	S1	S2	S3	S4	S5
C	$V_{11}=\{p_{11}, c_{11}\}$	$V_{12}=\{p_{12}, c_{12}\}$	$V_{13}=\{p_{13}, c_{13}\}$	—	—	$V_{16}=\{p_{16}, c_{16}\}$
S1	$V_{21}=\{p_{21}, c_{21}\}$	$V_{22}=\{p_{22}, c_{22}\}$	$V_{23}=\{p_{23}, c_{23}\}$	$V_{24}=\{p_{24}, c_{24}\}$	$V_{25}=\{p_{25}, c_{25}\}$	—
S2	$V_{31}=\{p_{31}, c_{31}\}$	—	$V_{33}=\{p_{33}, c_{33}\}$	—	—	—
S3	—	—	$V_{43}=\{p_{43}, c_{43}\}$	$V_{44}=\{p_{44}, c_{44}\}$	—	$V_{46}=\{p_{46}, c_{46}\}$
S4	—	$V_{42}=\{p_{42}, c_{42}\}$	—	—	$V_{55}=\{p_{55}, c_{55}\}$	—
S5	$V_{61}=\{p_{61}, c_{61}\}$	—	—	$V_{64}=\{p_{64}, c_{64}\}$	—	$V_{66}=\{p_{66}, c_{66}\}$
V	$V_1=\sum_{n=1}^{6}V_{n1}$	$V_2=\sum_{n=1}^{6}V_{n2}$	$V_3=\sum_{n=1}^{6}V_{n3}$	$V_4=\sum_{n=1}^{6}V_{n4}$	$V_5=\sum_{n=1}^{6}V_{n5}$	$V_6=\sum_{n=1}^{6}V_{n6}$
$Obj.$	定义权重向量：$\boldsymbol{W}=\{w_1, w_2, w_3, w_4, w_5\}$，$V_s=\sum_{j=1}^{5}V_{j+1}$，$u_i=\frac{V_{i+1}}{V_s}$，$i=1、2、\cdots、5$，$p$ 和 c 以实际经济指标为衡量 $\text{Min}\sqrt{\sum_{j=1}^{5}(w_i-u_i)^2/5}$；$\text{Max}\,V_1$；$\text{Max}V_s$，变量：S1 对各相关利益方的补贴系数 R_i					
$S.T.$	$\forall V_k>0$，$\frac{\mathrm{d}V_k}{\mathrm{d}t}>0$，$k=1、2、\cdots、6$					

递关系；③应用多目标粒子群优化算法或多目标粒子群遗传算法，优化价值平衡因子（向量）$\boldsymbol{R}$，以期在静态可生存和动态可持续两个约束条件下，实现对目标函数的最大契合。

6.4 智能家居服务生态系统设计

6.4.1 智能家居产品与功能层次聚类

随着技术的进步与物质的极大丰富，智能家居服务生态系统中所包含产品的多样化程度越来越高。为了能够提供给用户一种更加快捷、方便地选择路径，因此需要将离散的智能家居产品个体（L1 级系统）进行分层聚合，以智能家居产品功能系统最小单元的形式进行封装生成 L2 级系统。

为了验证模糊关联聚类方法的可行性，本章继续复用第 4 章案例分析部分表 4-8 中的统计数据，明确应用于分层聚合分析的离散化智能家居产品对象具体包括 35 种不同的类别。

(1) 选取因素集。根据智能家居相关产品的特征，选取因素集 $U=\{u_1, u_2, u_3, u_4\}$，包含四个关联性评价指标，其中 u_1 为数据/信息交换关联性、u_2 为物理结构关联性、u_3 为功能关联性、u_4 为业务关联性，代表了四个不同层面的关联特性。

(2) 制定评价语义集。面向智能家居相关产品四个方面关联特性的模糊层次聚类，制定评价语义集 $V=\{0, 0.2, 0.4, 0.6, 0.8, 1\}$，其中 0 代表毫无关联，0.2 代表极弱联系，0.4 代表微弱联系，0.6 代表弱耦合，0.8 代表强关联，1 代表强耦合。

(3) 分配权重向量。根据不同关联特性的重要程度不同和专家综合评估意见汇总平均，制定评价权重分配模糊向量为 $\boldsymbol{A}=\{0.35, 0.10, 0.25, 0.35\}$，其中数据/信息交换和业务为核心关联特性，功能关联次之，物理结构关联重要程度最弱。

(4) 生成模糊关联矩阵。依据评价语义集由专家对表 4-8 所涉及的 35 种智能家居产品之间的关联关系进行单一因素和多指标综合评价，进而通过模糊权重向量计算平均，得到不同产品功能之间的模糊关联系数评价矩阵。

(5) 生成要素层次聚类包络图。根据最大生成树原则，依据不同产品功能节点之间的关联系数矩阵，生成智能家居部分产品功能要素层次聚类包络图(图6-12)，将现有的产品功能要素依据模糊关联系数，聚类到M1～M15个模块组中。由图6-12中可知，区别于一般的分类和分层方法，应用模糊聚类的方法，可以比较好地解释智能家居产品功能系统中的任一节点或元素可归属于不同模块的问题，如D9为移动终端(平板、手机等)，其可以同时隶属于M5模块(智能安防)、M7模块(智能空调系统)、M11模块(智能冰箱系统)、M12模块(智能洗衣机系统)、M13模块(智能扫地机器人系统)，作为这些子模块的通信接口与控制终端。

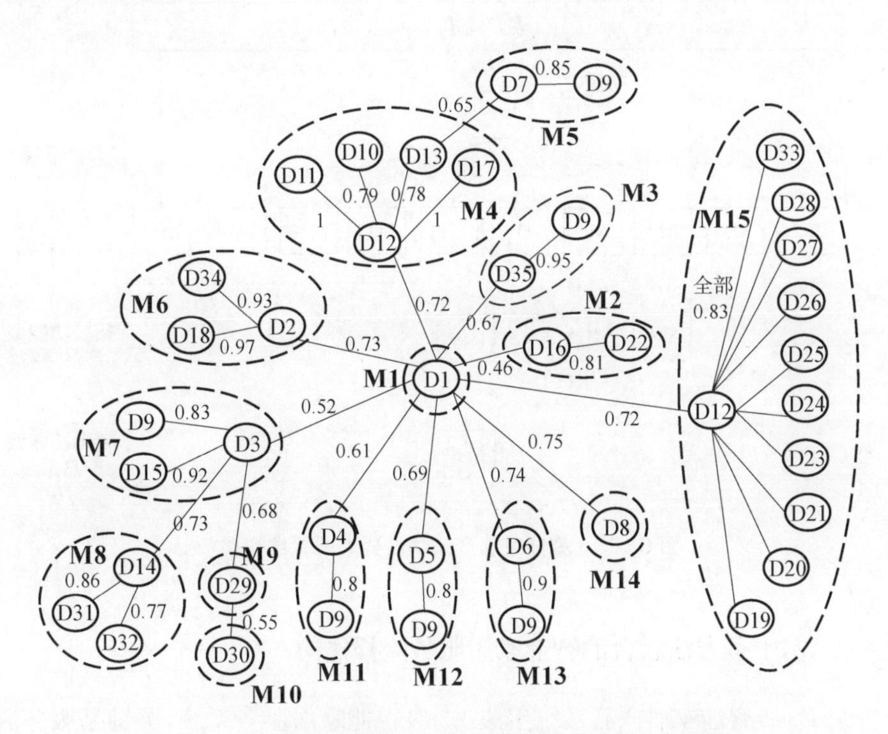

图6-12　智能家居部分产品功能要素层次聚类包络图

(6) 生成智能家居产品功能要素配置结构树。依据对满足客户需求的优先级进行排序，将聚类出的智能家居产品功能模块组按照接口产品子系统(根节点)、核心功能型产品子系统、拓展功能型产品子系统及辅助功能型产品子系统四个层次进行分层归类，以生成智能家居产品功能要素配置结构树，如图6-13所示。其中，作为整个系统的数据转换中心，M1模块(智能路由器)承担了系统中 L1 级别的联接接口角色，M2 模块（可燃气体防护）、M3 模块（健康管理）、M4 模块（智能控制）、M6 模块（影音娱乐）、M7 模块（智能空调系统）、M11 模块（智能冰箱系统）、M12 模块（智能洗衣机系统）、M13 模块（智能扫地机器人系统）、M14 模块（台式/笔记本电脑）和 M15 模块（智慧厨房管理）等作为 L2 级别的核心功能型产品系统，M5 模块（智能安防）、M8 模块（空气湿度调节）、M9 模块（电风扇）等作为 L3 级别的拓展功能型产品系统，M10 模块（新风系统）分别作为 M9 的延伸和补充，承担 L4 级别以上的辅助功能性产品系统角色。

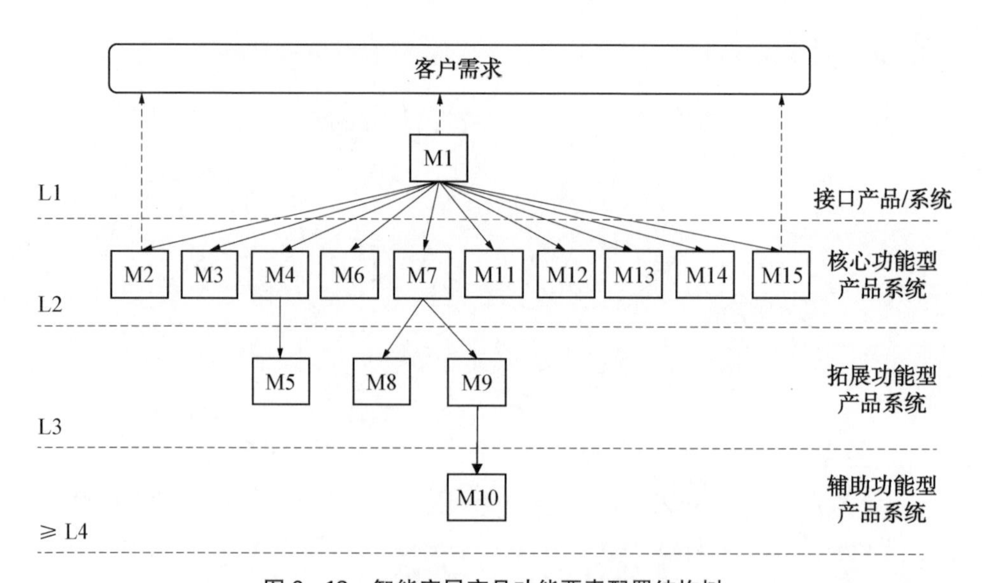

图 6-13 智能家居产品功能要素配置结构树

6.4.2 基于多方法融合的智能家居服务流程建模

从 L2 级智能家居产品系统生成 L3 级智能家居服务系统，关键是服务流程、服务选项、服务活动等相关要素的有机整合，本节将重点通过智能家居服务生态系统的案例，验证基于服务蓝图的智能家居服务包划分、基于 BPMN 图的智能家居服务过程建模、基于 HTCP-Net 的智能家居服务活动建模三个层次的理论与方法的可行性。

1）基于服务蓝图的智能家居服务包划分

首先，从宏观层面，基于第 5 章中应用 EVSM 模型对 L3 级子系统的基础分析，本节应用服务蓝图对智能家居服务系统中所包含的服务包选项进行更加系统化的梳理，如图 6-14 所示。服务蓝图划分了四个域，分别为客户活动域、前台服务域、后台服务域及支撑过程域，采取自顶向下、由可见至不可见的分析路径，从最直观的客户入手，选取影音娱乐、家庭清洁、健康管理和场景调节四个典型的客户活动作为入口，发掘其背后的服务组织过程。

其次，以家庭清洁服务为例，其**前台基础服务**包括智能洗衣、智能清扫、智能空气净化等不同的服务内容，涉及智能产品系统有智能洗衣机、扫地机器人、空气净化器等，包含了客户与机器的交互及机器的自动化和智能化运行等过程，如**智能洗衣机**根据衣物类型和重量，自动投放适量洗涤剂，自动调节水量、洗涤模式、注水温度等参数，并按照规划好的程序进行衣物洗涤作业；**智能扫地机器人**通过智能感知扫描房间布局，并自动建立室内模型，并以此为依据进行路线规划，开展室内清洁作业；**空气净化器**通过检测室内空气 PM2.5、PM10 等含量判断空气质量，调节运转频率和强度，使空气质量保持在要求的范围之内。

最后，**智能家庭清洁**前台功能与服务的正常运行，需要接入社会资源，提供后台网络化的协同支持。当前，智能家居中的大部分产品均可接入 Internet 网络，并以此为入口导入后台的服务与支持。**智能洗衣机**可以通过在线软件升级，更新固件版本，优化洗涤的算法和程序，进一步节约水量、洗涤剂，并提高衣物洗涤的质量；根据用户洗涤剂的消耗量，预测用户购买洗涤剂的时间点，主动推送购置消息并提供一键购物服务；根据对洗衣机运行数据和实时状态的监测，提供面向洗衣机故障诊断及运行过程的预测性和预防性维护。类似的，**智能扫地机器人**在联接 Internet 之后，同样可以通过在线更新固件的方式，不断优化电源管理、轨迹规划、室内空间建模等算法。

2）基于 BPMN 图的智能家居服务过程建模

应用第 6 章中 6.2.3 绘制 BPMN 图的基本规则，选取智能家居中的智能洗衣机服务过程 BPMN 建模，如图 6-15 所示。其中，服务过程所涉及的相关利益方或网络节点包括家庭客户、智能洗衣机、智能洗衣机服务平台、耗材商城和售后服务等，相关利益方之间以智慧服务平台为中心，进行业务、物料及数据的流转，应用 BPMN 图可以将相关的顺序、并行、循环等执行过程进行清晰描述。

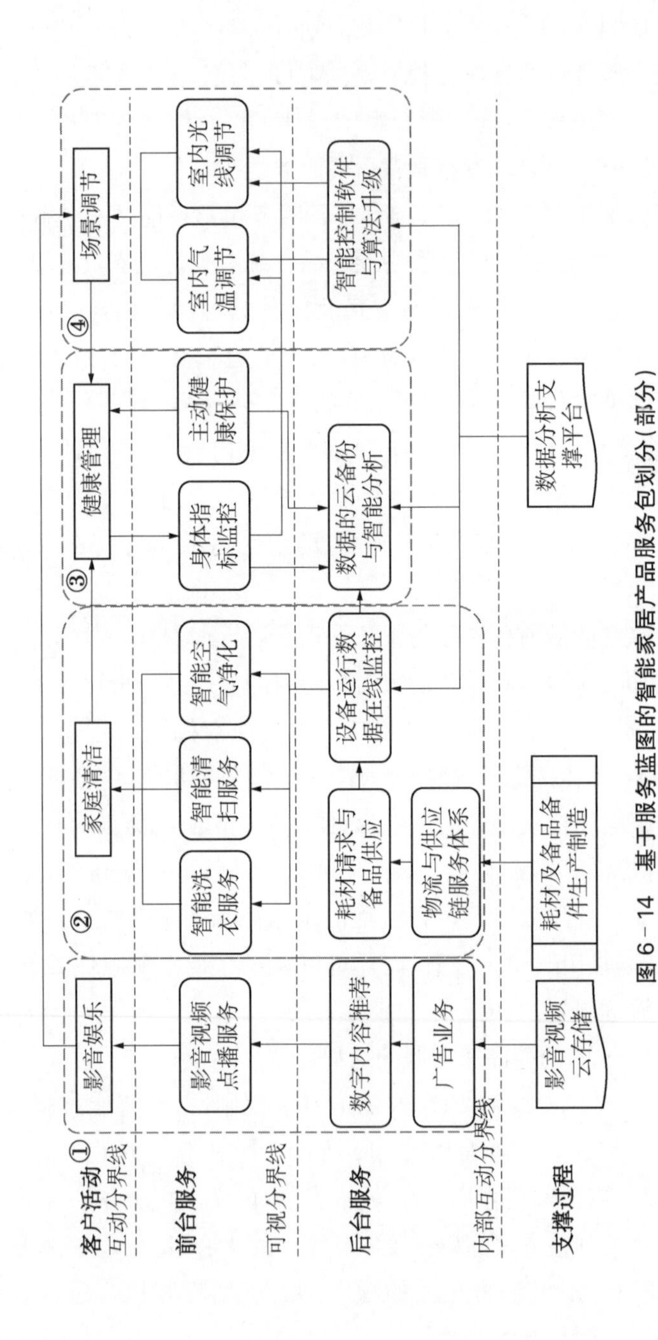

图6－14 基于服务蓝图的智能家居产品服务包划分(部分)

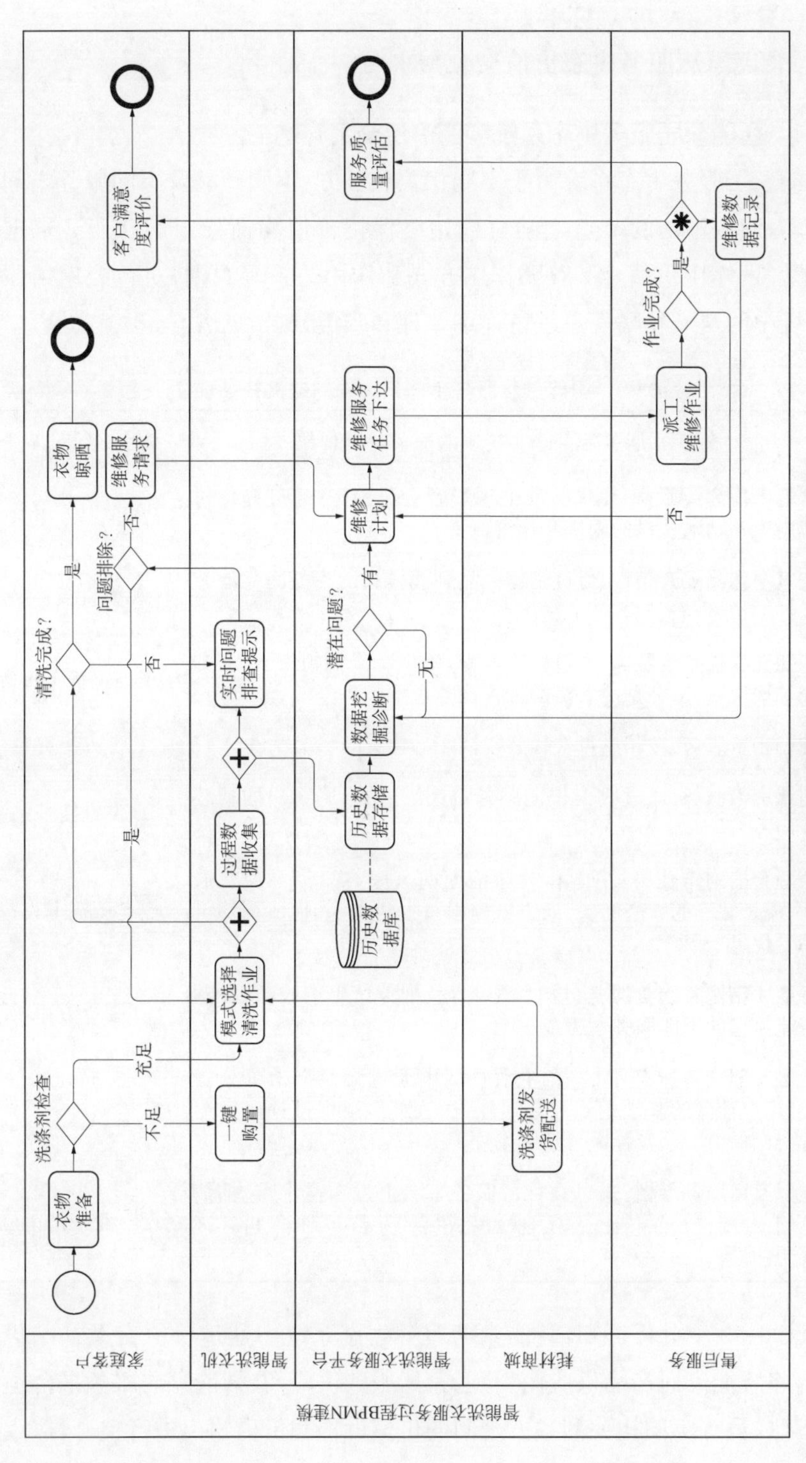

图6-15　智能家居中的智能洗衣机服务过程BPMN建模

6.4.3 智能家居服务生态价值交互与平衡

6.4.3.1 智能家居服务生态系统中的价值交叉补贴

智能家居服务生态系统由于不同相关利益方、不同产品及不同服务之间的价值流转，使得不同的节点之间可以始终保持价值均衡稳定的状态。根据表6-3和表6-4中价值交叉补贴作用方式和作用关系等原则，对智能家居服务生态系统中的交叉补贴现象进行详细梳理和归类分析，见表6-5。

表6-5 智能家居服务生态系统中的交叉补贴现象

序号	智能家居服务生态系统中的交叉补贴现象	交叉补贴类型
1	**智能电视会员服务：**提供智能电视影音会员服务，通过提供付费内容补贴电视机的硬件及运维成本	A类三方市场
2	**空气净化器配套销售：**通过销售单品利润较高的空气净化滤芯以补贴价格和利润较低的整机产品	A类直接补贴
3	**智能洗衣机集成服务：**通过在线监控，提供洗涤剂销售、产品升级等增值服务，补贴洗衣机的维护保养成本	A类免费+收费
4	**空调租赁服务：**按年度付费代替空调产品购买的一次性付费	B类直接补贴
5	**网络宽带服务：**通过收取长期服务费用，补贴家庭客户的初装费用	B类直接补贴
6	**家庭智能副卡业务：**中国移动通信面向家庭客户提供免费通话、流量共享的家庭套餐，通过家庭中一人付费，其他成员均可享受优惠	C类免费+收费
7	**智能冰箱健康饮食服务：**以食谱和商品推荐产生的收益，补贴智能冰箱的智能服务运营成本	A类三方市场
8	**社区友邻众筹服务平台：**在生活社区内通过无偿捐赠募集资金，用户社区的基础设施和环境建设与改善，以促进社区房屋的资产保值增值及社区可持续发展	C类免费+收费
9	**友邻互助服务平台：**通过在社区服务平台上发布需求，包括信息问询、闲置物品转让等，实现社区成员的互帮互助，促进社区文明建设	C类非货币市场

从表6-5中分析可知，智能家居服务生态系统中通过价值交叉补贴机制的融入，将智能家居产品供应商、智能家居服务供应商、智能家居服务平台运营商和社区成员等不同相关利益方之间的价值诉求和价值输出进行整合，形成网

络化的价值交互体系，使得每一个角色都可以在网络中找到合适的定位，发挥自身最大的作用。

6.4.3.2　智能家居服务生态系统价值网络

基于上一小节对于智能家居服务生态系统中价值交叉补贴现象的分析，选取典型场景——家庭智能健康服务系统，进行服务生态系统价值网络的分析。其中，该场景下涉及的核心相关利益方包括家庭成员、家庭智能健康服务云平台、健康监测硬件提供商、健康监测软件运维商、医院、保险公司、健康服务硬件提供商（如空气净化器、加湿器等）和社区服务人员等，应用价值网络分析方法绘制家庭智能健康服务系统的价值网络图，如图 6－16 所示。从图 6－16 中可以看出，家庭智能健康服务云平台是家庭健康管理服务场景下的生态运维核心，与几乎所有的相关利益方都有无形数据或信息的交互，成为整个生态场景的资源、任务、组织和价值等要素的协调中心。

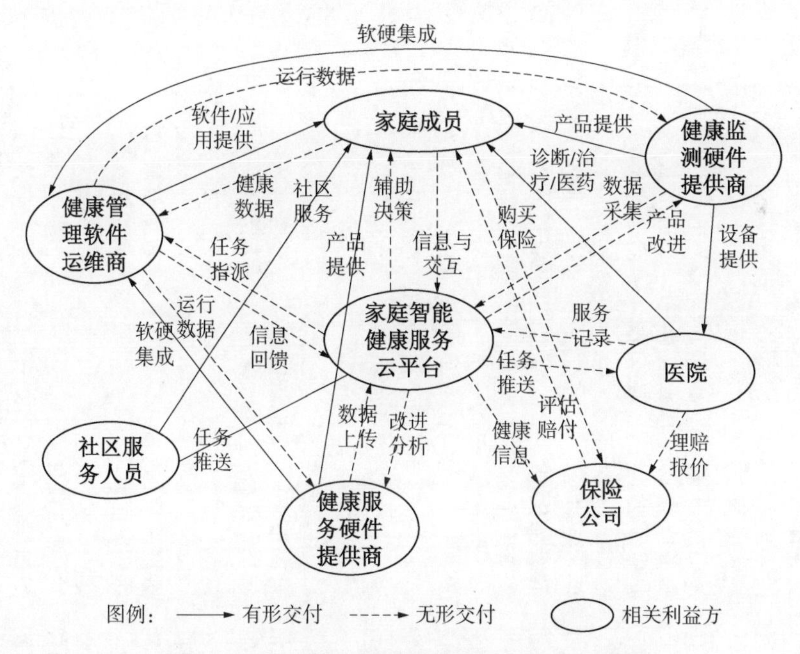

图 6－16　家庭智能健康服务系统的价值网络图

6.4.3.3　智能家居服务生态系统价值传递矩阵

根据家庭智能健康服务系统的价值网络图，应用价值传递矩阵进行相关利益方价值平衡分析见表 6－6。利用 6.4.1 小节提出的价值交叉补贴规则，以

表 6-6 智能家居健康服务生态系统价值传递矩阵

—	S1:家庭成员	S2:健康管理软件运维服务商	S3:社区服务人员	S4:家庭智能健康服务平台	S5:健康服务硬件提供商	S6:健康监测硬件提供商	S7:保险公司	S8:医院
S1	V_{1-1} ={产品服务价值,产品服务成本}	V_{1-2} ={软件服务收益,维护服务成本}	V_{1-3} ={物业服务收费,社区服务成本}	V_{1-4} ={信息服务收益,平台运营成本}	V_{1-5} ={硬件销售收益,开发制造成本}	V_{1-6} ={硬件销售成本,开发制造成本}	V_{1-7} ={保险销售收入,理赔赔付成本}	V_{1-8} ={健康保障服务,医院运营成本}
S2	V_{2-1} ={软件使用价值,软件维护成本}	V_{2-2} ={软件升级优化,开发维护成本}	—	V_{2-4} ={应用收益分成,平台运营成本}	V_{2-5} ={接口服务收入,集成设计成本}	V_{2-6} ={接口服务收入,集成设计成本}	V_{2-7} ={健康数据获取,数据获取成本}	—
S3	V_{3-1} ={社区服务获取,物业费等成本}	—	V_{3-3} ={服务水平提升,日常运营支出}	V_{3-4} ={服务收益分成,平台运营成本}	—	—	—	—
S4	V_{4-1} ={健康信息服务,信息服务成本}	V_{4-2} ={用户资源推广,上架推广成本}	V_{4-3} ={服务推送收益,服务收益分成}	V_{4-4} ={运维服务收入,平台运营成本}	V_{4-5} ={数据服务收入,硬件维护成本}	V_{4-6} ={数据服务收益,硬件维护成本}	V_{4-7} ={客户健康数据,数据获取成本}	V_{4-8} ={客户健康信息,信息服务成本}
S5	V_{5-1} ={硬件使用价值,购置维护成本}	V_{5-2} ={硬件数据采集,数据获取成本}	—	V_{5-4} ={硬件数据获取,数据获取成本}	V_{5-5} ={硬件供应收入,开发制造成本}	—	—	—
S6	V_{6-1} ={硬件使用价值,购置维护成本}	V_{6-2} ={硬件数据采集,数据获取成本}	—	V_{6-4} ={硬件数据交换,数据交换成本}	—	V_{6-6} ={硬件供应收入,开发制造成本}	—	—

（续表）

—	S1:家庭成员	S2:健康管理软件运维服务商	S3:社区服务人员	S4:家庭智能健康服务平台	S5:健康服务硬件提供商	S6:健康监测硬件提供商	S7:保险公司	S8:医院
S7	$V_{7\text{-}1}=$｛安全保障赔付，保险购置成本｝	$V_{7\text{-}2}=$｛数据服务收益，数据分析成本｝	—	$V_{7\text{-}4}=$｛数据服务收入，数据服务成本｝	—	—	—	—
S8	$V_{8\text{-}1}=$｛医疗健康保障，医疗费用成本｝	—	—	$V_{8\text{-}4}=$｛信息服务收入，平台运营成本｝	—	—	$V_{8\text{-}7}=$｛理赔报价信息，理赔运营成本｝	$V_{8\text{-}8}=$｛理赔报价收益，数据统计成本｝
V	$V_1=\sum_{n=1}^{8}V_{n1}$；	$V_2=\sum_{n=1}^{8}V_{n2}$；	$V_3=\sum_{n=1}^{8}V_{n3}$；	$V_4=\sum_{n=1}^{8}V_{n4}$；	$V_5=\sum_{n=1}^{8}V_{n5}$；	$V_6=\sum_{n=1}^{8}V_{n6}$；	$V_7=\sum_{n=1}^{8}V_{n7}$；	$V_8=\sum_{n=1}^{8}V_{n8}$
$Obj.$	定义权重向量：$\boldsymbol{W}=\{w_2, w_3, w_4, w_5, w_6, w_7, w_8\}$，$V_s=\sum_{j=2}^{8}V_{j+1}$，$u_i=\frac{V_{i+1}}{V_s}$，$i=2、3、\cdots、8$ $\text{Min}\sqrt{\sum_{j=2}^{8}(w_i-u_i)^2/7}$；$\text{Max}(V_1)$；$\text{Max}(V_s)$，变量：S1 对各相关利益方的补贴系数 R_i							
$S.T.$	约束条件：$\forall V_k>0$，$\frac{\mathrm{d}V_k}{\mathrm{d}t}>0$，$k=1、2、\cdots、8$							

及表 6－6 中的目标函数与约束条件，对家庭智能健康服务系统的价值传递过程进行分析。其中，价值流向的目标是 S1 家庭成员客户，而价值交叉补贴的协调中心为 S4 家庭智能健康服务平台。

在传统服务过程中，没有智能健康服务平台 S4 的参与，价值网络内的各相关利益方均分别需要与 S1 家庭成员客户开展各种类型的有形与无形交互，进行价值的博弈与协调，由于各相关利益方出发点不同、价值主张不同，因此系统会处于一种混沌的价值矛盾体形态，客户往往付出较多的资金成本、时间成本、精力成本，却不能获取相匹配的家庭健康服务的最优化体验。

S4 智能健康服务平台的引入，可通过适当的多方价值交叉补贴，调和不同相关利益方之间的价值矛盾与冲突，如 S5、S6 两类硬件提供商将空气净化器、血压计、心率监测仪等健康服务/监测硬件低价或免费提供给客户，S5、S6 可通过接口提供客户相关的健康数据、使用数据给 S2 软件提供商，S4 智慧健康服务平台提供健康管理软件 App 的运行平台，S1 家庭成员客户根据个人需求从 S4 处获取 S2 开发维护的健康管理 App 应用软件(健康数据记录、天气信息、健身指导和健康诊断等)，因此 S2、S5 和 S6 都没有直接从家庭成员客户 S1 处获取能够覆盖成本的价值收益。而由于 S4 客户健康管理服务平台的引入，通过提供给客户定制化的家庭健康保障绩效解决方案，让客户以低于医院检查、专家门诊服务的成本，享受到更细致、更贴心的客户关怀，同时由平台将 S2、S5 与 S6 提供的产品和应用服务打包进绩效服务合同中，作为基本套餐服务以提高客户黏性，并由 S4 客户健康管理服务平台负责按一定比例分配收益给 S2、S5 与 S6。这样，在实现客户价值最大化 $\mathrm{Max}(V_1)$ 的同时，实现 S2 价值 V_2、S5 价值 V_5 与 S6 价值 V_6 的最优化，进而 S1、S2、S5、S6 四者之间由于 S4 的介入产生了紧密的正相关利益纽带关系，从而切实实现各相关利益方的价值增量 $\frac{\mathrm{d}V_k}{\mathrm{d}t}>0$。

第7章 智能产品服务生态系统交付

智能产品服务生态系统最终需要通过效率最高、成本最低的方式，将价值最大化的服务体验交付给予客户。智能产品服务生态系统的交付区别于一般的产品交易和单纯服务过程，需要构建适用于智能产品服务生态系统的服务能力体系、服务交付管理体系等。在服务能力体系构建方面，需要梳理智能产品服务生态系统的服务能力层次，同时为了使得服务能力与服务资源能够按须配置，需要研究服务能力与资源的虚拟化方法。在服务交付管理方面，需要明确智能产品服务交付的协同化过程、交付渠道，研究提高服务资源利用效率、加速服务响应速度的具体方法。

针对上述问题特征，本章从智能产品服务交付框架体系、智能产品服务能力规划及智能产品服务交付过程管理等方面介绍了智能产品服务生态系统交付的理论体系与关键技术。具体内容包括：①智能产品服务生态系统交付的思路与流程框架；②智能产品服务能力层次分析与虚拟池化方法；③智能产品服务协同化交付过程与基于共享资源池的服务资源动态配置技术。

7.1 智能产品服务生态系统交付思路与框架流程

服务交付是指将人力、物料、设备、资金、信息和技术等生产要素（投入）变换为无形服务（产出）的过程[194]。智能产品服务及交付过程如图 7-1 所示。区别于产品交易和单纯服务交付过程，智能产品服务生态系统及交付过程中包含了特有的一些要素，包括用户、智能互联产品、服务生态圈和服务生态资源等，这些要素通过网络与智慧服务平台相互联接，实现用户群体的社群化、智能产品的互联互通、服务生态圈的协同共创及服务资源的虚拟池化，从而为用户

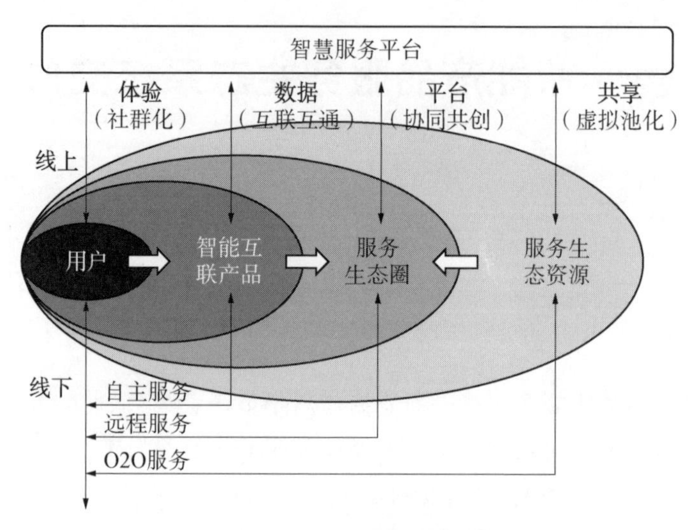

图 7－1　智能产品服务及交付过程抽象示意

提供自主服务、远程服务和线上线下结合的相关服务。

智能产品服务交付的目标是实现智能产品服务交付过程的**价值最大化、体验极致化、效率最优化**[216-217]，为了达到这样的目标，在智能产品服务交付体系构建与交付管理过程中，需要重点回答以下几个问题：

(1) 智能产品服务交付的主要环节包括哪些？

(2) 智能产品服务交付的主要内容包括哪些？

(3) 智能产品服务生态系统需要具备哪些基础能力层次？

(4) 如何平衡服务能力/资源供应与客户动态需求之间的平衡关系？

(5) 如何对智能产品服务交付过程进行合理化地评价？

为了回答以上问题，构建智能产品服务交付体系分析框架，如图 7－2 所示。分析框架包括五个维度，分别如下：

(1) 关键环节，包括服务能力规划、服务交付过程和服务绩效管理三个环节。

(2) 分析层次，包括产品服务交付的战略层、战术层、执行层三个层次。

(3) 系统特征，包括智能、服务、生态等智能产品服务生态系统的典型特征。

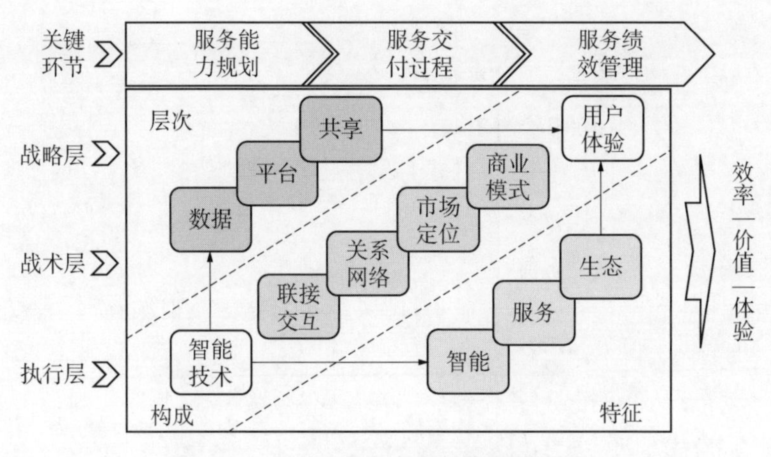

图7-2 智能产品服务交付体系分析框架

(4) 系统构成,包括智能技术、联接交互、关系网络、市场定位、商业模式和用户体验六个系统构成。

(5) 系统层次,包括数据、平台、共享和用户体验四个系统层次。

其中,为了分析智能产品服务生态系统在不同关键环节及不同分析层次上的交付内容,以这两个维度为基准面,分别将系统构成、系统层次和系统特征三个维度向该基准面进行映射,形成如图7-3～图7-5所示的三个映射分析坐标矩阵。

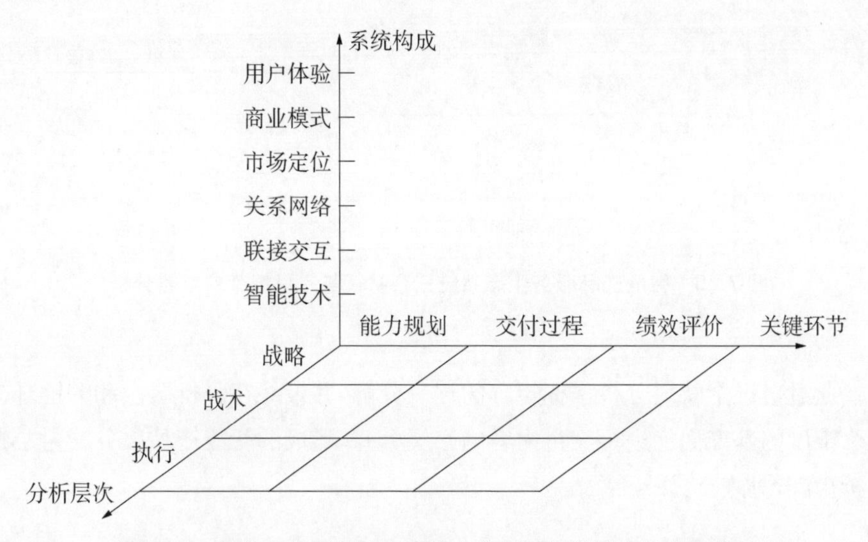

图7-3 智能产品服务生态系统六个系统构件的交付内容分析

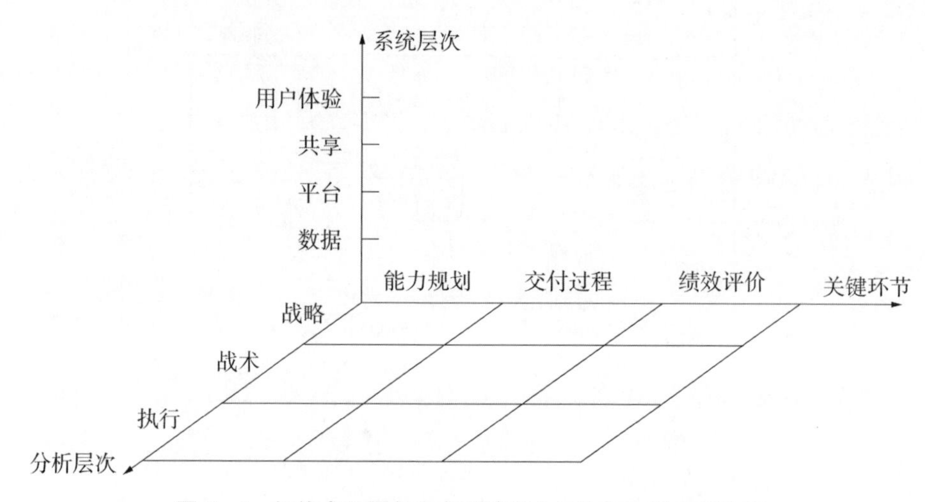

图 7-4 智能产品服务生态系统四个层次的交付内容分析

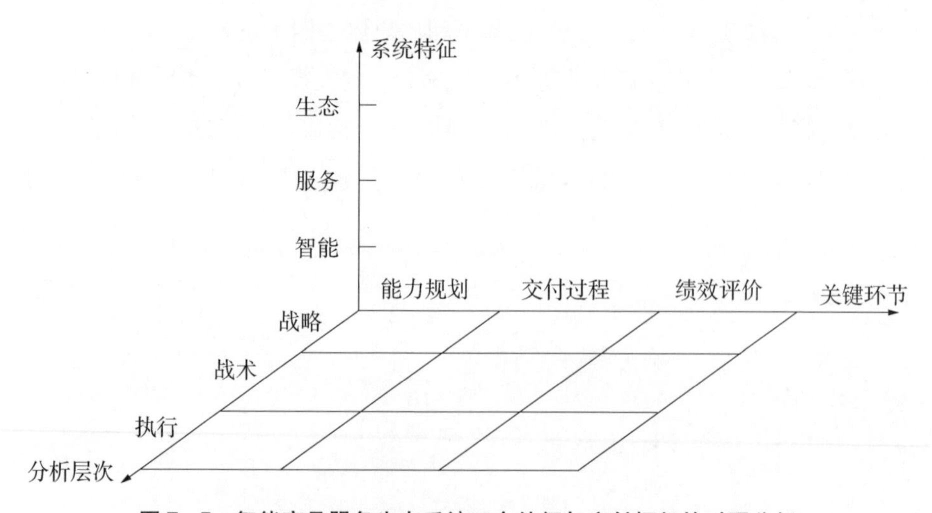

图 7-5 智能产品服务生态系统三个特征与交付框架的对照分析

通过对三个映射分析坐标矩阵的逐一分解，并最终在分析层次和关键环节两个维度的基准面上进行交付内容的归类合并，形成的智能产品服务交付层次分析矩阵，见表 7-1。

表7-1　智能产品服务交付层次分析矩阵

汇总	战略层	战术层	执行层
服务能力规划	• 平台智能技术框架与标准 • 目标市场与客户群体识别 • 虚拟池化生态合作网络构建 • 价值共创机制与模式 • 基于平台的服务生态业务整合 • 服务能力体系层次构建 • 生态化服务创新体系与流程	• 数据分析、决策优化、执行控制、产品智能互联等技术能力 • 相关利益方关系网络化互联互通 • 服务设施和资源规划与虚拟池化 • 智能产品服务基础方案 • 生态化服务创新社区 • 服务交付渠道(线上、线下)	• 基础智能化软硬件功能环境 • 智能节点布局及联接的建立,包括交互接口与交互方式 • 平台的接入及对节点的管控 • 服务实施团队及设施匹配
服务交付过程	• 服务组织和渠道的快速重组与重构能力 • 服务生态价值共创与价值传递过程 • 目标市场与客户群体容量的变动跟踪 • 基于服务平台顶层调度的开放式合作协同模式	• 客户服务需求的动态预测 • 面向服务网络的服务订单任务多级分解与资源规划 • 服务过程集中管控、智能排程与协同化作业 • 基于服务资源池的服务资源动态配置 • 服务流程与组织过程优化	• 诊断预测、状态监控、定位追踪、参数调节和远程控制等智能功能实现 • 相关利益方及系统节点之间的交互过程 • 客户参与的服务过程的实施 • 服务工具的使用与服务设施的支持 • 服务订单任务推送、执行、跟踪与反馈

7.2　智能产品服务能力规划

7.2.1　能力层次分析框架

智能产品服务能力规划的层次分析框架见表7-2。不同的分析层次对应的服务能力要求及目标是各不相同的。其中,**战略层**围绕价值最大化的目标,重点聚焦技术框架标准、目标市场与客户群体识别、虚拟池化生态合作网络构建等顶层宏观要素与能力的布局;**战术层**以客户体验极致为目标,重点聚焦数据分析等技术能力、相关利益方互联互通、服务设施与资源规划等中观层面要素与能力的布局；**执行层**则以效率最优为目标，重点聚焦基础智能化软硬件功能环境、智能节点布局及联接的建立、平台接入与节点管控、服务实施团队与设施匹配等基础要素能力的建设。

表7-2　智能产品服务能力规划的层次分析框架

层次	服务能力规划	应用举例(智能家居)	目标
战略层	● 平台智能技术框架与标准 ● 目标市场与客户群体识别 ● 虚拟池化生态合作网络构建 ● 价值共创机制与模式 ● 基于平台的服务生态业务整合 ● 生态价值体验环境构建 ● 生态化服务创新体系与流程	● 智能家居产品及技术标准体系 ● 面向中国城市家庭的消费市场 ● 智能家居设计开发、生产制造、物流供应链和服务运营等生命周期环节相关利益方构成生态化的合作网络 ● 一致化的生态服务文化与理念的构建 ● 基于智能家居智慧服务平台业务整合	**价值最大**
战术层	● 数据分析、决策优化、执行控制、产品智能互联等技术能力 ● 相关利益方关系网络化互联互通 ● 服务设施和资源规划与虚拟池化 ● 智能产品服务基础方案 ● 生态化服务创新社区 ● 服务交付渠道(线上、线下)	● 智能家居相关的用户使用数据、产品数据、服务数据的分析能力，以及基于智能分析的家居产品控制与优化等 ● 智能家居产品之间的互联互通 ● 不同家居服务供应商之间的交互合作 ● 基础智能家居模块化服务方案 ● 在线客服、售后服务网络等服务资源	**体验极致**
执行层	● 基础智能化软硬件功能环境 ● 智能节点布局及联接的建立，包括交互接口与交互方式 ● 平台的接入及对节点的管控 ● 服务实施团队及设施匹配	● 智能家居安装布线及互联互通调试 ● 基础环境搭建，包括网络环境、通信环境和电力支撑环境等 ● 智能家居智能网关、远程服务器接入 ● 服务团队的远程在线或现场服务	**效率最优**

7.2.2　能力与资源的虚拟池化

智能化技术为智能产品服务能力与资源的组织和配置提供全新的方式方法，其中为了能够提高服务能力与资源的效率并给予客户极致体验的过程，这里重点分析虚拟池化技术在智能产品服务能力与资源管理中的应用。其中，虚拟池化技术源于云计算等信息技术，结合智能产品服务生态系统交付的特征，总结出其基本的四个原则：

(1) 集中化。对底层硬件设备、人力资源等物理资源进行整合和统一管理，为上层业务系统提供共享的虚拟池化资源。

(2) 抽象化。通过虚拟化、集群化将物理资源抽象出来，使资源的调度更加灵活、动态、有弹性。

(3) 定制化。结合上层应用和用户需求的特点，对服务模块和服务包进行定制，以进一步降低成本和提高效率。

(4) 标准化。选择标准技术架构的服务流程、硬件设备，支持良好的互操作性和标准化接口。

服务能力与资源的虚拟池化，其核心是通过将物理资源虚拟化封装为服务能力，进一步以能力模块的方式发布到服务平台中进行统一配置与调度，实现资源共享利用。为了能够进一步对不同的生态化服务资源进行标识与解释，并便于在智慧服务平台中进行调用，提出了基于语义网络的智能产品服务资源虚拟化描述模型。定义智能产品服务生态资源是一个三元组(X，f，T)，资源虚拟化语义模型如图7-6所示。其中，X为问题的论域，表示智能产品服务生态系统中所涉及的资源总和，如设备资源、人力资源、场所资源等虚拟服务资源；f为属性函数，表示资源的动态和静态属性；DA为资源的动态属性；SA为资源的静态属性；T为论域的结构，即

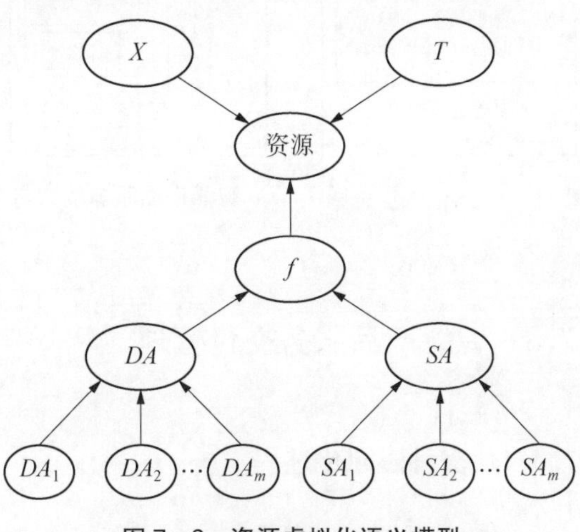

图7-6　资源虚拟化语义模型

表示服务资源之间的相互关系，如结构关系、约束关系、供应关系和需求关系等。

应用基于语义网络的智能产品服务资源虚拟化描述模型，可以统一服务资源的描述语言，进而可以通过在虚拟空间中对资源的操作，同步映射到现实服务过程中的物理资源与服务能力的管理。进一步，提出智能产品服务能力与资源虚拟池化框架如图 7－7 所示。将服务能力与服务资源虚拟池化之后，可以使用户按须使用服务资源，最大化集约管控，提高资源的利用效率，同时也可以快速配置资源并开展服务，提高客户响应速度。

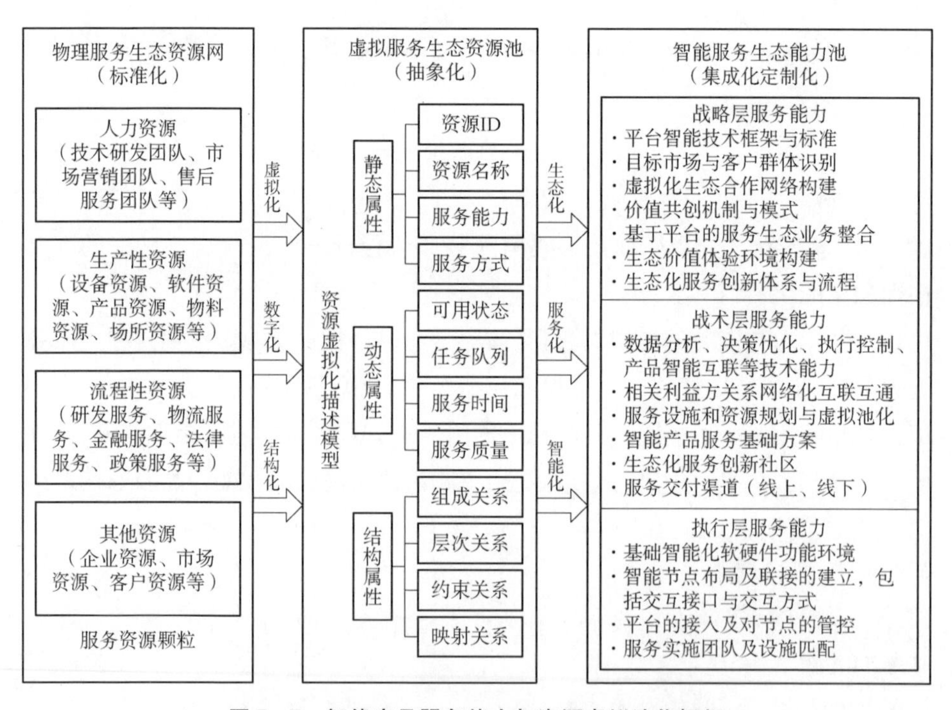

图 7－7　智能产品服务能力与资源虚拟池化框架

7.3　智能产品服务交付管理

7.3.1　交付协同化过程

智能产品服务生态系统包含了四层嵌套关系，而每一层系统在交付过程中的角色及协同化目标是各不相同的。本节基于智能产品服务生态系统边界研究与解析的研究，搭建了智能产品服务生态系统交付的协同化过程框架，如图 7-8 所示。具体内容包括如下：

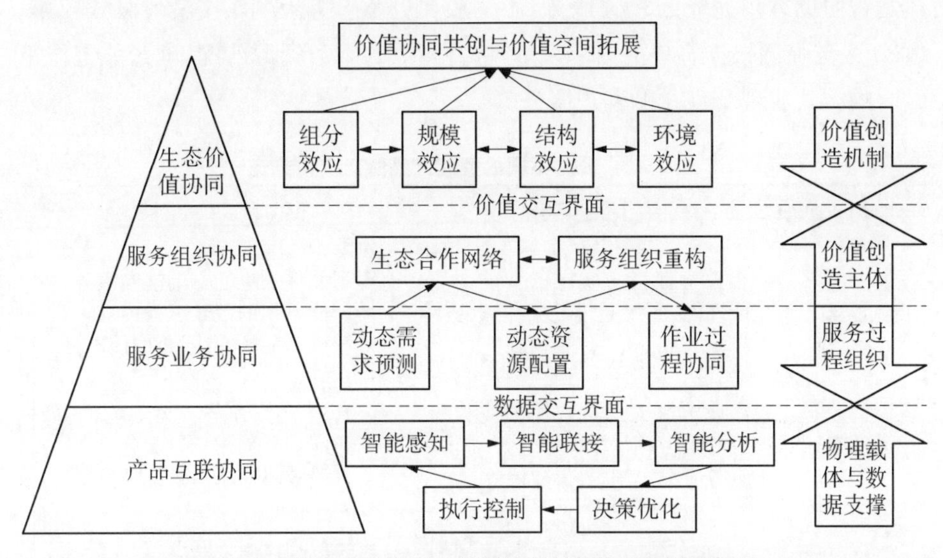

图 7-8　智能产品服务生态系统交付的协同化过程框架

(1) L2 级智能产品系统重点在于**智能产品互联协同**，通过智能感知、联接、分析、决策优化与执行控制，为智能产品服务生态系统的运营提供物理载体与数据支撑。

(2) L3 级智能产品服务系统的协同化过程根据服务要素的不同，可以进一步划分成两个部分，即**服务业务的协同**和**服务组织的协同**。服务业务协同重点关注动态需求预测、动态资源配置及作业过程协同等服务过程的组织；服务组织协同则更聚焦于生态合作网络的构建和服务组织的重构，以形成智能产品服务生态系统价值创造的主体。

(3) L4 级顶层智能产品服务生态系统则需要考虑**价值协同共创与价值空间拓展**，以形成智能产品服务生态系统价值创造的协同化机制。

7.3.2　交付渠道

通过对海尔智能家居服务生态系统、医疗健康服务生态系统等案例分析，根据交付的对象、交付手段等要素的区别，可以将智能产品服务的交付渠道归结为三类，即自主服务、远程服务和O2O服务。三种不同的智能产品服务交付渠道见表7-3。其中，自主服务强调没有第三方参与的自我服务，包括客户的自我服务及产品的自我服务；远程服务强调需要第三方通过网络化、数字化手段远程协助客户完成的相关服务，不需要到达客户现场，有效提高服务效率；O2O服务强调根据客户的需求订单，进行高效的服务资源匹配，通过线上线下结合的方式实现个性化的客户服务。

表7-3 三种不同的智能产品服务交付渠道

交付渠道类型	内涵与解释	应用举例
自主服务	客户可以自主实施的智能产品功能性能，或者通过数字化服务平台自主完成的信息/数据服务内容	• 智能洗衣机的自助洗衣服务 • 智能电视的视频点播内容 • 智能产品的在线软件升级
远程服务	需要客服人员远程协助或沟通完成的服务内容，如信息查询、数字服务方案定制、投诉建议等	• 售前产品/服务方案交互式选择 • 智能产品操作指导服务 • 在线故障诊断与系统维护
O2O服务	面向客户服务需求订单，所规划的现场服务工程师、服务网点、服务工具、配送网络和服务平台等	• 社区物流服务网点/快递柜 • 生鲜食品供应商和配送系统 • 智能家居产品售后服务工程师

7.3.3 基于动态共享资源池的智能产品服务资源配置

智能产品服务过程均需要或多或少不同类型服务资源的支持，如图7-9所示，为了响应众多客户的群体化服务请求，面向自主服务、远程服务和O2O服务等三种不同类型的服务交付渠道，提供物理资源、虚拟资源及服务能力的动态化共享配置，又称之为基于动态共享资源池的智能产品服务资源聚合。

将智能产品服务生态系统中的各项物理资源和服务能力虚拟化之后，将其进行统一化的管理，并建立起不同资源组之间的动态关联关系，减少信息不对称，以及资源的过度使用或冗余，从而通过协同化的方式实现资源供需两端的动态匹配，提高资源利用效率、服务质量及客户体验。

应用7.2.3小节中基于语义网络的智能产品服务资源虚拟化描述模型，定义智能产品服务生态资源节点可以用一个三元组(X, f, T)来描述。在此基础上，将共享资源池的智能产品服务资源聚合归结为三个过程，包括：①用户提

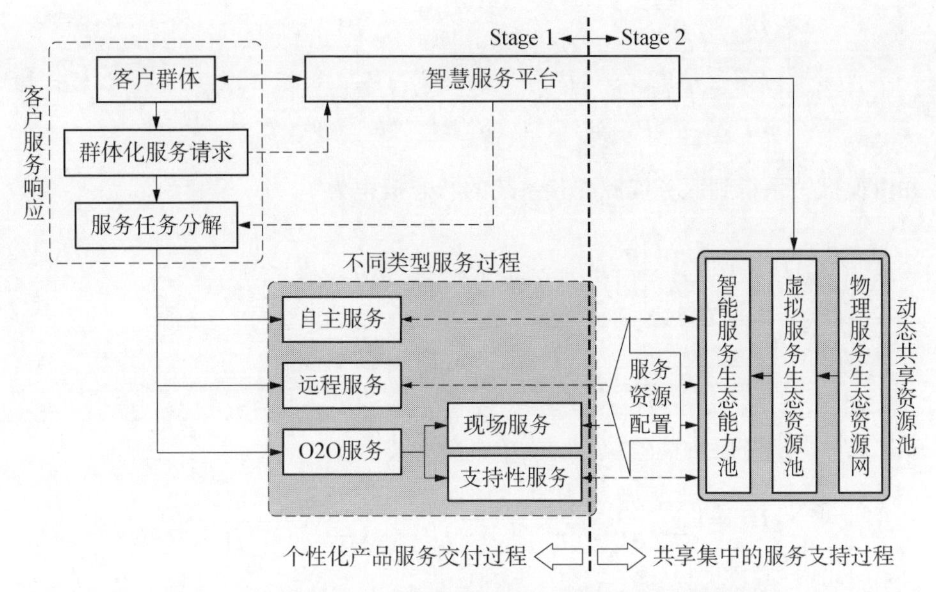

图 7-9　基于动态共享资源池的智能产品服务资源配置过程

出服务请求，同时将用户需求映射到满足服务请求所需的资源清单；②按照资源需求清单，对各生态网络中资源节点进行匹配评估；③将各资源节点作为资源池，应用排队论理论动态平衡各节点之间的资源配置。一般的，智能产品服务生态系统中的资源网点通过资源备份和并发执行这两种方式，提高用户服务请求处理效率。

假设服务请求的到达依据泊松流分布，平均到达率为 λ；同时各资源节点的平均服务时间符合负指数分布，即平均服务率为 μ；若有 n 个服务节点，则可得到整个动态资源网络的平均服务率为 $n\mu$。依据排队论理论，当服务资源的平均载荷 $\lambda/n\mu<1$ 时，服务资源池处于服务能力稳态。记录服务资源平均载荷 $\rho_1=\lambda/n\mu$，服务资源的整体载荷 $\rho=\lambda/\mu$，则可知服务请求动态资源池服务的排队模型 $M/M/n$。$M/M/n$ 模型状态流图如图 7-10 所示。

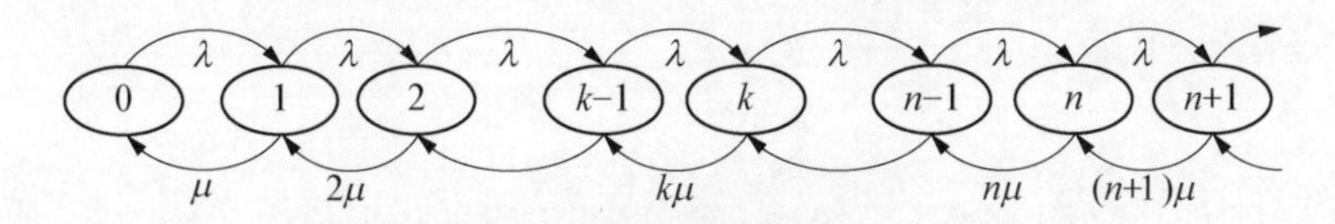

图 7-10　$M/M/n$ 模型状态流图

智能产品服务生态系统的资源配置稳态方程如下：

$$\begin{cases}\lambda P_0 = \mu P_1 \\ (k+1)\mu P_{k+1} + \lambda P_{k-1} = (\lambda + k\mu) P_k \quad (-1 \leqslant k < 1) \\ n\mu P_{k+1} + \lambda P_{k-1} = (\lambda + n\mu) P_k \quad (k \geqslant n)\end{cases} \tag{7-1}$$

并由递推关系得到服务资源配置系统的状态概率为

$$P_k = \begin{cases}\dfrac{\rho^k}{k!} P_0 = \dfrac{n^k}{k!} \rho_1^k P_0 & (0 \leqslant k < n) \\ \dfrac{\rho^k}{n! n^{k-n}} P_0 = \dfrac{n^n}{n!} \rho_1^k P_0 & (k \geqslant n)\end{cases} \tag{7-2}$$

式中，$\rho_1 = \lambda / n\mu$，且当 $\rho = n\rho_1 = \lambda/\mu < 1$ 时，有

$$1 = \sum_{k=0}^{\infty} P_k = \left(\sum_{k=0}^{n-1} \frac{\rho^k}{k!} + \sum_{k=0}^{\infty} \frac{\rho^k}{n! n^{k-n}}\right) P_0 = \left(\sum_{k=0}^{n-1} \frac{\rho^k}{k!} + \frac{\rho^n}{n!} \frac{1}{1-\rho_1}\right) P_0 \tag{7-3}$$

其中：

$$P_0 = \left(\sum_{k=0}^{n-1} \frac{\rho^k}{k!} + \frac{\rho^n}{n!} \frac{1}{1-\rho_1}\right)^{-1} \tag{7-4}$$

智能产品服务生态系统的资源配置过程的指标如下：

(1) 智能产品服务系统中客户服务请求的平均等待队列长度：

$$L_q = \sum_{k=0}^{\infty} (k-n) P_k = \sum_{i=0}^{\infty} i P_{i+n} = \frac{\rho_1 (n\rho_1)^n}{n!(1-\rho_1)^2} P_0 \tag{7-5}$$

(2) 智能产品服务系统正常运行时平均占用的服务资源数：

$$\begin{aligned}\bar{k} &= \sum_{k=0}^{\infty} k P_k = \sum_{k=0}^{n-1} k P_k + \sum_{k=0}^{\infty} P_k \\ &= \sum_{k=0}^{n-1} k \frac{\rho^k}{k!} P_0 + \sum_{k=n}^{\infty} n \frac{\rho^k}{n^{k-n} n!} P_0 \\ &= \rho\end{aligned} \tag{7-6}$$

(3) 智能产品服务生态系统中实际的服务请求队列长度：

$$L_s = L_q + \bar{k} = \frac{\rho_1 (n\rho_1)^n}{n!(1-\rho_1)^2} P_0 + \rho \tag{7-7}$$

(4) 智能产品服务生态系统中客户等待与接受服务的平均时间：

$$W_s = \frac{L_s}{\lambda} = \frac{\rho_1 (n\rho_1)^n}{n!(1-\rho_1)^2 \lambda} P_0 + \frac{1}{\mu} \tag{7-8}$$

(5) 智能产品服务生态系统中客户等待的平均时间：

$$W_q = \frac{L_q}{\lambda} = \frac{\rho_1 (n\rho_1)^n}{n!(1-\rho_1)^2 \lambda} P_0 \tag{7-9}$$

(6) 智能产品服务生态系统中客户提出服务请求之后需要等待的概率：

$$P(x > n) = \sum_{k=n}^{\infty} P_k = \sum_{k=n}^{\infty} \frac{\rho^k}{n! n^{k-n}} P_0 = \sum_{k=n}^{\infty} P_n \rho_1^{k-n} = \frac{P_n}{1-\rho_1} = \frac{nP_n}{n-\rho} \tag{7-10}$$

(7) 智能产品服务生态系统中服务资源响应服务请求的状态概率：

① 服务资源响应客户服务请求的初始状态概率，即第一个客户服务请求的状态概率：

$$P_0 = \left(\sum_{k=0}^{n-1} \frac{\rho^k}{k!} + \frac{\rho^n}{n!} \frac{1}{1-\rho_1} \right)^{-1} \tag{7-11}$$

② 服务资源响应第 k 个客户服务请求过程状态概率：

$$P_k = \begin{cases} \dfrac{\rho^k}{k!} P_0 = \dfrac{n^k}{k!} \rho_1^k P_0 & (0 \leqslant k < n) \\ \dfrac{\rho^k}{n! n^{k-n}} P_0 = \dfrac{n^n}{n!} \rho_1^k P_0 & (k \geqslant n) \end{cases} \tag{7-12}$$

式中，服务资源的平均载荷 $\rho_1 = \lambda / n\mu$。

7.4　智能家居服务生态系统交付

7.4.1　能力规划

7.4.1.1　能力层次分析

基于表 7-1 所定义的战略层、战术层、执行层三个能力层次，智能家居服务能力规划层次分析框架见表 7-4。其中,智能家居服务的**战略层**以相关利益方价值最大化为目标,重点聚焦智能家居产品与服务相关的标准体系、面向不同目标客户和市场的商业模式、智能家居生态合作网络与联盟等顶层宏观要素与能力的布局;**战术层**则以为客户提供极致化的智能家居服务体验为目标,重点聚焦智能家居产品与服务的数据分析等技术能力、网络节点中相关方的互联互通与业务协同、服务设施与资源规划等中观层面要素与能力的布局;**执行层**则以服务效率最优化为目标,重点聚焦智能家居产品与服务的基础通信网络、智能感知节点布局及联接的建立、平台接入与节点管控、服务实施团队与设施匹配等基础要素能力的建设。

表 7-4 智能家居服务能力规划层次分析框架

层次	智能家居服务能力规划	目标
战略层	• 智能家居产品规划及技术标准体系制定 • 城市公寓客户市场、中高端住宅、别墅客户市场布局 • 智能家居产品的研发设计、生产制造、试验测试、市场营销和服务运营等环节相关利益方构成的生态合作网络 • 一致化的家居产品数字化、网络化、智能化和共享化的生态服务文化与理念的构建 • 智能家居与智慧社区、智慧城市建设的融合 • 基于智慧服务平台开展面向家电产品与客户的服务业务整合	智能家居产品与服务相关利益方价值最大化
战术层	• 智能家居的用户使用数据、家电运行数据、服务过程数据的分析能力,以及基于智能分析的智能家居产品的控制与优化等 • 智能家居产品之间、与环境之间、与服务平台之间的多层次互联互通 • 不同智能家居服务供应商之间的交互合作与业务协同 • 基础模块化的智能家居产品与服务解决方案 • 智能服务平台、在线人工客服、4S 店服务网络等服务资源	提供给智能网联家居客户的体验极致化
执行层	• 智能家居产品配套传感器及互联互通调试 • 基础环境搭建,包括房屋装修、网络环境、通信环境和电力支撑环境等 • 智能家居产品的网络通信组件、远程服务器和通信接口等 • 紧急救援团队、售后维修服务小组等	智能家居产品服务运营效率最优化

7.4.1.2　能力与资源的虚拟池化

依据7.2.2小节提出的集中化、抽象化、定制化和标准化的四个基本原则，对智能家居服务能力与服务资源虚拟池化解决方案进行分析介绍，过程划分为三步，即智能家居物理资源和生态服务能力的识别，虚拟服务生态资源池的建立，以及智能服务生态能力池的建立。

第一步，智能家居物理资源和生态服务能力的识别。智能家居服务生态系统中的物理资源包括维修工程师、智慧服务平台运维人员、软硬件开发人员等相关人力资源；相关家电产品内置智能传感器、智慧云服务平台、大数据分析平台、通信网路环境和备品备件等相关的生产性资源（设备资源、软件资源、产品资源、物料资源、场所资源等）；智能家居故障诊断流程、健康保障服务、生活社区服务等流程性资源；以及智能家居的产业链供应商资源、市场资源、客户资源等其他资源。

第二步，虚拟服务生态资源池的建立。基于智能家居产品终端的智能化和网络化，基于智能家居生态服务平台的相关利益方数据共享与分析，基于合作网络的智能家居服务生态相关利益方资源共享与配置，通过应用统一化的语义描述模型，对智能家居服务相关的物理资源进行虚拟化封装，形成虚拟服务生态资源池。

第三步，智能服务生态能力池的建立。以服务生态资源池为基础，构建模块化的智能家居产品服务能力（如故障诊断、生活社区服务和影音娱乐等），并将其发布到智能家居智慧服务平台中，供家庭用户等相关客户按须选择和订购。

基于智能家居服务能力虚拟资源池，家庭用户可按须使用服务资源，最大化集约管控，提高资源的利用效率，也可以快速配置资源并开展服务，提高客户服务的响应速度。

7.4.2　运营管理

7.4.2.1　交付协同化过程

依据图7-8所示的基础框架，从产品互联协同、服务业务协同、服务组织协同和生态价值协同四个层面，分析智能家居产品服务生态系统交付的协同化过程分析见表7-5。

表 7-5 智能家居产品服务交付协同过程分析

序号	协同层次	协同过程与内容
1	**产品互联协同**	智能家居产品中的传感器、控制器、计算单元、执行器和云端服务等不同的产品与服务之间通过网络实现数据互联互通和产品运行过程的协调，保证不同产品基础功能的可靠运行
2	**服务业务协同**	基于智能家居智慧服务平台，家电产品的故障诊断、运行数据监控等基础数据服务业务，与家电产品的维修保养、软硬件升级等其他业务交叉协同，提高服务交付效率与客户体验
3	**服务组织协同**	智能家居产品设计方、制造商、智能硬件供应商和智能服务运营商等相关利益方通过智慧服务平台实现跨空间距离和时间范畴的对话，形成虚拟业务组织开展协同化的服务交付业务合作
4	**生态价值协同**	由于智能家居产品服务生态价值交叉补贴与价值涌现机制的存在，不同的相关利益方之间的价值主张趋于一致，在智能家居产品服务交付过程中减少利益冲突与价值矛盾

7.4.2.2 交付渠道

智能家居产品服务的三种交付渠道见表 7-6，即自主服务、远程服务和 O2O 服务。根据交付对象、交付手段等要素的不同，对智能家居服务生态系统的服务交付渠道进行分析。其中，智能家居产品服务的**自主服务渠道**主要依靠智能化的硬件、软件及计算平台，实现室内环境调节、软件升级、运行参数优化和故障预警等自主化的服务；智能家居产品**远程服务渠道**则通过网络化、数字化手段（如电话、微信、远程桌面等），远程协助家庭用户完成故障排查、操作演示、方案选择等相关服务，无须到达客户现场，有效提高服务效率；智能家居产品的 **O2O 服务渠道**通过线上对用户、服务资源和服务过程进行管理，线下根据客户个性化需求进行服务资源和服务组织相结合的方式，如社区自助洗衣服务通过线上进行洗衣房设备、计费系统、用户信用和历史数据等开展管理，线下客户自助洗衣或进行家纺物品清洁；智能家居健康管理服务平台则根据洗衣机、空调、冰箱等产品运行状态数据在线做维修保养计划，并进行线下售后服务网点业务与订单分配，客户在线查看服务进度并进行服务评价，线上线下相结合可以在满足客户个性化服务需求的同时，明显提高智能家居服务资源配置效率。

表 7-6　智能家居产品服务的三种交付渠道

序号	交付渠道类型	智能家居产品服务交付举例
1	**自主服务**	• 智能空调、灯具等根据客户偏好自动调节室内温湿度、光线等环境 • 智能空调、洗衣机等产品软件系统的自动升级与优化 • 智能冰箱根据箱内食物的种类、数量等信息进行参数的自主优化
2	**远程服务**	• 在线客服远程协助，指导故障排查、操作演示等 • 在线售前服务，提供智能家居相关产品/服务方案交互式选择 • 智能电视的在线问卷、维护指导与问题排查
3	**O2O 服务**	• 智能洗衣服务，线上预约，线下开展衣物、家纺物品的清洗 • 线上购买蔬菜、水果、生鲜等食物，线下进行快速配送 • 根据冰箱、洗衣机的状态数据在线做维修保养计划，并进行线下维修网点业务与订单分配，客户可在线查看进度与进行评价

7.4.2.3　基于动态共享资源池的智能家居服务资源配置

由于智能家居种类繁多、服务资源众多，这里以广州 H 区域的 M 品牌智能空调的维修保养服务资源的动态共享配置为例，对本节提出的理论方法进行验证。M 品牌在 H 区域共设有 7 个服务网点（H1～H7），提供面向智能空调的上门服务，内容包括空调清洁、维修安装、固件升级、冷媒加注和零部件更换等维修保养服务。服务网点的服务时间为周一到周日 9:00—17:00，每天 8 h。由于服务网点分布于不同区域，但不同区域的空调分布密度差别较大，而且同个区域内空调服务的需求频次等也会有所波动，因此每个服务网点的服务工程师的劳动强度会变化很大，应用排队论方法对不同网点之间的服务工程师进行动态调度，以平衡工作劳动强度。

(1) 客户的平均到达率。每天客户会通过电话或在线报修的方式，提交服务订单，服务平台统一将服务订单分配到对应的服务网点，服务工程师根据任务派工上门服务。这里客户的平均到达率 λ 指在各个服务网点中每小时处理的服务订单数量。以服务网点每天工作时长为 8 h 计算，则有 λ = 每天服务量 /7。通过对服务区域 H 内的八个服务网点在 2017 年 7—9 月三个月左右的统计，可得区域 H 内 7 个服务网点的客户平均到达率见表 7-7。

表 7-7 区域 H 内 7 个服务网点的客户平均到达率

网点	H1	H2	H3	H4	H5	H6	H7
每天平均服务量/单	27.2	65.6	45.6	76	36	94.4	58.4
平均到达率/(单/h)	3.4	8.2	5.7	9.5	4.5	11.8	7.3

(2) 平均服务率。服务网点的平均服务率 μ=服务单位/平均服务长。智能家居服务网点规定服务工程师理想的工作单位为 50 min/h,而经过统计空调平均服务时长为 65.2 min,则有 $\mu=50/65.2=0.77$。通过 λ、μ 及服务网点配置的服务工程师数量 n,则可以计算服务工程师的工作强度 $\rho=\lambda/n\mu$,一般 $\rho<1$ 表明服务工程师的工作负荷在正常范围内,若 $\rho>1$ 过高则表明服务工程师工作负荷过高,网点人员配置不足。

(3) 以服务网点 H2 为例计算配备不同数量服务工程师的运行指标。根据 7.4.2.3 小节的方法计算各个服务网点配备不同数量服务工程师时的运行指标。其中,以服务网点 H3 为例,当配置 9~13 名服务工程师时,运行参数见表 7-8。其中,在服务工程师配置数量为 9 名和 10 名时,服务工程师工作强度 ρ 均大于 1,因此不能满足要求。当服务工程师数量为 11 名时,服务工程师工作强度 $\rho=0.97$,且客户等待时间平均为 8.3 min,满足 30 min 之内响应客户需求的指标要求。当服务人员配置为 12 名或 13 名时,服务人员会产生一定程度的闲置,因此服务网点 H2 的服务工程师最优化配置人数为 11 名。

表 7-8 服务网点 H2 配备不同数量服务工程师的运行指标

服务工程师数量	ρ	L_q	L_s	W_q	W_s	P_0 /%	P /%
9	1.18	3.08	11.72	27.7	105.7	1.41E−05	18.85
10	1.06	1.87	11.08	15.8	93.7	1.90E−05	13.48
11	0.97	1.02	10.62	8.3	86.2	2.24E−05	9.84
12	0.89	0.49	10.33	3.9	81.8	2.43E−05	7.53
13	0.81	0.20	10.19	1.5	79.5	2.52E−05	6.15

(4) 区域 N 内 7 个服务网点服务工程师的最优化动态配置。应用以上方法依次对区域 N 内 7 个服务网点服务工程师的最优化配置人数进行测算,见表 7-9。将最优配置测算数据与各网点实际配置人数进行对比,则可计算出各网点需要增减的人数,如 N2 网点实际需要服务工程师人数为 11 名,而实际

只配置了 8 名，则可从 N1、N3、N4、N7 等人手盈余的服务网点调配 3 名服务工程师到 N2。经过统计，各网点盈余人数共计 6 人，各人数不足网点共需 8 人，将全部网点服务工程师作为资源池，将盈余 6 人填补空缺之后，建议再招聘 2～3 名服务工程师填补剩余的空缺，从而均衡各个服务网点之间的服务工程师工作强度，提高客户响应速度，最大化利用服务资源。同时，由于智能空调的服务订单来自电话和网上预约，则通过对每个月各网点客户到达率的实时监控和预测，可以实现对不同时间段和不同服务网点之间的服务工程师的动态配置。

表 7-9　区域 N 内 7 个服务网点的服务工程师配置情况

配置情况	N1	N2	N3	N4	N5	N6	N7
最优测算	5	11	8	13	7	16	10
实际配置	7	8	9	15	5	13	11
需要增减	−2	+3	−1	−2	+2	+3	−1

第8章 智能网联汽车服务生态系统

中国目前的城市化进程正在加快，汽车消费与日俱增，其市场规模现已跻身世界第一，且仍然保持着快速增长的态势。据中国汽车工业协会统计，2016年中国国内汽车产销量双双突破2 800万辆大关，再创全球产销量最高纪录。随着汽车保有量的迅速攀升，消费者在有关车辆道路安全、交通导航、日常便利及社交娱乐等方面，产生了巨大的潜在需求。凭借新的技术手段和大数据分析，发展智能网联汽车(intelligent & connected vehicles, ICV)不仅帮助汽车制造商开发更好的产品，满足驾乘者的各种需求，而且也有利于政府部门据此实施更加可靠地、高效地管理和规划，从而达到提升社会效益的目的。智能网联汽车发展阶段与趋势如图8-1所示。

当前，学术界和工业界对车联网的普遍认识是汽车内网络、汽车间网络、车载移动互联网等“三张网”相互融合的智能化系统。车联网是面向车主开展智能动态信息服务和面向车辆开展智能化控制的重要途径与手段，可贯穿于汽车的研发设计、生产制造、运维服务等全生命周期各环节。

在规划和战略层面，从20世纪90年代初开始，美国通过实施“智能交通系统”项目，支持智能网联汽车相关技术和产业发展，2009年和2014年分别以网联化和自动驾驶为重点发布战略研究计划，并于2016年发布自动驾驶汽车政策指南。欧洲议会早在1984年即通过关于道路安全的决议，并于1988年正式启动了“车辆安全专用道路设施”项目，持续资助对智能网联汽车相关技术研发和应用。2015年，欧盟发布GEAR 2030战略聚焦汽车、IT、通信、保险和政府等方面，重点关注高度自动化和网联化驾驶领域等推进及合作。日本政府也将自动驾驶和车车通信作为重要方向和目标，通过车辆信息与通信系统、先进安全汽车等项目支持技术研发与应用。2014年，日本发布《战略性创新创造项

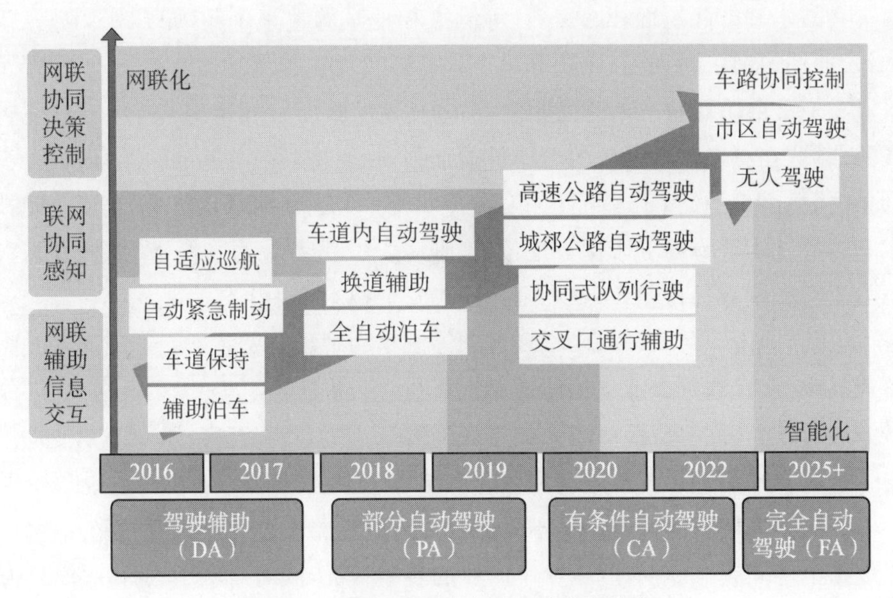

图 8－1　智能网联汽车发展阶段与趋势

目》,将自动驾驶作为十大战略领域之一。智能网联汽车基本概念模型如图 8－2 所示。

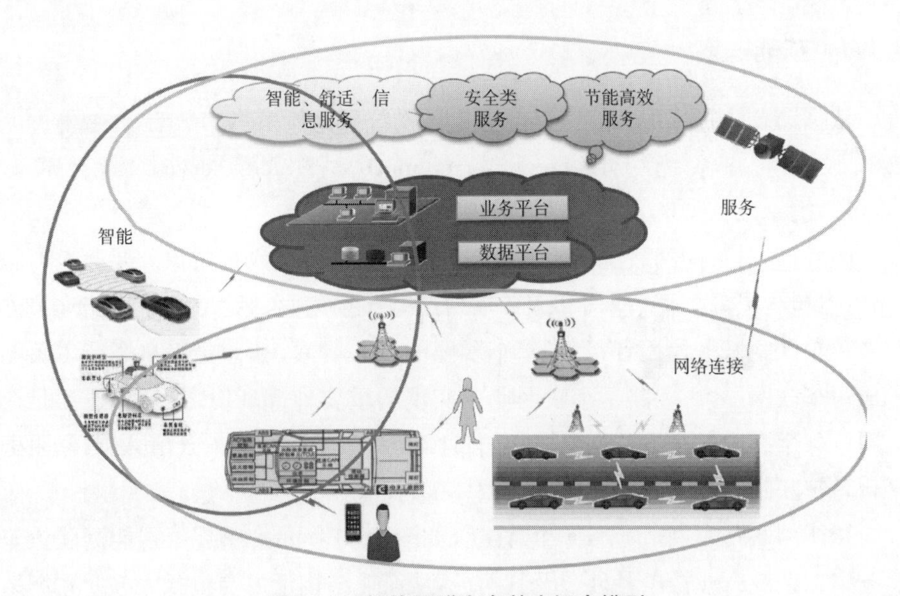

图 8－2　智能网联汽车基本概念模型

在技术和产品层面，欧、美、日等国家和地区的整车企业，如奔驰、宝马、沃尔沃、通用、福特、特斯拉、丰田和日产等已经实现先进驾驶辅助系统，正在普及推动PA级自动驾驶产品的商业化，部分高端品牌已计划推出CA级自动驾驶产品；各国在整个产业链上的合作日益加强，相互持股与并购的情况日益普遍，通信、信息、电子和整车等行业深度融合发展。美国在网联化技术、智能控制技术和芯片技术等方面处于优势地位，产业上、中、下游实力均衡，欧洲拥有强大的汽车整车及零部件企业，日本则在智能安全技术应用上较为领先。

目前，国内一汽、长安、广汽和吉利等汽车品牌已开始装备先进辅助驾驶系统产品；众多互联网企业也纷纷进军汽车行业，阿里与上汽在“互联网汽车”领域开展合作，共同打造面向未来的互联网汽车及生态圈，百度、乐视等企业均推出了智能自动驾驶系统或互联网概念汽车等。秉承“创新、协调、绿色、开放、共享”的理念，发展智能网联汽车不仅能有效解决道路安全、交通拥堵、能源短缺、环境污染等问题，而且有利于汽车产业的转型升级，同时对电子、通信、软件、互联网和交通等产业集群都具有重要意义。

8.1 智能网联汽车服务生态系统框架结构

8.1.1 基础框架

依据第3章提出的智能产品服务生态系统理论体系总体框架，对智能网联汽车服务生态系统(intelligent & connected vehicle service ecosystem, ICVSE)的基础框架体系结构进行梳理如图8-3所示。

图8-3对智能网联汽车服务生态系统中所涉及的物理对象和要素进行描述，重点包含人、车、路、通信和服务平台等基本要素，包括：①人是道路环境参与者和车联网服务使用者；②车是车联网的核心要素，其他要素与车产生关系才成为车联网要素；③路是车联网业务实现的重要外部环境之一；④通信是车联网业务生态内的全方位网络联接，打通车内、车际、车路、车云信息流；⑤服务平台是车联网服务能力实现的业务载体、数据载体。

智能网联汽车制造与服务生态融合如图8-4所示。呈现了智能网联汽车服务生态系统产业链条各环节及其角色，从产业结构上主要包括服务业和制造业两大范畴。制造业主要包含元器件供应商、设备生产商、整车厂商，服务业主

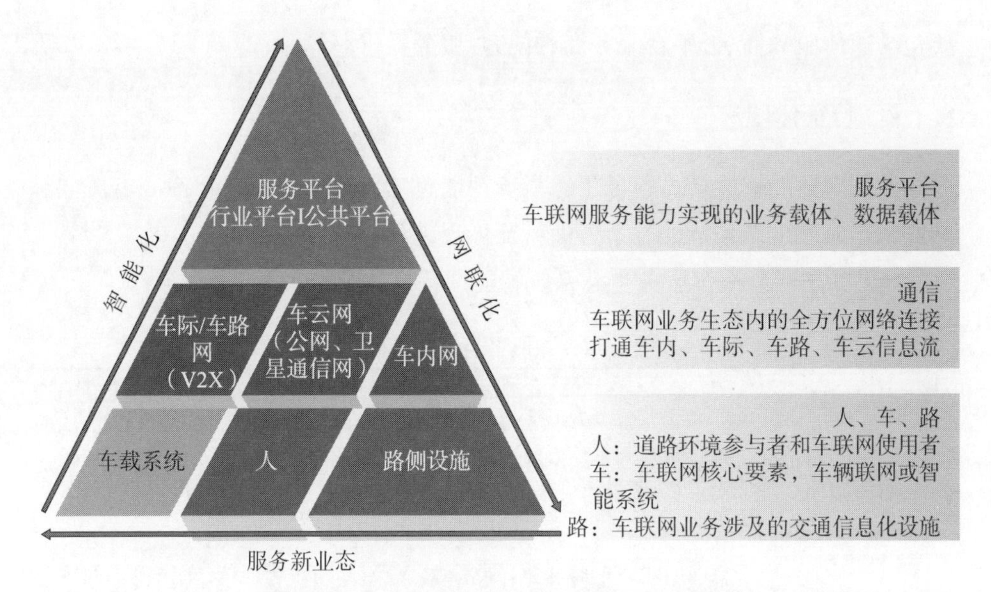

图8-3 智能网联汽车服务生态系统基础框架

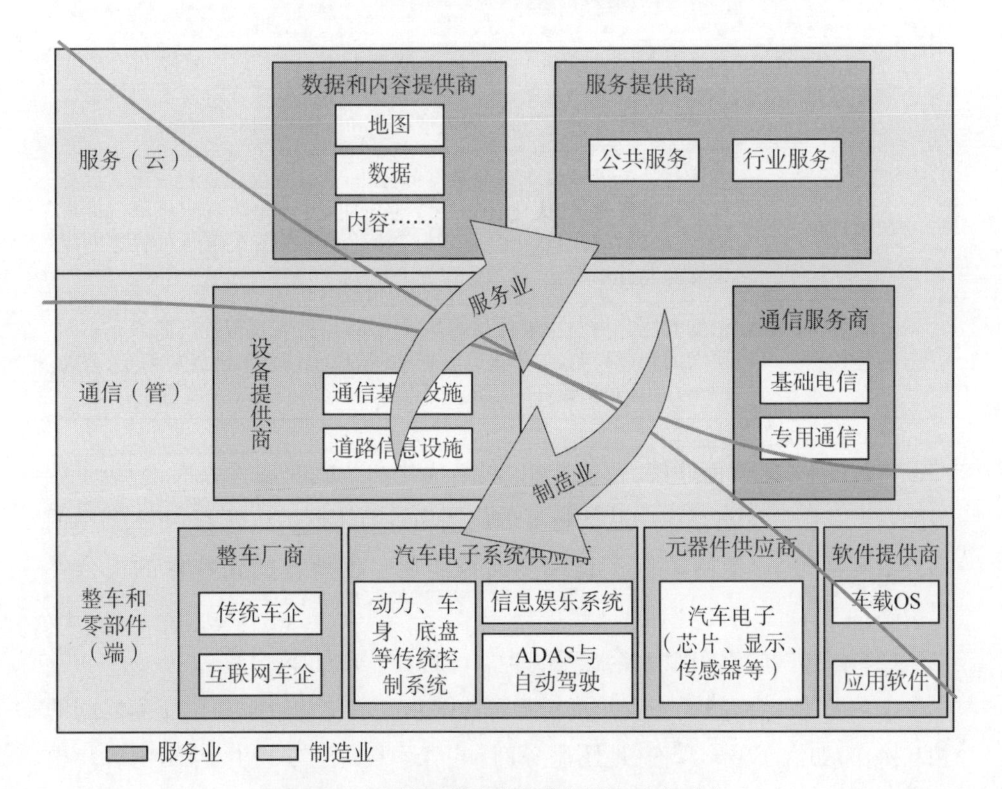

图8-4 智能网联汽车制造与服务生态融合

要包含通信服务商、云平台服务商和内容/服务提供商等。

8.1.2 特征体现

依据一般的智能产品服务生态系统智能、生态、服务三个核心特征，对智能网联汽车服务生态系统的三个方面特征体现进行详细分析。

(1) 智能网联汽车服务生态系统智能的特征体现见表 8-1。

表 8-1 智能网联汽车服务生态系统智能的特征体现

智能的特征维度	智能网联汽车生态系统中的体现
智能感知	智能网联汽车可以通过毫米波雷达、摄像头(单目、立体、红外)、激光雷达、超声波传感器、GPS 等“眼睛”和“耳朵”对外部环境(路况、车辆、人员、位置等)进行实时动态化的智能感知
智能联接	智能网联汽车通过 2G/3G/4G、V2X 专用短程通信、车内以太网等不同的网络技术实现车内、车与人、车与车、车与路、车与服务平台的全方位网络联接
智能分析	基于对车、人、路等不同对象的数据汇聚，对车辆的故障与寿命信息、车辆耗油/耗电量、人的驾驶行为习惯、实时道路交通拥堵情况等进行深度分析与挖掘，为决策优化和智能控制提供依据
决策优化	基于对智能网联汽车多源数据的分析，为其智能化运行及配套服务开展决策优化，如优化行车路线避免拥堵、优化油电配比降低能源消耗、根据驾驶习惯个性化定制车辆保险、根据车辆运行状态制定维修保养计划等
智能控制	依据智能分析与决策优化的基础信息，可以实现智能网联汽车不同层次的智能控制，如先进驾驶辅助(ADAS)控制车辆自动刹车、智能泊车；通过对交通灯的智能管控实现对车流的智能调度等

从智能感知、智能联接、智能分析、决策优化和智能控制等方面，分析了智能网联汽车服务生态系统中智能特征的应用场景与体现。从表 8-1 中列举的部分案例可知，智能网联汽车比较全面地体现了各种智能化技术的综合性应用。

(2) 智能网联汽车服务生态系统生态的特征体现如下：

① 从价值结构特征来看。依托于智能网联汽车及背后服务供应商之间的相互协作，如汽车整车厂商、地图服务商、电信运营商三方共生合作，为客户提供整体化、一致性的智能导航和路线规划服务。

② 从时间结构来看。智能网联汽车终端用户需求、智能网联汽车性能、智能网联汽车服务内容、智能网联汽车服务组织等都不断在迭代演化，同时也会形成若干具有一定离散特征的平台期，新的生态价值也会不断涌现出来。

③ 从形态结构特征来看。智能网联汽车服务生态系统中包含智能导航、故障诊断、能量优化、紧急报警和辅助/自动驾驶等不同的子系统，子系统的背后也存在着各类数据、信息、内容和物料等方面的服务供应体系，体现了智能网联汽车服务生态系统的开放性、生态位分离、复杂多样性及多层次嵌套等特征。智能网联汽车服务生态系统中，针对生态特征的三个维度分析智能网联汽车服务生态系统生态的特征体现见表 8－2。

表 8－2　智能网联汽车服务生态系统生态的特征体现

特征类型	特征名称	特征描述
价值结构特征	整体性	**生态价值主张：**面向客户提供安全、可靠、舒适的智能化行车出行及配套服务，防止道路交通事故的发生，提高交通运输的效率，节约能源和减少排放，建立全新的社会出行和运输体系，带来社会环境的改善和经济效益的大幅度提升 **系统集成与整合：**融合智能网联汽车元器件供应商（传感器、芯片、通信模块等）、设备生产商（汽车电子、通信设备等），整车厂商、数据和内容提供商、通信服务商、服务提供商（软件开发、公共服务、行业服务、政府服务等）、客户群体等相关利益方，**重构系统价值链，整合服务能力及服务资源**
	共生（竞争合作）	智能网联汽车服务生态系统中不同的相关利益方**提供差异化产品/服务，生态位相互分离，互利共生，服务业务松散耦合，资源共享，风险共担、价值共创；**相关利益方各自的**价值主张相趋同，**且与生态系统价值主张保持一致
	健壮性（自适应）	智能网联汽车服务供应商通过协同作业网络为客户创造价值，客户通过按次付费或服务订阅的方式进行**价值回馈；**产品和服务的**多样性，**可以满足客户的个性化需求，维**持了客户黏性及生态系统持续创造价值的稳定性**
时间结构特征	协同演化（自组织）	由**简单服务生态系统逐步演化为复杂的服务生态系统。**初始的智能网联汽车服务是一些基础服务，如车辆状态监测、故障远程诊断、车内通信、行车导航等；逐步拓展到集成化的系统级服务，如维修保养计划、车辆能量优化、保险评估等系统级服务。相关利益方**服务质量和技术水平不断提高**

（续表）

特征类型	特征名称	特征描述
时间结构特征	**动态性和稳态进化特性**	**动态波动（涨落）**：随着技术的演进和客户需求的变化，智能网联汽车服务内容及要求不断变化，会有不同的车联网服务供应商的淘汰或加入 **稳态进化**：向智能网联汽车服务多样化、结构复杂化和功能完善化演化，追求系统运行效率最高、内外部协调稳定
	涌现性	智能网联汽车服务的**生态复合**，为客户带来**新的功能和价值体验**，如高精度位置服务＋车辆状态远程监控＋车辆环境感知系统＋智能控制系统，可以为客户提供辅助/自动驾驶服务，保障行车安全
形态结构特征	**开放性**	智能网联汽车服务生态系统允许产品/服务及其供应商的淘汰和新的产品/服务及其供应商的加入；不同的智能系统之间共享通信渠道资源、共享用户数据；服务外延不断拓展，延伸到智慧交通、商业保险、二手车交易、车辆救援等新的服务领域
	生态位分离	每一种智能网联汽车服务尽可能由**专一化的供应商**提供，保证产品/服务质量和技术水平；服务供应商之间相互合作，消除利益冲突和交叉，同时共享接口和服务标准，使得智能网联汽车服务生态系统运行稳定
	复杂多样性	智能网联汽车服务生态系统需要持续**协调和管理内外部的复杂性**，即对多样性、变异性、无序性及不确定性的管理。主要体现在：客户对于智能网联汽车服务需求的动态多样化；供应商所提供的产品/服务，及其技术水平、服务质量各不相同，需要协调不同供应商之间的兼容性
	多层次	**嵌套的网络结构**：智能网联汽车服务生态系统可以从硬件产品级（车轮、车载导航、行车记录仪等）、产品系统级（ABS防抱死系统、发动机控制系统、车辆定位系统等）、服务系统级（行车路线规划、车辆能源优化、车辆故障诊断预警、影音娱乐等）、服务生态系统级（车联网云服务生态等）进行层次化嵌套分析

（3）智能网联汽车服务生态系统服务的特征体现：智能网联汽车服务生态系统中用户的真正需求不是拥有一辆汽车，而是享受智能网联汽车所带来的安全、舒适、便捷的出行服务、驾驶体验、安全保障、影音娱乐等多样化的功能和服务，因此类似于智能家居服务生态系统，同样具备服务的增值性、流程性、集成

性、可持续性、无形性、不可分离性、差异性和不可存储性等特征。智能网联汽车服务生态系统中，有关服务特征的具体分析见表8-3。

表8-3　智能网联汽车服务生态系统服务的特征体现

特征	特征描述
增值性	智能网联汽车服务生态系统将**汽车服务的产业链延伸到智慧出行的服务生态链**，通过生态链之间的**交叉互补和资源共享**，拓展了供应商和客户的**价值共创空间**
流程性	智能网联汽车服务生态系统形成完整的**网络化服务供应体系**，可以通过**线上、线下**，或者**线上线下(O2O)结合**的方式，为客户提供快捷、高品质的产品/服务
集成性	**共享通信接口和标准**，统一界面管理，智能网联汽车及配套产品可以互联集成；通过服务平台提交服务需求，可获得**一站式服务订单生成、分解和集成化解决方案**
可持续性	智能网联汽车服务生态系统中的汽车及周边配套产品的硬件和软件可以获得**持续的低成本升级**，相关利益方之间**长期稳定合作**，客户黏性**较高**；**最优化的资源配置**，**减少资源消耗**
无形性	基于智能汽车和产品系统，智能网联汽车服务生态系统面向客户提供的主要是**智慧出行、燃油/电力优化、故障诊断、维修决策和安全保障**等**无形的服务**
不可分离性	**智能网联汽车服务生态系统中的智能产品/服务流程/客户参与**等诸多要素在价值创造过程中是同步相互作用的，不可割裂开来
差异性	智能网联汽车服务生态系统根据不同客户的个性化需求提供**差异化的服务方案**，**服务流程、客户对服务的评价**等都会因为时间、空间等因素的变化而**产生差异**
不可存储性	智能网联汽车服务生态系统对应的服务流程，如汽车的故障诊断、维修保养、路线规划和位置服务等均具有**时效性/即时性**，不可存储，须**合理规划需求和资源供应**

8.1.3　要素构成

依据智能产品服务生态系统理论体系所提出的六个方面要素构成，对智能网联汽车服务生态系统从智能技术、用户体验、市场定位、商业模式、关联关系和联接交互六个方面进行具体剖析，以验证理论体系的适用性与完整性。

8.1.3.1　智能技术

智能网联汽车服务生态系统中的智能技术如图8-5所示。智能网联汽车服务生态系统中综合应用了智能感知、智能联接、智能分析、决策优化及智能控制等各种类型的智能化技术，从而实现车辆本身的智能化及服务过程的智能化。

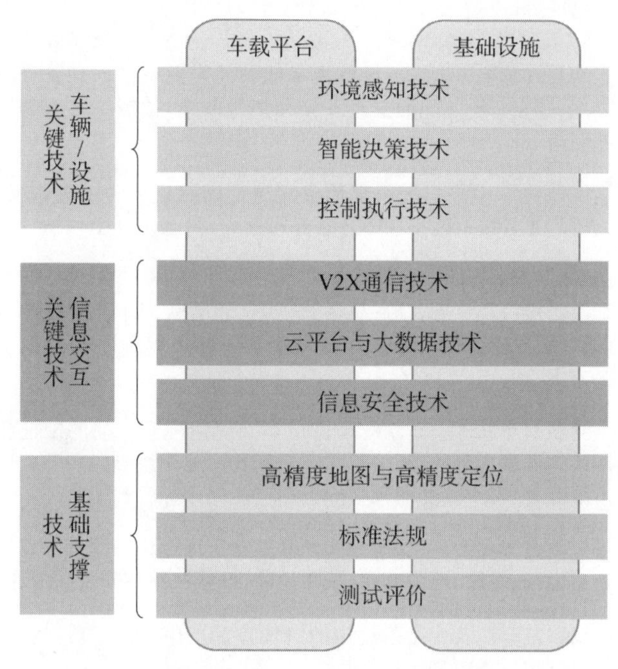

图 8-5　智能网联汽车服务生态系统中的智能技术

（1）智能感知技术。智能网联汽车服务生态系统中的智能感知包括对于环境的感知、对于车辆自身的感知及对于驾驶人员的感知，用到的技术各不相同。**在环境感知方面**，智能网联汽车应用激光雷达、毫米波雷达、图像识别、超声波传感器、GPS 定位和红外传感等多传感器信息融合技术，实现对周边物体、行驶路径、路面情况和交通拥堵等情况。**在车辆自身感知方面**，应用温度、压力、空气流量和速度等多元化传感技术，实时获取车辆自身的运行状态信息，保证车辆处于最佳工作状态。**在驾驶人员感知方面**，应用语音识别、人脸识别、指纹识别和 AR/VR/MR 等新型人机交互技术，确保能够比较准确地获取乘车人员的需求输入信息。

（2）智能联接技术。智能网联汽车服务生态系统的智能联接包括车内、车与人、车与车、车与路、车与服务平台的全方位网络联接所使用的通信技术和协议。车云通信打通车辆与业务平台和信息服务提供者的信息交互能力，以公众电信网为主，2G 技术较多支持定位、语音等数据流量需求低业务为主；3G、4G 技术一定程度支持以数据流量为基础的业务需求；当前 5G 技术尚未成熟，未来车联网应用是 5G 的重要应用场景之一。车路/车人通信打通车与路侧设施、车与人的信息交互能力，满足指挥调度、预警、局部信息推送等业务需求。车车通信打通车与其他车辆的信息交互能力，以满足碰撞预警、碰撞规避等服务需求为主要目的。车内通信打通车内不同设施间信息交互能力。

（3）智能分析技术。基于历史数据和实时数据的智能分析技术应用了智能网联汽车服务生态系统的方方面面。按照应用的对象不同，可以是面向车辆的智能分析，如车辆能耗计算、故障诊断、行车状态等；可以是对环境的分析，如路况条件、天气条件、车流拥堵情况等；也可以是对乘车人员的分析，如通过对方向盘、挡位、刹车和车速等多方面数据的汇聚，分析用户的驾驶行为习惯，通过对用户的面部、眼睛等状态分析，判断是否疲劳驾驶等。

（4）决策优化技术。根据智能分析的客观结果，提供智能网联汽车服务生态系统智慧运行不同层面的决策辅助与优化支持。如依据实时路况、交通网络布局、起始点、目的地和途经点等数据输入，引用蚂蚁算法、人工神经网络、图论等智能算法，对行车路线进行合理规划，提供最快捷、最经济、最安全的行车导航服务；根据对汽车保有量历史运行、维修保养、实时状态等相关信息的大数据分析挖掘，获取汽车零部件或子系统的常见故障模式和寿命规律等数据，对客户提供预防性维修、预测性维修等维修决策规划服务。

（5）智能控制技术。依据智能分析与决策优化的基础信息，可以实现智能网联汽车不同层次的智能控制，如先进驾驶辅助实现自动驾驶、自动刹车、智能泊车等对于车辆的智能控制；根据不同的驾驶员/乘客的习惯及外部环境条件，对车内温度、光照、声音等不同的参数进行自适应性调节；通过对交通灯的智能管控实现对道路拥堵路段车流的引导和智能调度；遇到紧急突发状况，如车辆被盗、车辆事故和驾驶员失去意识等进行报警和支援请求。

8.1.3.2　用户体验

智能网联汽车服务生态系统的体验对象包括智能网联汽车及周边产品，如自动驾驶汽车、抬头显示设备、智能导航设备和影音娱乐设备等；生态化的智能网联汽车服务，如定位导航、故障诊断、能量优化和安全保险等服务内容。智能网联汽车服务生态系统中的客户感知由于智能技术的融合而得到了极大拓展。

首先是车辆驾驶员、乘客、道路行人等不同客户对象的直观感知，包括触觉上、听觉上、视觉上等对于智能网联汽车和环境的感受。其次是通过智能化方法使用户获取新的能力，如通过 GPS 获取车辆的位置、速度、行驶方向等多位数据信息；通过激光雷达、毫米波雷达、摄像头等获取周围环境参数，减少视觉盲区等。智能网联汽车服务生态系统的体验环境也包含各类智能网联汽车的网络环境、安全环境、测试环境等不同的技术应用场景，包含由驾驶员、乘客、交管部门、汽车制造商和汽车服务商等不同相关利益方组成的互利共生、协同演化的智能网联汽车服务生态组织及价值共创网络环境。智能网联汽车服务生态系统的用户体验分析见表 8-4。

表 8-4　智能网联汽车服务生态系统的用户体验分析

因素	传统汽车产品	智能网联汽车服务生态系统
体验对象	● **体验产品**：功能性为主的汽车整机，以及空调系统、手动变速箱、车窗升降调节和中控面板等 ● **服务供应商**：相互独立的汽车维修、保养、改装等服务供应商 ● **体验范围**：汽车的使用过程，包括基本功能及相关的售后服务	● **体验产品**：功能多样化的智能网联汽车及周边产品系统，如智能手机钥匙、抬头显示设备、智能导航设备和影音娱乐设备等 ● **服务供应商**：除了售后服务之外，还接入了远程诊断中心、车机应用商店、汽车零配件购物商城、道路导航规划等多样化领域的服务供应商 ● **体验范围**：智能网联汽车作为客户交互的接口及服务交付的工具，客户参与到车型改进和新车型开发全流程，以及基于软件应用服务的生态体验
客户感知	● **感知范围**：基于人的五官对汽车和汽车形式环境的感知，如对路况的判断、天气情况的判断、对交通拥堵情况的判断等 ● **产品服务方案**：以保障汽车运行安全、汽车功能完整、延长汽车使用寿命为目标的售后服务 ● **未满足的客户需求**：汽车之间，以及汽车与客户缺乏紧密的联接交互 ● **过程感知**：主要是用户驾驶汽车，以及使用汽车主要功能的过程	● **感知范围**：智能网联汽车上的各种类型传感器延伸了用户对于位置、速度、方向、温度、路况和天气等信息的感知，如通过 GPS 获取车辆的位置、速度、行驶方向等多位数据信息；通过激光雷达、毫米波雷达、摄像头等获取周围环境参数，减少视觉盲区等。同时，网络互联拓展了用户获取信息的能力 ● **产品服务方案**：客户可以根据自己的需求定制智能网联汽车及车机配套的软件服务 ● **过程感知**：客户可通过车机应用集成平台，或者汽车在线论坛直接与服务供应商交互，在产品开发和使用过程中提出需求和反馈意见

（续表）

因素	传统汽车产品	智能网联汽车服务生态系统
体验环境	● **技术环境**：电气控制技术 ● **交互环境**：按钮式、旋钮式、摇杆控式交互操作，声音、指示灯提醒 ● **价值主张**：产品质量好、功能全面 ● **系统开放性**：封闭式的汽车产品系统、封闭的汽车产品设计制造和售后服务过程	● **技术环境**：3G/4G/Wi-Fi蓝牙等网络环境，以及视觉、雷达、GPS等集成化的智能传感器 ● **多元化的交互环境**：触摸、指纹、语音、AR/VR等新的人机交互方式；车与车之间、用户之间，以及与服务供应商之间的多元交互 ● **价值共创网络**：汽车制造商、服务运营商、交管部门等相关利益方为客户提供最大化的价值体验，维持生态系统的稳定发展 ● **系统开放性**：服务供应商可以在平台中发布自己的服务应用；开放式的智能网联汽车软硬件开发环境和合作网络

8.1.3.3 市场定位

智能网联汽车服务生态系统的市场定位需要明确两个核心问题，即目标市场和目标客户。智能家居服务生态系统的目标市场从**行业领域**上来讲是以汽车制造与汽车服务为核心，并与如智慧城市、影音娱乐、信息资讯和保险金融等多元化行业交叉融合的结果；从**市场边界**上来看，智能网联汽车服务生态系统具有一个开放性高、柔性度好的市场边界，基于平台化的运营，不同领域的软件、硬件及服务供应商均可以接入进来，满足客户特定领域的需求；从**市场容量**上看，目前智能网联汽车市场刚刚起步，尤其是传统燃油汽车逐步淘汰，客户对于具有智能网联功能的新能源车型更新换代的需求也越来越高。对于**目标客户**的识别，从客户群体上来看，一般具有一定独立经济能力的家庭或个人，均是智能网联汽车服务生态系统的潜在目标客户群体，只是由于目标客户所处地域、个人偏好、家庭收入等多方面因素的差异性，导致对于智能网联汽车及其服务的需求类型及层次均有所差异。智能网联汽车服务生态系统的市场定位分析见表8-5。

表8-5 智能网联汽车服务生态系统的市场定位分析

目标市场	行业领域	**核心业务**：智能网联汽车整车和配套中控系统、辅助驾驶系统等核心产品，以及配套的故障诊断、维修保养、改造升级等基础服务 **周边业务**：智能导航、影音娱乐、信息资讯和保险金融等周边服务业务

(续表)

目标市场	市场边界	**市场区域**:具有一定独立经济能力的家庭或个人 **开放程度**:开放且充分竞争的市场环境;开放式的合作网络,允许生态链企业加入
	市场容量	**市场空间**:由于智能网联汽车作为新鲜事物,传统燃油汽车的更新换代需求旺盛,会保证比较充分的动态市场空间,需要通过营造品牌保证较高的购买及服务率,如特斯拉、比亚迪等不同品牌智能网联汽车 **市场结构**:以 10 万~30 万元中低档高性价比智能网联汽车销售与服务市场为主,向高端智能网联汽车车型及服务延伸,同时智能网联汽车的分时租赁服务(共享汽车)将会得到逐步拓展
目标客户	客户群体	**已有客户**:目前已经购买了特斯拉、比亚迪、上海汽车等不同品牌智能网联车企的车主,以及目前正在使用 Car2Go、EVCard 等共享汽车分时租赁服务的用户 **潜在客户**:全国范围内使用传统燃油汽车的用户,以及未购置汽车或尚未使用过共享汽车分时租赁服务的用户 **客户分布**:有一定经济实力,希望购置智能网联汽车的用户;追求方便快捷、轻资产,从而应用共享汽车分时租赁服务的用户
	需求类型	**模块化需求项**:车内温度调解、路径规划、位置服务、故障报警和手机钥匙等 **需求项组合**:自动驾驶系统、影音娱乐服务、智能导航服务和远程故障诊断等
	需求层次	**需求等级**:根据智能网联汽车的硬件性能和软件配置,划分汽车产品为低端/中端/高端车型;每一种车型又可以划分为低配、中配和高配等类型 **基础型需求**:驾驶、导航等基础功能服务;**期望型需求**:辅助驾驶、软件系统及时更新、交互界面友好易用、网络联接顺畅等;**兴奋型需求**:智能语音助理、AR/VR 交互、智能化自动驾驶等

8.1.3.4 商业模式

智能网联汽车服务生态系统商业模式的演化如图 8-6 所示,智能网联汽车服务生态系统不断开展商业模式的创新,汽车即服务(car-as-a-service, CaaS)逐渐被接受,基于共享经济与大数据的多样化新型业务开始出现,如汽车共享、网约车平台、第三方快递、车联网保险、远程监控、紧急救援和 LBS 等,代表企业有 Uber、滴滴、北汽绿狗分时租车、北汽和 Progressive 等。

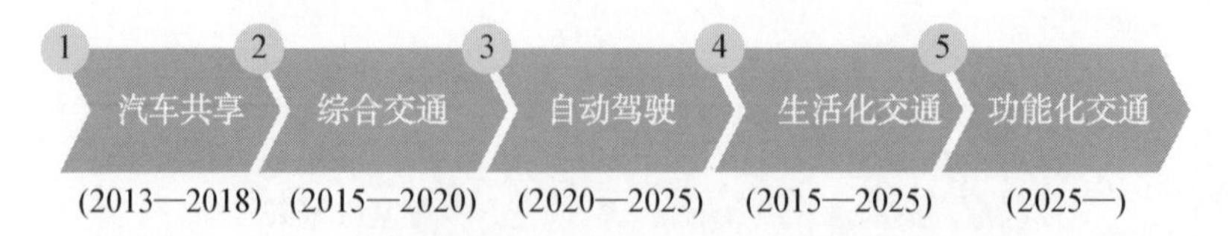

图 8-6 智能网联汽车服务生态系统商业模式的演化

汽车共享整合线下资源，以较低边际成本实现供需双方最优匹配，如宝马、奔驰 Car2Go、北汽绿狗分时租车和滴滴顺风车等。2016 年上半年北汽绿狗分时租赁会员近 4 万人，车辆超过 1 500 部，网店超过 50 个。戴姆勒推出 Car2Go 汽车分时租赁在全球 31 个城市运营，为全球最大汽车共享服务项目。汽车应急救援伴随着欧洲 e-call、俄罗斯 ERA-glonass 强制实施，我国产业界也开始积极推动。

8.1.3.5　关联关系

按照智能产品服务生态系统基础理论对智能网联汽车服务生态系统相关利益方之间的关联关系进行分析，如图 8-7 所示。具体包括如下内容：

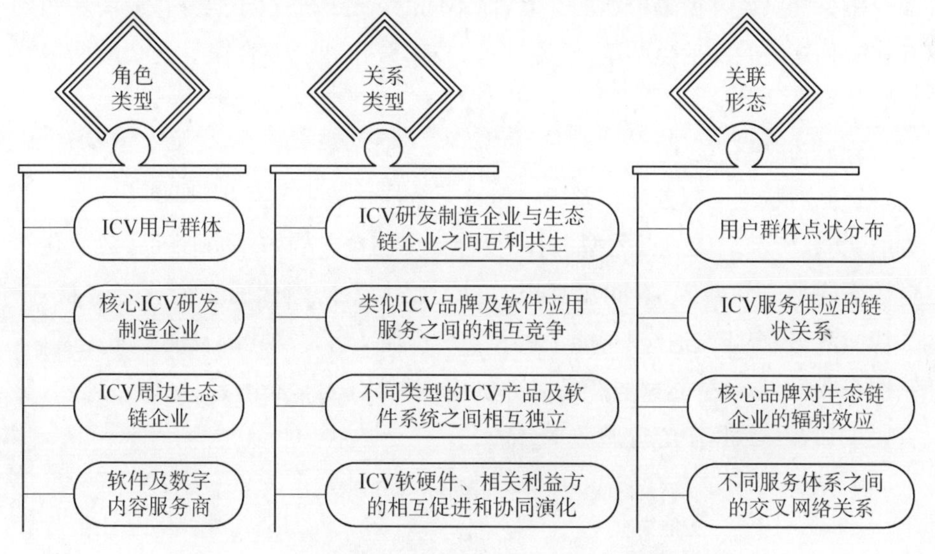

图 8-7　智能网联汽车服务生态系统中的关联关系分析

(1) **从角色类型**来看，智能网联汽车服务生态系统中包含了家庭、个人、企业等目标客户群体；智能网联汽车整车、传动系统、传感器和交互设备等智能产品的研发设计、生产制造与售后服务等网络核心型企业群体；城市交通管理、基础通信网络等支配主宰型相关利益方群体；车载电器、汽车内饰、零配件供应商等缝隙参与型角色群体。

(2) 从**关系类型**来看，广泛存在着互利共生、相互竞争、相互独立和协同演化等复杂关系，如采用汽车共享分时租赁服务模式，共享汽车运营商和用户价值主张趋同，共同降低运营成本，提高汽车使用率和双方共同收益；类似智能网联汽车服务提供商，如提供汽车导航规划的百度地图、高德地图、腾讯地图和谷歌地图等企业之间存在相互竞争的关系；不相关的智能网联汽车产品与服务，如智能导航规划和远程故障诊断服务提供商之间基本上是相互独立的关系，互不干涉；随着智能网联汽车保有量的增加，如共享汽车的数量增加，对服务能力、车辆可用性等方面的需求明显增加，共享汽车服务运营商会不断布局新的租车网点，提高网点的充电效率、改变计费策略等，这是协同演化关系具体表现。

(3) 从**关联形态**来讲，目前智能网联汽车服务生态系统中的关联关系同样是一种辐射与网络并存的关系形态，用户通过汽车车机或手机终端与不同的产品及服务提供商开展辐射状的交互，而不同的智能网联汽车服务供应商之间则存在着相互之间的信息共享、资源共享、技术合作和业务合作等复杂的网络状关联关系。

8.1.3.6 联接交互

智能网联汽车服务生态系统中包含了多样化的生态交互，其联接交互分析如图 8-8 所示。**从节点类型上看**，包含相关利益方群体、物理产品、数字化平台等不同类型节点：①不同年龄段、不同性别、不同地区的多样化客户群体；②智能汽车、智能交通灯、智能手机和智能摄像头等多样化的智能产品；③汽车制造企业、生态链智能家居产品服务供应商群体；④车联网云、城市治理云、影音娱乐和客户数据中心等服务平台。

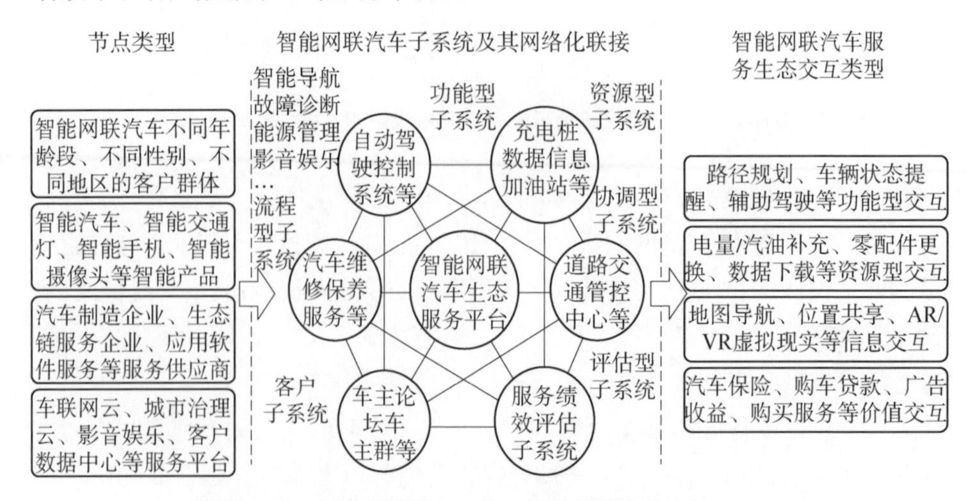

图 8-8 智能网联汽车服务生态系统的联接交互分析

这些节点之间通过联接交互与有机组合，形成不同类型的**智能网联汽车生态子系统**，具体包括：①以自动驾驶控制、智能导航、故障诊断、能源管理和影音娱乐等为代表的**功能型子系统**；②以提供电能、汽油、数据信息等为核心的**资源型子系统**；③以道路交通综合管控中心、汽车总控中心等为代表的**协调型子系统**；④以汽车维修保养服务、代驾出行等为代表的**流程型子系统**；⑤以车主论坛、车主群等为代表的**客户子系统**；⑥面向客户体验和服务能力的智能网联汽车**服务绩效综合评估子系统**。

这些子系统通过智能网联汽车生态化服务平台进行统筹联接与动态化协同组织，并开展各种类型的生态交互，具体包括：①智能汽车与驾驶员之间开展路径规划选择、车辆状态提醒确认、驾驶过程辅助等多样化的**功能交互**；②汽车充电、补充汽油、零配件更换和数据下载等能量、物料、数据等不同类型的**资源交互**；③地图导航、位置共享及 AR/VR 虚拟现实等不同类型的**信息交互**；④汽车保险、购车贷款、广告收益和用户通过付费购买服务而形成的**价值交互**。

8.2 智能网联汽车服务生态需求分析

8.2.1 边界分析

按照本节提出的智能产品服务生态系统边界分析的思路，将智能网联汽车服务生态系统从业务边界和价值边界两个层面进行分析。

8.2.1.1 业务边界分析

第一步：确定所属核心行业与领域。智能网联汽车服务生态系统所属以汽车产品设计、制造、交付、使用、服务和回收等为核心业务环节的智能网联汽车行业，是信息通信、电子元器件、生产制造、城市服务和保险金融等不同产业的交叉领域。

第二步：识别现有汽车产品服务业务核心模块与业务流程。在业务边界层面，传统的汽车产业链是以品牌整车厂为核心进行打造，包括研发设计、生产制造、市场销售和客户服务等。而与用户相关的汽车产品服务主要围绕家电产品的销售、使用和售后服务三个环节开展，应用集合表达式则可以定义现有汽车产品服务核心业务领域集为 $A=\{BP_1^0=$4S 店销售，$BP_2^0=$固有功能使用，

BP_3^0 = 售后服务}。以某汽车品牌 SA 为例，一般情况下该品牌汽车在线下 4S 店面向用户进行销售；而汽车的使用过程则主要是汽车的固有基础功能，如汽车行驶、车载空调、车载收音机和车载影音系统等；售后服务则是以汽车维修、保养、保险等基础服务为主。由此可见，传统面向终端用户的汽车产品服务业务链条非常短，而且品牌汽车产品的业务链之间几乎没有交叉与相关性。

第三步：智能网联汽车服务生态系统业务流程的纵向延伸和横向拓展。首先，智能网联汽车服务生态系统的核心业务链包含 4S 店销售、汽车功能使用及售后服务三个主要环节进行升级整合。在销售环节方面，越来越多的车型开始通过线上选配销售和线下试驾体验相结合的方式，拓展销售渠道，吸引更多潜在的年轻客户群体。在汽车功能使用方面，汽车现有的功能逐步开展智能化的升级，如辅助驾驶、自动泊车、节能规划等，为用户提供更加舒适、边界、可靠的驾驶体验。在售后服务方面，由于汽车自身具备了多样化的传感器及网络传输功能，汽车运行的相关数据会通过车载 T－BOX 进行输出，实现与远程云服务器、手机 App 的无线联通，从而对于汽车的运行状态、故障信息等进行可视化，为汽车开展智能化的故障诊断、远程维护、软件升级、安全防盗、客户关怀及制定个性化的维修保养计划提供有效数据支持。整合之后的基础业务环节可表示为 A^* = {BP_1^1 = 网络营销，BP_2^1 = 自主智能功能，BP_3^1 = 智能故障诊断与远程维护}。

基于整合升级之后的智能网联汽车基础业务环节，围绕智能网联汽车全生命周期进行业务链的横向拓展和纵向延伸，识别新增的业务流程与环节。在纵向延伸方面，智能网联汽车的业务流程向前则可以延伸到客户参与的汽车个性化设计与选配，向后则可以延伸到二手车交易、汽车共享租赁、汽车回收再制造等新的业务环节。在横向拓展方面，由于汽车的智能化和网联化，更多的协同并联的功能与服务不断涌现出来，如导航地图软件根据不同路段汽车的行驶速度的跟踪，判断道路拥堵情况，并以此为依据为用户提供行车路线优化、为市政提供交通疏导等服务。同时，也会新增正向和反向的闭环回路，如面向客户体验、环境友好的智能网联汽车功能设计（正向回路），基于车辆行驶数据、故障数据分析的车型改进与优化（反向回路），车载嵌入式软件、应用软件的迭代优化与自动升级（反向回路）。因此，拓展之后新增的业务流程集合可以表示为 B^* = {BP_1^* = 个性化设计与选配，BP_2^* = 个性化制造，…，BP_j^* = 智能网联汽车拓展功能,…, $BP^{*}_{n^*}$ =汽车共享租赁},其中 BP^{*}_{j} 包含了智能网联汽车的横向拓展业务流程。

第四步:智能网联汽车服务生态系统业务流程整合。在经过前面三步关于智能网联汽车服务业务范围与领域、现有汽车产品服务业务核心模块与业务流程识别、业务流程的横向拓展和纵向延伸的基础上,应用 TRIZ"物场模型"方法,对智能网联汽车服务生态系统的拓展业务流程进行整合,即进行 $B = A^* \cup B^*$ 的并集运算,具体如图 8-9 所示。其中,A 区是升级之后的核心业务范畴,B 区是拓展之后的业务范畴,经过业务流程的横向拓展和纵向延伸,智能网联汽车服务生态系统的业务流程逐步演变成了生态化的业务流程网络。

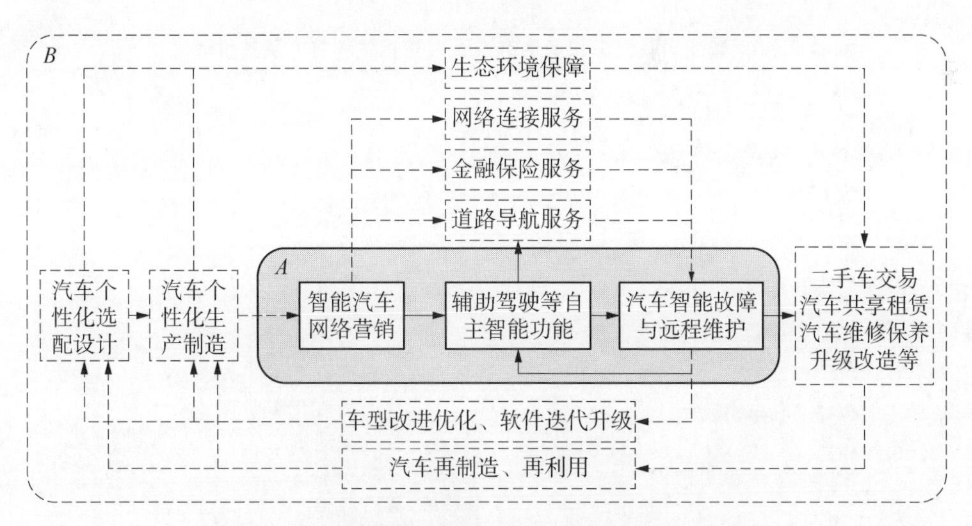

图 8-9 智能网联汽车服务生态系统拓展业务流程整合

8.2.1.2 价值边界分析

在对智能网联汽车服务生态系统业务边界进行分析的基础上,进一步对其价值体系与边界进行具体描述,主要包括智能网联汽车服务生态系统中的相关利益方、相关利益方各自价值、生态系统价值主张等。

第一步:识别现有相关利益方及其价值。以传统汽车产品服务的销售、使用和售后三个核心业务流程为主线进行枚举,可以识别出现有主要的相关利益方基础集合为 SH^0 = {SH^0_1 =用户,SH^0_2 =汽车供应商,SH^0_3 =售后服务提供商},每个相关利益方的价值 V_1、V_2、V_3 见表 8-6。基础价值空间 V^0={V_1,V_2,V_3}。按照智能网联汽车服务生态系统相关利益方分类,传统汽车产品服务系统中的相关利益方不仅包含了用户、汽车供应商和售后服务提供商，而且缺少平台运营商与周边生态产品服务供应商。然而，在未进行价值链整合之前，不同的相关利益方之间的价值主张会存在一些相悖或矛盾的现象，如客户追求汽车的性价比，即购置与维护成本低而安全可靠、性能好、舒适度高，然而汽车供应商则希望汽车单品价格高而制造成本低、汽车生命周期短，以形成持续性的盈利，汽车售后服务提供商则希望在过保修期之后，汽车故障率提高以便于销售更多的备品备件，从而获取更高的收益。这些矛盾冲突需要在智能网联汽车服务生态系统这样一个超级系统下，进行业务流程和价值链的重构来进行合理化解。

表 8-6　智能网联汽车服务生态系统现有相关利益方及其价值识别

序号	相关利益方	相关利益方价值	价值分解
1	**SH_1^0=用户** 定位：汽车产品与服务的使用和接受者	V_1	$v_{1,1}$=安全可靠 $v_{1,2}$=驾驶舒适 $v_{1,3}$=维修便利 $v_{1,4}$=购置及维护成本低 $v_{1,5}$=造型美观
2	**SH_2^0=汽车供应商** 定位：负责汽车产品的销售、配送、调试等过程	V_2	$v_{2,1}$=汽车价格高 $v_{2,2}$=市场占有率高 $v_{2,3}$=汽车销量高 $v_{2,4}$=利润率高 $v_{2,5}$=口碑好
3	**SH_3^0=售后服务提供商** 定位：负责汽车产品的维修、保养、改造和回收等过程	V_3	$v_{3,1}$=备品备件销售多 $v_{3,2}$=服务范围广 $v_{3,3}$=服务成本低 $v_{3,4}$=服务效率高

第二步：识别新增相关利益方及其价值，并进行价值链与价值网络重构。由图 8-9 中可知整合拓展之后的智能网联汽车服务生态系统的业务范畴与流程，识别分析新引入的相关利益方。其中，随着业务链的纵向延伸，智能网联汽车的个性化设计方、个性化制造方、二手车交易服务方和汽车租赁服务方等相关利益方作为重要角色参与进来；同时，由于业务链的横向拓展，地图导航服务提供商、电信运营商、金融保险服务商、安全环保监管部分和车载智能软件提供

商等细分领域的生态化产品服务提供商，也融入智能网联汽车服务生态系统中来。此外，为了能够协调不同相关利益方之间的价值关系与协同配置相关服务资源，一般以品牌整车厂或第三方软件公司为载体构建智能网联汽车智慧服务平台，提供包括智能硬件互联互通、车联网大数据分析、应用软件商店等多样化的资源整合服务，类似的我们将其称之为平台运营商。因此，在智能网联汽车服务生态系统的业务链拓展之后，新增的相关利益方主要包括 $SH^{*}=\{SH_1^{*}=$ 汽车个性化设计方，$SH_2^{*}=$ 汽车个性化制造方，$SH_3^{*}=$ 智慧服务平台运营商，$SH_4^{*}=$ 生态产品服务供应商（包含延伸服务和拓展服务供应商）$\}$，其相关利益方价值 V_1^{*}、V_2^{*}、V_3^{*}、V_4^{*} 见表 8-7。则新增的价值空间为 $V^{*}=\{V_1^{*},V_2^{*},V_3^{*},V_4^{*}\}$。

表 8-7　智能网联汽车服务生态系统新增相关利益方及其价值

序号	相关利益方	相关利益方价值	价值细分
1	**SH_1^{*} =汽车个性化设计方** 定位：负责根据客户个性化需求进行智能网联汽车的软件、结构与服务等方案设计	V_1^{*}	$v_{1,1}^{*}$=智能汽车设计方案附加值高 $v_{1,2}^{*}$=智能汽车设计方案满足客户需求 $v_{1,3}^{*}$=智能汽车设计方案多样化 $v_{1,4}^{*}$=智能汽车设计方案模块化 $v_{1,5}^{*}$=品牌知名度与市场认可度高
2	**SH_2^{*} =汽车个性化制造方** 定位：负责根据个性化设计方案进行智能网联汽车的柔性化生产与制造	V_2^{*}	$v_{2,1}^{*}$=智能汽车制造成本低 $v_{2,2}^{*}$=智能汽车产品多样性高 $v_{2,3}^{*}$=智能汽车制造质量好 $v_{2,4}^{*}$=制造过程可视化
3	**SH_3^{*} =智慧服务平台运营商** 定位：负责协调智能网联汽车服务生态系统中的相关利益方关系、资源整合与动态配置	V_3^{*}	$v_{3,1}^{*}$=接入的生态参与者多 $v_{3,2}^{*}$=生态参与者活跃度比较高 $v_{3,3}^{*}$=服务平台现金流比较高 $v_{3,4}^{*}$=客户忠诚度比较高 $v_{3,5}^{*}$=覆盖用户比例高
4	**SH_4^{*} =生态产品服务供应商** 定位：由汽车基础服务衍生出来的增值产品和服务的供应商，如地图导航、金融服务、汽车租赁和二手车交易等	V_4^{*}	$v_{4,1}^{*}$=与核心业务流程嵌入程度高 $v_{4,2}^{*}$=用户调用服务频次和频率高 $v_{4,3}^{*}$=边际成本比较低 $v_{4,4}^{*}$=产品服务收益率较好 $v_{4,5}^{*}$=产品服务之间关联度高

将识别出的现有和新增相关利益方与拓展之后的业务模块与流程进行重构和整合，一方面，新增的相关利益方 $SH^* = \{SH_1^*, SH_2^*, SH_3^*, SH_4^*\}$ 在发挥各自新的角色和功能的基础上，会对现有的业务流程和组织造成影响，如部分汽车产品与服务的销售转移到了线上电子商务平台 BP_1^1，用户 SH_1^0 在使用汽车的过程中，即是与汽车智慧服务平台及生态产品服务供应商的交互过程 BP_2^1。另一方面，现有的相关利益方也会发生角色的转变，如用户 SH_1^0 作为汽车产品和生态服务的接受和使用者，由于其个性化需求的驱动，用户会参与到早期智能网联汽车和服务的定制化设计 BP_1^* 和制造 BP_2^* 过程中；智能网联汽车提供商 SH_2^0 会从单纯汽车销售的角色转变为面向智能网联汽车及其用户提供服务的角色。经过这两个过程的重构与整合，最终形成网络化的关系结构，并产生新的生态化价值交互。进一步有关智能网联汽车服务业务流程的多层次建模与量化分析过程详见 8.4 节。

第三步：智能网联汽车服务生态系统的价值空间整合。基于智能网联汽车服务生态系统已有价值空间 V^0 和新增价值空间 V^* 的识别，对整个智能网联汽车服务生态系统的价值空间进行整合，由式(4-1)可知，整合与拓展之后的智能网联汽车服务生态系统的价值空间 $\widetilde{V} = V^0 \cup V^* = \{\widetilde{V}_1, \widetilde{V}_2, \widetilde{V}_3, \widetilde{V}_1^*, \widetilde{V}_2^*, \widetilde{V}_3^*, \widetilde{V}_4^*\}$，其中集合中各相关利益方价值元素除了表 8-6 和表 8-7 所描述的若干价值项之外，还会生成新的正向价值项，即价值涌现过程，如由于地图导航服务与市政交通管理服务的结合，会极大降低城市道路的拥堵情况，节约用户的出行平均时间，提高市政管理水平等。智能网联汽车服务生态系统的价值涌现机制将在 8.4 节中进行详细讲解。

应用式(4-2)对智能网联汽车服务生态系统价值空间的各参数进行解读。首先，由于价值涌现，初始的汽车产品价值空间 V^0 和智能网联汽车服务生态拓展价值空间 V^* 均作为整合之后价值空间 $\widetilde{V}$ 的子集，智能网联汽车服务生态系统的价值内涵趋于多样化发展。同时，价值空间的整合过程，也是智能网联汽车服务生态系统相关利益方之间价值主张矛盾消解的过程，以用户与智能网联汽车售后服务提供商的价值关系为例，用户希望智能网联汽车的性能好和可靠性高，尽量延长保修期，过保之后的单次及总体维修保养成本低，然而汽车售后服务供应商则希望缩短保修期，同时过保之后提高单次服务价格及维修保养服务频次，以实现更高的利润，两者仅需要公平交易机制下通过价格协商相互妥协来达成售后服务规则，因此根据4.3.2小节的定义计算可得，两者价值匹配系数$\xi(V_1, V_2)=0.5$，虽然存在一定的交易共识和规则，但是两者之间存在相悖的利益关系。在对智能网联汽车服务生态价值空间整合之后，智能网联汽车服务供应商从售卖单次服务或零配件的角色，向提供汽车运行可用性服务的角色进行转变，对应的业务模式也进行调整，即通过绩效服务合同的方式提供给用户汽车的可用性价值而收取费用，在这种模式下服务提供商需要尽可能提高服务质量以降低转嫁到自身的长期运营成本，而用户在不付出额外费用的同时，可以享受到更加专业可靠的服务，两者之间从价值相悖转向价值合作，用户黏性也得以提高，此时用户与智能网联汽车服务提供商之间的价值匹配系数$\xi(V_1, V_2)=1$，即实现两者价值主张的趋同化整合。由此，智能网联汽车后端服务的产业结构与业务逻辑会得到转型提升，产业规模得到放大。

8.2.2 客户需求挖掘与动态预测

8.2.2.1 智能网联汽车服务生态系统客户需求特征分析

依据4.4.1小节的理论基础分析智能网联汽车服务生态系统的客户需求特征。从客户需求的静态结构特征和动态结构特征两个大类，以及对应的八个小类进行细分，对智能网联汽车服务生态系统客户需求特征进行多维度的阐释，具体描述见表8-8。

表8-8 智能网联汽车服务生态系统客户需求特征描述与分类

特征类别	特征名称	特征描述
需求的静态结构特征	模糊性	对于客户需要哪种类型的汽车，以及哪些对应的配套产品及服务，客户自身难以表述清楚，智能网联汽车及服务供应商对于客户需求的理解也会有所偏差，包括需求项的缺失、错误等
	多样性	目标客户群体细分类别比较多，如不同区域、不同家庭、不同收入和不同年龄段等，每种类型客户对智能网联汽车的具体需求项千差万别，单一的标准化解决方案难以满足众多客户的不同类型需求
	相似性	分类属性(如地区、家庭、收入、年龄、性别等)相似的客户对于智能网联汽车产品与服务的需求解决方案是相似的，通过类比推荐，可以提高智能网联汽车产品与服务推送的准确性和效率

（续表）

特征类别	特征名称	特征描述
需求的静态结构特征	相关性	客户对智能网联汽车产品与服务需求项集合中的子项之间是有一定的关联关系的，如用户驾驶汽车会对行车记录仪、车载导航、通信网络等其他产品与服务产生需求，而当行车环境中空气质量不佳时会对车载空气净化器产生需求，因此可依据用户对智能网联汽车产品与服务需求之间的关联关系进行聚类，实现需求项的模块化
需求的动态时间特征	波动性	客户对于智能网联汽车产品及服务能力的总需求量在不同的时间段会有变动，如由于石油价格及经济环境的变化，导致客户对于购买汽车及配套相关产品或服务的意向会发生很大的波动
	周期性	智能汽车产品与服务能力的需求量有明显的周期性趋势，如随着季节气候的变化，客户对于汽车保养服务、车载装备更换的需求等均具有一定季节性周期规律，而每年十一和过年前后时候汽车的销量都会有一个峰值，也是一种以年为跨度的周期性规律
	趋势性	随着时间变迁、技术进步、国家政策变革、客户收入增加和客户年龄增长等外在因素的变化，客户对于智能网联汽车产品及服务的具体需求，会逐步发生一定的趋势性变化，如由于国家政策导向，新能源汽车的销量及配套服务在不断增长，挤压传统燃油汽车的市场
	即时性	客户对于智能网联汽车服务需求的响应要求是即时性或实时的，如客户在驾驶期间需要实时的道路导航信息，汽车在即将发生故障或需要维修保养时，智能网联汽车及智慧服务平台需面向客户做出即时的预警和提示

基于以上对智能网联汽车服务生态系统中客户需求特征的分析，本节进一步应用FCM模型和ARIMA模型对客户需求项集合进行挖掘和有效预测。

8.2.2.2 客户需求的抽取和挖掘

定义智能网联汽车服务生态系统的客户需求域为 *CR*，即是客户群体对智能网联汽车相关产品和服务显性和隐性需求的集合。以某整车品牌厂商SA的客户为例，通过其4S店的渠道对上海地区该品牌智能网联汽车4 425名车主进行问卷调研，调研内容包括了车主基本信息（性别、年龄、职业等）、车主对于智能网联汽车产品与服务的需求选项及其重要度描述，抽取有效问卷2 894份中的数据开展分析。同时，通过整车厂、4S店等产品与服务提供商的渠道获取部分产品的销售数据、客户使用数据和历史服务数据等记录信息，并结合小组讨论、头脑风暴等方法完成车主对于智能网联汽车相关产品及服务需求项初始集合与需求频次表的编制，见表8-9。

表8-9 智能网联汽车功能、产品与服务需求频次

编号	智能网联汽车产品	功能/服务	需求频次/台	感知权重
D1	智能网联汽车（整车平台）	出行驾驶、载物送客等	2894	1.00
D2	智能车机	提供Android或IOS影音娱乐、App下载等操作平台	2167	0.75
D3	车载GPS导航	定位导航、路线规划服务	1684	0.58
D4	车载空气净化器	净化车内空气	254	0.09
D5	车载音响设备	音频播放、蓝牙通话等	2894	1.00
D6	车载空调设备	车内通风、温度调节	2894	1.00
D7	车载冰箱设备	冷藏、冷冻食物	89	0.03
D8	车载蓝牙装置	数据传输、控制、音频通话等	1068	0.37
D9	智能钥匙系统	智能开/锁车、安全防护等	2894	1.00
D10	行车记录仪	行车影像监控、记录等	2392	0.83
D11	应急救援包	应急消防、警示标识等	1698	0.59
D12	网络通信设备	提供3G/4G数据流量、网络信息通信等	1795	0.62
D13	智能手机/App	依靠手机App实现定位导航、路线规划、分时租赁等	2894	1.00
D14	车载充电器	提供车载移动式设备（如手机、行车记录仪等）电源	2596	0.90
D15	倒车雷达	驻车/倒车障碍距离提醒	2894	1.00
D16	倒车影像	驻车/倒车时显示车后影像	1573	0.54
D17	全景可视系统	汽车周围影像合成，障碍提醒	357	0.12
D18	安全预警仪	汽车超速、安全预警提示	1947	0.67

（续表）

编号	智能网联汽车产品	功能/服务	需求频次/台	感知权重
D19	车载吸尘器	车内座椅、地板、中控台清洁	296	0.10
D20	抬头显示器(HUD)	应用光学原理进行数据信息虚拟现实，辅助安全驾驶	158	0.05
D21	汽车故障诊断仪(OBD盒子)	通过汽车OBD接口读取汽车数据，用于汽车故障检测	483	0.17
D22	胎压检测仪	汽车胎压、胎温监测预警	1 895	0.65
D23	卫星追踪器	汽车定位、追踪、防盗等	361	0.12
D24	车载应急电源	汽车应急启动、照明、充电等	233	0.08

同时，以客户通用需求域为基础，应用FuzzyDANCES软件构建了智能网联汽车服务模糊认知关联图模型（图8－10）。模型中节点之间的有向箭头的作用权重值 w_{ij} 通过专家经验推理和在线问卷调研数据的Hebbian规则学习加权平均获得，表示不同类别的智能网联汽车服务相互之间的影响和作用关

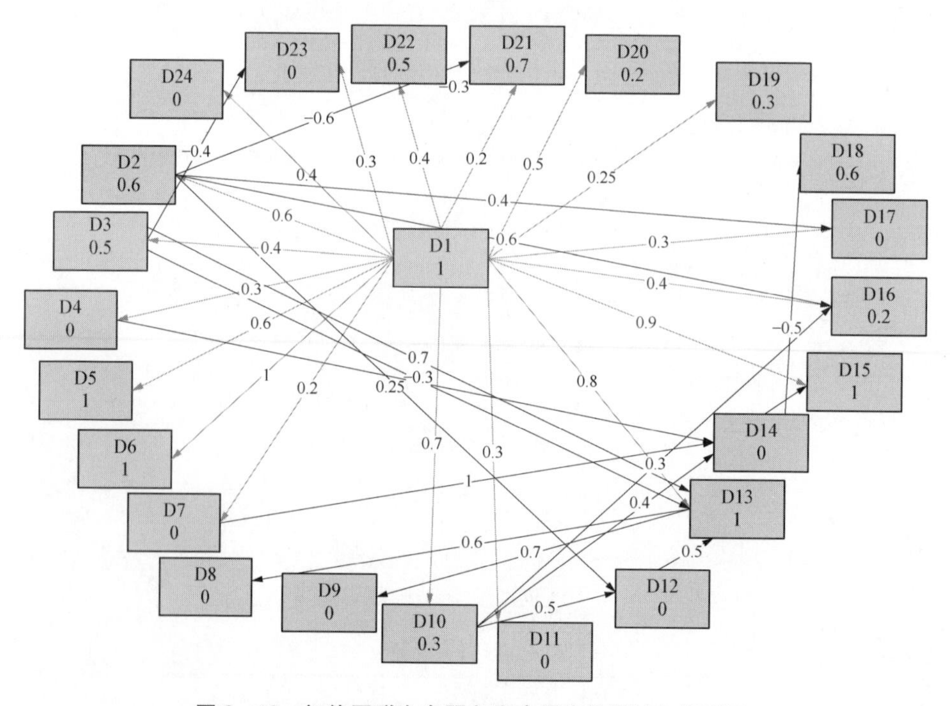

图8－10　智能网联汽车服务客户需求模糊认知关联图

系。模糊认知图从定性和定量两个方面，比较直观地表达了智能网联汽车服务客户需求的相互作用网络图谱。

在图形化模型建立与作用权重参数设置的基础上，应用 FuzzyDANCES 生成了该模糊认知图的邻接矩阵(adjacent matrix)，如图 8－11 所示。智能网联汽车产品服务客户需求的邻接矩阵为一个多维度的稀疏矩阵，但随着不同产品与服务之间的交叉互联，相互之间的作用关系会逐步生成并发生演变。

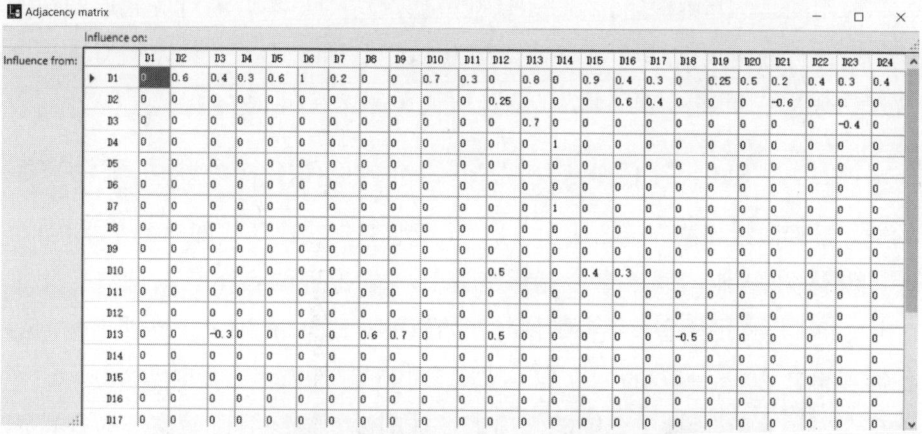

Adjacency matrix

Influence on:

Influence from:	D1	D2	D3	D4	D5	D6	D7	D8	D9	D10	D11	D12	D13	D14	D15	D16	D17	D18	D19	D20	D21	D22	D23	D24
D1	0	0.6	0.4	0.3	0.6	1	0.2	0	0	0.7	0.3	0	0.8	0	0.9	0.4	0.3	0	0.25	0.5	0.2	0.4	0.3	0.4
D2	0	0	0	0	0	0	0	0	0	0	0	0.25	0	0	0	0.6	0.4	0	0	0	-0.6	0	0	0
D3	0	0	0	0	0	0	0	0	0	0	0	0	0.7	0	0	0	0	0	0	0	0	0	-0.4	0
D4	0	0	0	0	0	0	0	0	0	0	0	0	0	1	0	0	0	0	0	0	0	0	0	0
D5	0	0	0	0	0	0	0	0	0	0	0	0	0	0	0	0	0	0	0	0	0	0	0	0
D6	0	0	0	0	0	0	0	0	0	0	0	0	0	0	0	0	0	0	0	0	0	0	0	0
D7	0	0	0	0	0	0	0	0	0	0	0	0	0	1	0	0	0	0	0	0	0	0	0	0
D8	0	0	0	0	0	0	0	0	0	0	0	0	0	0	0	0	0	0	0	0	0	0	0	0
D9	0	0	0	0	0	0	0	0	0	0	0	0	0	0	0	0	0	0	0	0	0	0	0	0
D10	0	0	0	0	0	0	0	0	0	0	0	0.5	0	0	0.4	0.3	0	0	0	0	0	0	0	0
D11	0	0	0	0	0	0	0	0	0	0	0	0	0	0	0	0	0	0	0	0	0	0	0	0
D12	0	0	0	0	0	0	0	0	0	0	0	0	0	0	0	0	0	0	0	0	0	0	0	0
D13	0	0	-0.3	0	0	0	0	0.6	0.7	0	0	0.5	0	0	0	0	0	-0.5	0	0	0	0	0	0
D14	0	0	0	0	0	0	0	0	0	0	0	0	0	0	0	0	0	0	0	0	0	0	0	0
D15	0	0	0	0	0	0	0	0	0	0	0	0	0	0	0	0	0	0	0	0	0	0	0	0
D16	0	0	0	0	0	0	0	0	0	0	0	0	0	0	0	0	0	0	0	0	0	0	0	0
D17	0	0	0	0	0	0	0	0	0	0	0	0	0	0	0	0	0	0	0	0	0	0	0	0

图 8－11　智能网联汽车服务客户需求模糊认知图邻接矩阵

客户隐性需求的抽取与挖掘是面向单一客户或特定用户群体展开的分析，本节以 SA 公司 2014 年年底交付 263 辆汽车的车主群体 B 为对象进行示例验证，该客户群体在汽车交付使用之后需要对相关的配套产品及服务进行选配和定制。定义车主群体 B 在智能网联汽车服务生态系统内显性需求的集合为 D'，根据对车主群体 B 在车辆交付初期调研访谈的数据统计，了解该车主群体在需求方面有很多类似性，见表 8－10，其中部分主观显性需求集合 $D'=\{D_1, D_2, D_3, D_5, D_6, D_{10}, D_{13}, D_{15}, D_{16}, D_{18}, D_{19}, D_{20}, D_{21}, D_{22}\}$，其中集合内各元素编号对应表 8－9 中的产品服务选项的编号。

表 8－10　车主群体 B 隐性需求推理迭代过程参数变化

Step	D1	D2	D3	D4	D5	D6	D7	D8	D9	D10	D11	D12
0	1	0.6	0.5	0	1	1	0	0	0	0.3	0	0
1	1	1	1	0	1	1	0	1	1	1	0	1
2	1	1	1	0	1	1	0	1	1	1	0	1

(续表)

Step	D13	D14	D15	D16	D17	D18	D19	D20	D21	D22	D23	D24
0	1	0	1	0.2	0	0.6	0.3	0.2	0.7	0.5	0	0
1	1	0	1	1	1	0	1	1	1	1	0	0
2	1	0	1	1	1	−1	1	1	1	1	0	0

应用图 8-10 中构建的 FCM 基础模型，设置 D' 集合内对应元素的初始值为统计百分比权重，其他元素值全部为 0，使用 FuzzyDANCES 对 FCM 模型节点参数进行重新计算。其中，设置迭代关系为 $D_i(k+1)=f[D_i(k)]+\sum_{j\neq i,\ j=1}^{N}[D_j(k)\cdot w_{ji})]$，传递函数为 Trivalent 方程，迭代次数为 10，则有 FCM 的迭代推理曲线如图 8-12 所示。FCM 经过 2 步快速迭代即达到了平衡，对车主群体 B 智能网联汽车产品服务隐性需求推理的具体节点参数变化见表 8-10。根据平衡态节点参数值与初始值的对比分析，则可知推理出来的隐性需求集合为 $D'=\{D_8, D_9, D_{12}, D_{17}\}$，由于显性需求集合中 D_{13} 和 D_{18} 存在反向作用关系，因此集合中需求项 D_{18} 被消除。最终得到车主群体 B 的需求项集合 $D^0=\{D_1, D_2, D_3, D_5, D_6, D_8, D_9, D_{10}, D_{12}, D_{13}, D_{15}, D_{16}, D_{17}, D_{18}, D_{19}, D_{20}, D_{21}, D_{22}\}$，后续将针对车主群体 B 需求项的动态特征开展进一步深入分析。

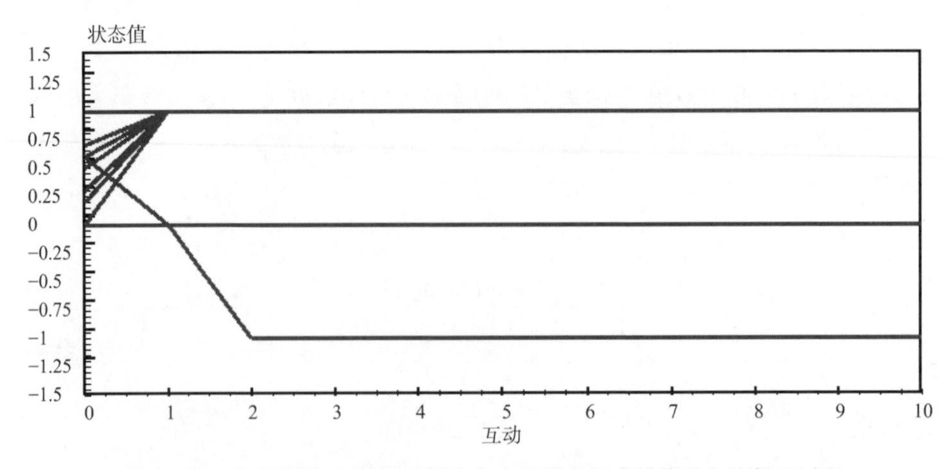

图 8-12　车主群体 B 智能网联汽车产品服务需求模糊认知图推理过程

8.2.2.3 基于ARIMA模型的智能网联汽车服务生态系统客户需求动态预测

基于对车主群体 B 智能网联汽车产品服务需求的合成，得到车主群体 B 的基本需求项集合 $D^0=\{D_1, D_2, \cdots, D_{22}\}$，其中各需求项权重向量为 $\boldsymbol{w}=(w_1, w_2, \cdots, w_{22})$，通过过往24个月车主群体 B 对车载空调和HUD的需求权重时间序列原始数据收集见表8-11。其中，选取车载空调设备及抬头显示器两种不同类型车载产品的客户需求权重，应用ARIMA模型进行数据拟合与预测分析，结果分别如图8-13和图8-14所示。由图形曲线可知，ARIMA模型的拟合值与原始数据基本吻合，得出的模型可以比较好地表征实际数据。此外，通过曲线的形状，可以比较直观地得出不同产品客户需求权重的变化周期和趋势，车载空调设备相关服务的客户需求权重是以半年(6个月)为周期的波浪形变化曲线，而对于HUD的一名客户需求权重在24个月内呈现逐步上升的趋势。因此，针对该车主群体，可以在不同的时间段，有针对性地制定个性化的服务计划。

表8-11 过往24个月车主群体B对车载空调和HUD的需求权重时间序列原始数据收集

需求项	需求权重	2015年1—12月											
		1	2	3	4	5	6	7	8	9	10	11	12
D_6	w_6	0.95	1.0	0.90	0.73	0.35	0.86	0.97	1.0	0.92	0.54	0.80	0.87
D_{20}	w_{20}	0.02	0.04	0.05	0.07	0.11	0.13	0.17	0.19	0.23	0.24	0.25	0.25
需求项	需求权重	2016年1—12月											
		1	2	3	4	5	6	7	8	9	10	11	12
D_6	w_6	0.92	1.0	0.93	0.80	0.47	0.82	0.93	1.0	0.88	0.50	0.82	0.86
D_{20}	w_{20}	0.23	0.26	0.29	0.38	0.42	0.45	0.47	0.48	0.49	0.52	0.53	0.55

在通过ARIMA模型建立拟合模型的基础上，2017年前六个月内该客户群体对于两种不同产品及服务需求权重的变化进行预测，预测数据曲线分别如图8-13和图8-14三角形节点灰色曲线所示，并与实际数据进行拟合，从两条曲线的总体变化趋势上进行定性判断，基本符合了车载空调和抬头显示器需求权重变化的周期性或趋势性规律。两种车载智能产品ARIMA模型的具体参数配置及2017年前六个月内客户需求权重的预测值见表8-12。同时用平稳 R^2 值作为模型拟合度度量标准，两条拟合和预测曲线平稳 R^2 值均大于

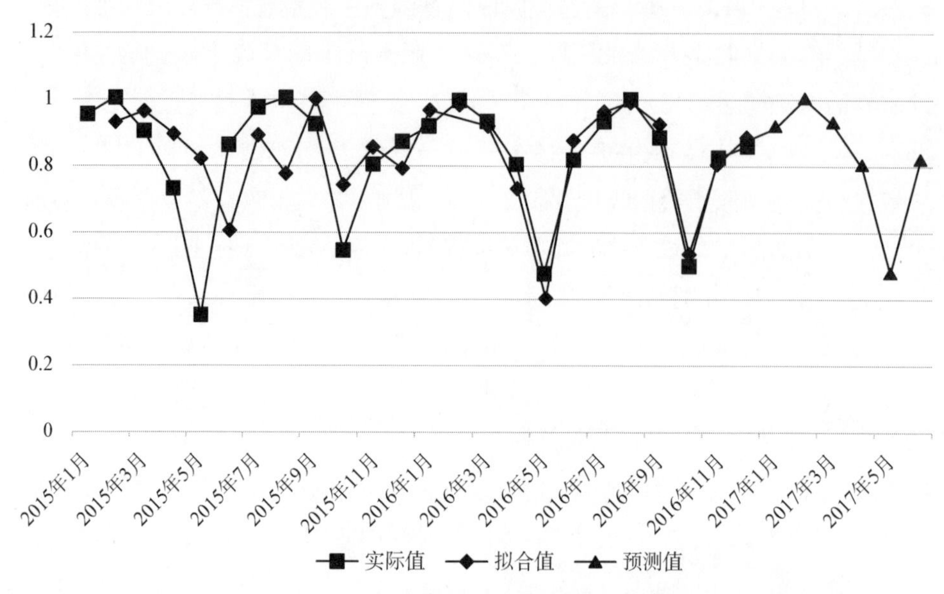

图 8-13　客户对于车载空调需求权重的拟合值与预测值时间序列

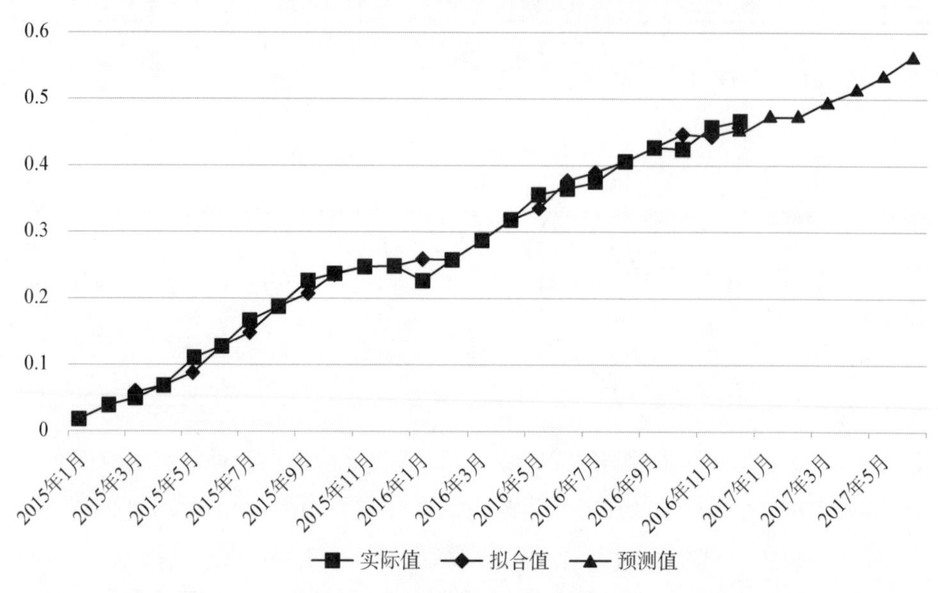

图 8-14　客户对于抬头显示器需求权重的拟合值与预测值时间序列

0.5，证明 ARIMA 模型在数据拟合与预测的解释性和有效性方面，基本满足对于智能网联汽车产品与服务客户需求动态预测方面的要求。

表 8-12　典型智能网联汽车产品服务客户需求权重预测 ARIMA 模型参数与预测值

需求项	ARIMA 模型 (p, d, q)×(P, D, Q)	2017 年前六个月需求权重预测值/实际值						模型拟合度统计平稳 R^2
		1月	2月	3月	4月	5月	6月	
车载空调	(2，1，2)×(1，0，0)	0.92/0.90	1.00/0.98	0.93/0.93	0.80/0.82	0.48/0.45	0.82/0.78	0.630
抬头显示器	(1，2，2)×(1，0，0)	0.48/0.47	0.48/0.48	0.50/0.51	0.52/0.53	0.54/0.53	0.57/0.55	0.640

8.3　智能网联汽车服务生态系统解析

根据本书提出智能产品服务生态系统解析相关的理论方法，应用智能网联汽车服务生态系统案例进行可行性与先进性的验证。示例验证主要从智能网联汽车服务生态系统结构拓扑层次分析、稳健性研究、系统价值涌现三个方面展开。

8.3.1　结构拓扑层次分析

首先，应用 L1 到 L4 四个层次分析模型，选取智能网联汽车整车厂商 SA 的解决方案的要素构成与系统嵌套关系进行分析，具体见表 8-13。同时，选取了“车载故障诊断仪→汽车综合故障诊断系统→汽车健康管理服务平台→智能网联汽车服务生态系统”这样一条主线，应用 EVSM 方法进行建模分析，其

表 8-13　智能网联汽车服务生态系统构成层次分析

系统层级	L1 智能网联汽车产品	L2 智能网联汽车系统	L3 智能网联汽车服务系统	L4 智能网联汽车服务生态系统
系统构成	整车平台、车载 GPS、行车记录仪、抬头显示器、故障诊断仪和车载空调设备等	定位导航系统、汽车故障诊断系统、音视频播放系统和空气循环与温度调节控制系统等	道路综合服务系统、汽车健康管理服务平台、影音娱乐服务系统、金融保险服务系统和行车安全保障等	融合道路服务、健康管理、影音娱乐和金融保险等不同服务系统的集成化的智能网联汽车服务生态系统

L1 到 L4 四个层次的嵌套关系模型如图 8 - 15 所示。其共性的外部环境包括道路环境、社会环境和自然环境等方面，子系统由于所处层次及其超系统的不同而包含不同的内容。

进一步，针对图 8 - 15 中构建的智能网联汽车服务生态系统总体 EVSM 模型，按照自底向上嵌套堆叠的方式，选取典型的智能网联汽车服务生态子系统进行结构拓扑分析。其中，L1 级子系统选取了车载故障诊断仪进行 EVSM 建模，其系统各模块构成如图 8 - 16 所示，车载故障诊断仪的外部环境包括路况、车内温湿度、驾驶员和汽车行驶状态等要素；各执行系统 O 包括车辆 OBD 数据接口、油耗显示和故障信息提示等功能；S2 具体管控故障诊断仪任务的切换，包括显示不同的数据项、重要信息优先提示等；S3 为车载故障诊断仪的智能控制器软硬件，包括数据采集、显示和提醒；S3* 为故障诊断仪运行状态实时监控模块；S4 为故障诊断仪运行参数的智能规划与优化模块，如数据采集频率、数据分析方法等；S5 集成了智能场景判断与运行模式自主选择的功能，用以对故障诊断仪的运行做出全局的智能判断与决策，如驻车状态、高速行驶状态、自检状态等选择不同的数据采集与分析模式。

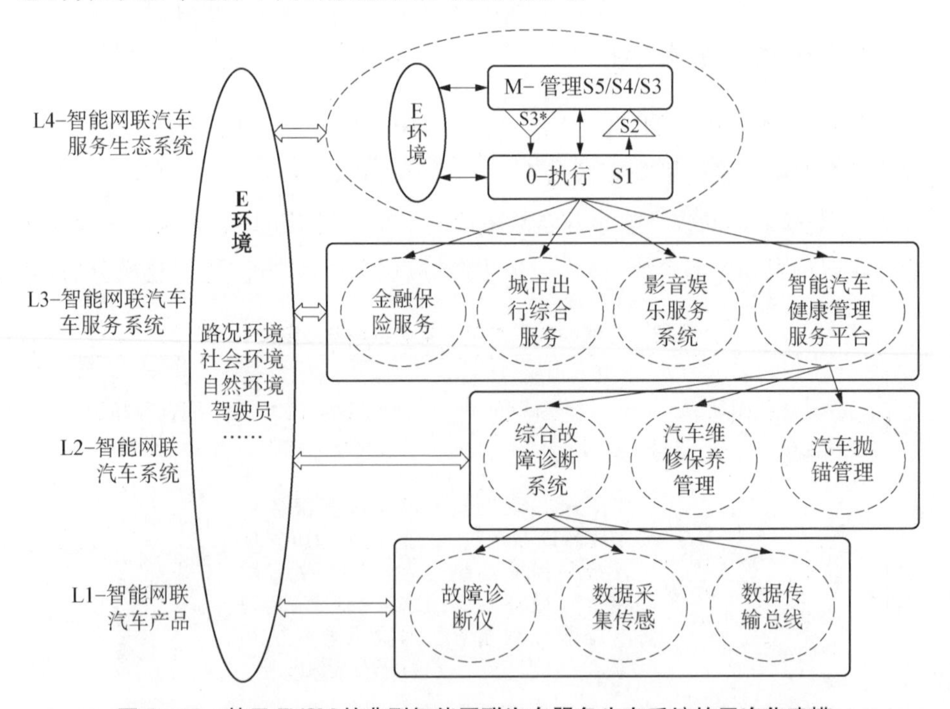

图 8 - 15　基于 EVSM 的典型智能网联汽车服务生态系统的层次化建模

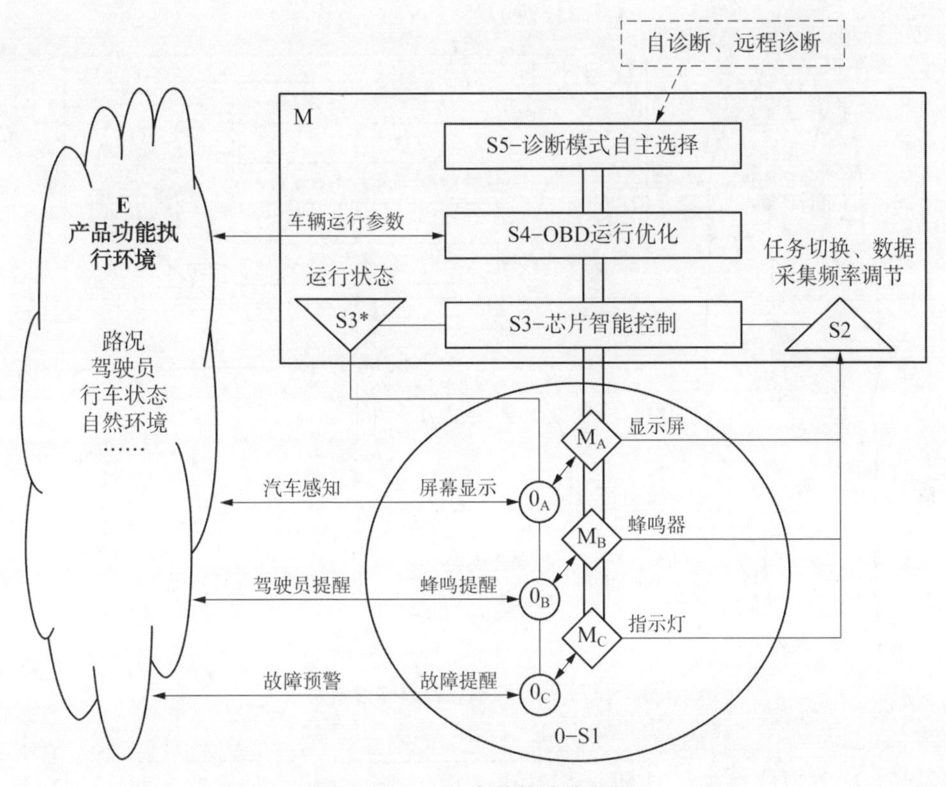

图8-16 L1-车载故障诊断仪

类似的，应用EVSM模型，构建L2级汽车综合故障诊断系统(图8-17)、L3级智能网联汽车健康管理服务平台(图8-18)及L4级智能网联汽车服务生态系统(图8-19)。应用EVSM模型，很直观地梳理出了智能网联汽车服务生态系统的嵌套结构层次，以及不同层次、不同子系统之间的关联关系。

L2级汽车综合故障诊断系统中，在执行系统部分(S1)集成了包括各种类型的车载传感设备，如胎压监测仪、ABS传感器、位置转速传感器、水温传感器、速度传感器、油压传感器和空气流量传感器等，以及数据传输线路、信息显示设备等其他设施设备。传感数据通过有线或无线的方式(如CAN总线、MOST总线、FlexRay总线等)传输到车载TPU(S2)上进行计算分析或反馈控制，TPU同时担任状态监控系统(S3*)的智能负责运行数据的实时比对，随后汽车运行的相关参数传输到中控系统(S3)进行数据的汇总与归集，中控平台中的中央处理单元(S4)对整车状态进行分析判断并对汽车运行相关参数进行

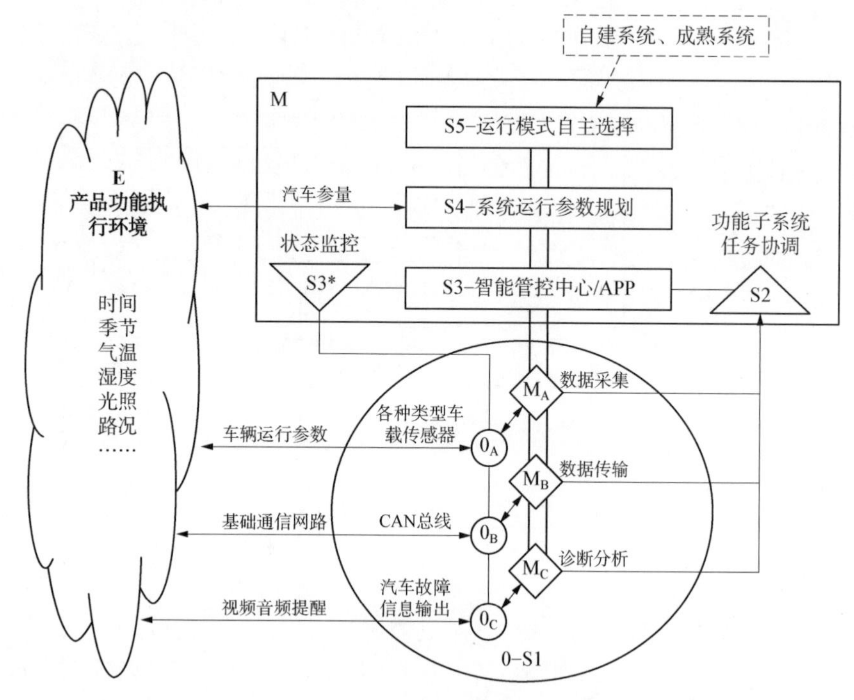

图 8-17　L2-汽车综合故障诊断系统

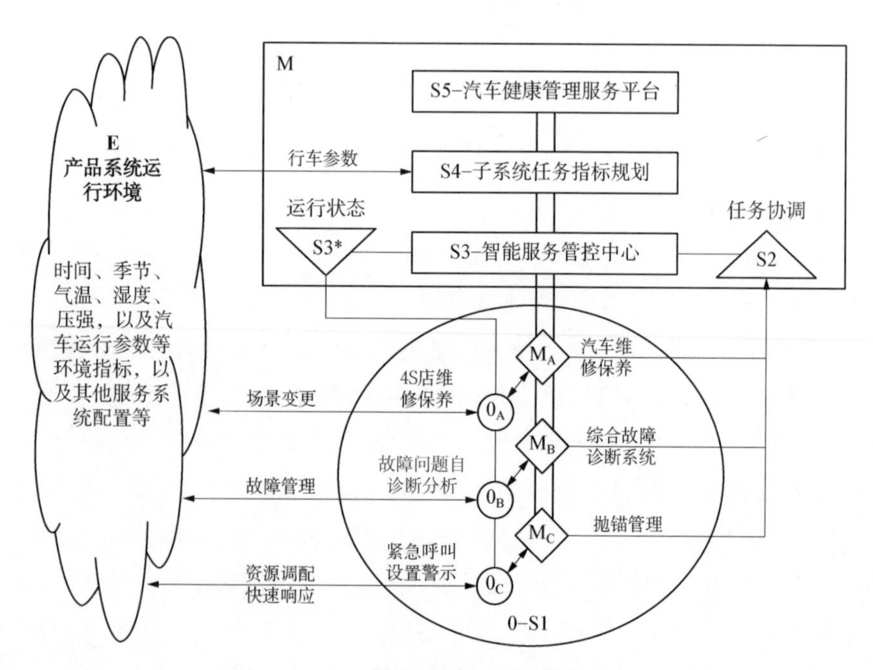

图 8-18　L3-智能网联汽车健康管理平台

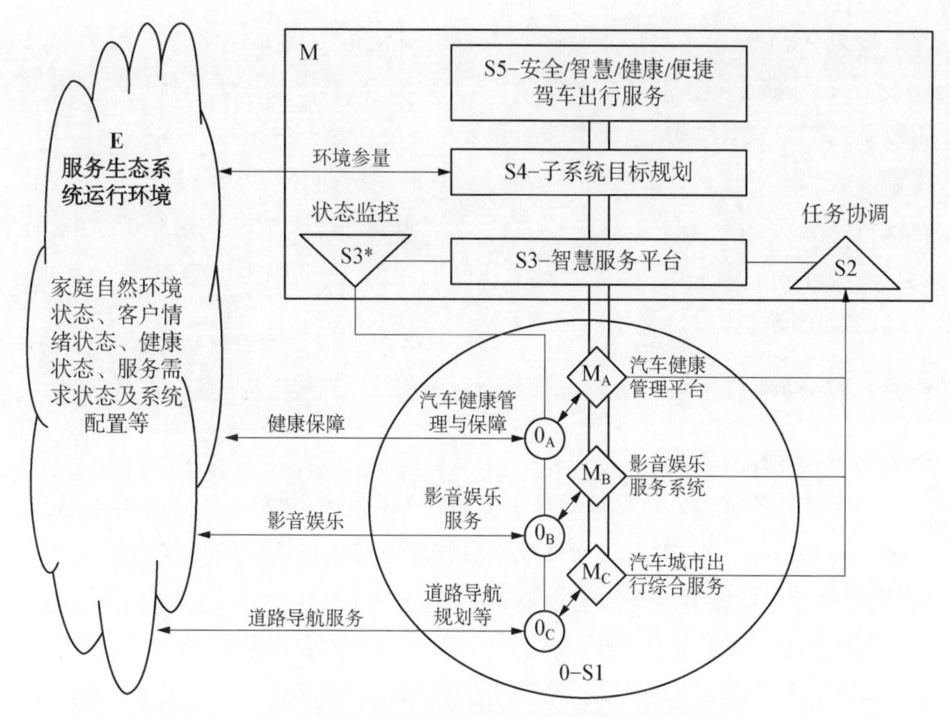

图 8－19　L4－智能网联汽车服务生态系统

优化分析，最终中控平台中的决策支持应用系统(S5)会根据 S4 分析的结果，自主选择汽车的故障修复模式、故障预防模式，或者向车主推荐故障处理方案，以便于即时对外部干扰及运行系统的实效、故障做出响应。

L3 级智能网联汽车健康管理服务平台中的执行系统(S1)除了包含 L2 级的汽车综合故障诊断系统之外，还包括汽车维修保养的配套资源与系统，如 4S 店、备品备件供应商等，应急抛锚管理处置系统，如紧急呼叫、设置警示等。健康管理平台设置任务协调中心(S2)，负责执行系统的任务与订单分配，而监控系统(S3*)负责任务执行情况的反馈与状态监测。智能控制中心(S3)主要承担服务任务的整体管控，如服务资源的统一调度、服务信息的统一管理等。子系统任务指标规划系统(S4)主要制定各执行子系统的任务目标和运行规则。汽车健康管理平台(S5)则主要依据 S3 的控制过程与 S4 的指标规划对整个 L3 级系统运行提供最优化的分析与决策。

L4 级智能网联汽车服务生态系统的执行系统(S1)中，包含若干 L3 级系统，如汽车健康管理平台、影音娱乐系统、汽车城市出行综合服务系统(如道路导航规划)等,构成了 L4 级生态系统的模块化运行单元。任务协调子系统(S2)负责 S1 级系统相应的服务订单、任务分配等;状态监控子系统(S3*)则负责收集汽车健康管理平台、影音娱乐服务系统等传输的数据,进行验证、比对与反馈。智慧服务平台(S3)主要负责系统的服务资源管理和服务过程管控。子系统目标规划系统(S4)则根据 S5 级系统的决策目标,制定各执行子系统 S1 的运行目标。子系统 S5 则负责根据智能网联汽车的客户需求,制定安全、智慧、健康、便捷驾车出行服务的基本原则与总体目标。

8.3.2 稳健性分析

8.3.2.1 耗散结构演变

为了描述智能网联汽车服务生态系统的耗散结构演变,应用模型中提出的系统能效等级作为衡量指标,对智能网联汽车服务生态系统的耗散平衡过程进行分析。

智能网联汽车的耗散结构演变如图 8-20 所示,从定性分析上看,汽车功能与服务结构的演变同样经历了三个过程,即机械化时代、电气化时代和智能信息时代。汽车在刚刚发明并投入使用的很长一个时期内,汽车的主要功能仅限于出行代步和载物送客等;汽车的基本结构和控制系统均以机械控制为主,不同机械系统之间相互独立;对于汽车的操作也主要靠驾驶员手动保证汽车的正常运行,以及功能的正常实现;而汽车发生故障之后,需要比较专业的机械工程师对故障问题进行检查,并做进一步的维修保养作业。这个阶段的汽车,结

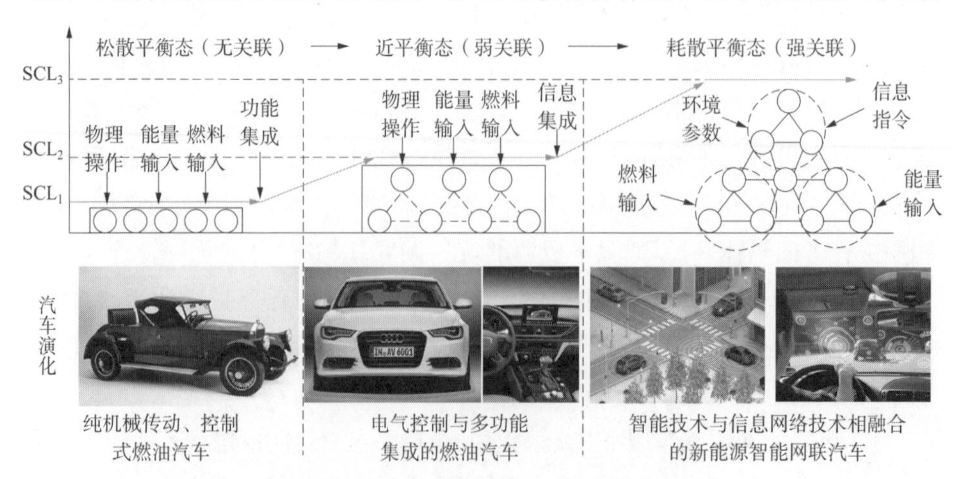

图 8-20 智能网联汽车的耗散结构演变

构、功能与服务之间相互独立，关联较少，因此其SCL值较低，处于低效的松散平衡态。

随后，随着更多的电气化模块和控制单元的引入，汽车构成得到不断优化，多样化的功能也不断集成进来。其中，汽车电子控制单元、CAN总线等技术体系升级，让汽车从传统机械式控制转向电气化自动控制，如防抱死制动系统、四轮驱动系统、电控自动变速器、主动悬架系统、安全气囊系统和多向可调电控座椅等。此时，汽车的功能除了出行代步、载物送客之外，具有了更多基于智能软硬件的功能属性，如影音娱乐、导航定位等。同时，由于汽车复杂的机械与电器关联构成，故障产生往往是综合性因素导致的结果，因此，汽车提供OBD接口用于读取汽车的运行数据，4S店可以根据这些数据进行故障原因的挖掘，提供有针对性的维修保养服务。这个阶段的汽车，机械、电气结构紧凑，功能集成度增加，结构与功能的耦合程度增加，服务方式更贴近用户实际需求，此时的SCL值由于汽车的结构优化与功能集成等负熵值的持续输入而得到提升，系统处于近平衡态，即系统弱耦合和弱关联状态。

当前，随着汽车智能化和网联化的发展，汽车结构、功能与服务得到进一步的优化和提升。在结构和电气设计上，越来越多的汽车采用油电混合动力或纯电动技术，用以进行更加经济、环保的汽车制造和运营。在功能上，辅助驾驶和自动驾驶等功能正逐步成熟，成为新车型的标配。在服务上，汽车可以通过网络联接到车联网智慧服务平台，通过对汽车运行数据、道路车流量数据、户外天气数据等相关信息的智能化分析，为车主提供汽车故障远程诊断、预防/预测性维护、行车路径优化、主动式客户关怀等个性化的服务。在这个阶段，网络信息和智能技术进一步集成到汽车产品和服务设计中，使得智能网联汽车运行中的所有数据得以充分利用，汽车演变成了一台智能化的物联网服务终端，为客户提供最大化价值体验的出行服务，此时的系统SCL值由于系统内组件的强关联性而得以极大提升，系统处于耗散平衡态。

通过对智能网联汽车结构、功能、服务演化过程的定性分析，进一步验证了应用耗散结构理论解释智能产品服务生态系统演变过程的可行性与适用性。

8.3.2.2 生态位分离

为了解释基于Type 2模糊集的生态位分离理论，本节选取智能网联汽车服务生态系统中的智能车机和智能手机作为对象，进行生态位宽度和生态位重叠的计算分析。

首先，通过对用户使用智能车机和智能手机的频率及用途开展问卷访谈和数据统计，可以得到每种产品在不同功能和服务维度 x_i 上匹配性的概率分布，可以用分布区间为[a，b]的 Type 1 型高斯分布 $N(\mu, \sigma^2)$ 来表示，其中 μ 为高斯分布期望，σ 为高斯分布标准差。而 a 和 b 映射到 Type 2 模糊隶属函数图上，则分别为 x_i 状态下 FOU 的上限值与下限值。最终统计可得智能车机和智能手机的 Type 2 模糊隶属度维度及分布，具体见表 8-14。将表中的数据进行平滑处理，绘制到同一个坐标系中，可得智能车机和智能手机的 Type 2 模糊生态位隶属度分布如图 8-21 所示。

表 8-14　智能车机和智能手机的 Type 2 模糊隶属度维度及分布

产品	分析维度及 Type 2 模糊隶属区间			
	车辆控制	状态显示	倒车影像	即时通信
智能车机	(0.8，1.0)	(0.75，1.0)	(0.46，0.6)	(0.12，0.23)
智能手机	(0.1，0.2)	(0.15，0.4)	(0，0)	(0.87，1)
产品	分析维度及 Type 2 模糊隶属区间			
	影音娱乐	位置服务	信息服务	移动办公
智能车机	(0.32，0.53)	(0.56，0.71)	(0.24，0.41)	(0，0)
智能手机	(0.74，0.92)	(0.83，1)	(0.77，0.92)	(0.68，0.85)

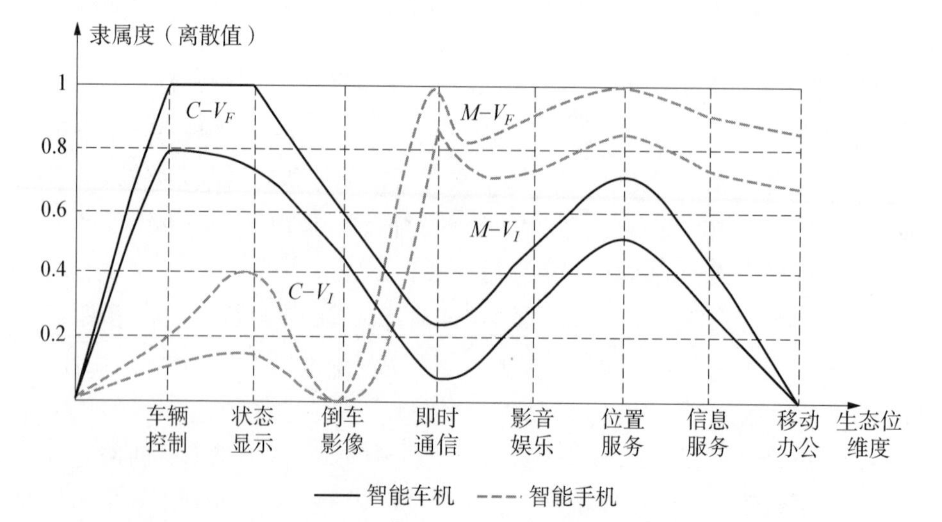

图 8-21　智能车机和智能手机的 Type 2 模糊生态位隶属度分布图

定义衡量生态位的车辆控制、状态显示、倒车影像、即时通信、影音娱乐、位置服务、信息服务和移动办公八个维度按照顺序依次定义为$\{x_1, x_2, \cdots, x_8\}$，并将每一个生态位维度的宽度规范化定义为1，则有生态位宽度论域为8。根据表5-8中对于智能车机和智能手机生态位的基础描述数据，应用式(5-5)和式(5-6)对两种产品的生态位宽度进行计算，则可得智能车机的生态位宽度为

$$\begin{aligned} V_C &= \sum_{i=1}^{7}\left[\mu \cdot \int_{\underline{\mu}_{\tilde{A}}(x_i)}^{\overline{\mu}_{\tilde{A}}(x_i)} N(\mu, \sigma^2)\mathrm{d}\mu_{\tilde{A}}(x_i)\right] \\ &= V_C^{x_1} + V_C^{x_2} + \cdots + V_C^{x_8} \\ &= 0.9 + 0.875 + 0.53 + 0.175 + 0.425 + 0.635 + 0.325 + 0 \\ &= 3.865 \end{aligned} \tag{8-1}$$

类似的，计算可得智能手机的生态位宽度为

$$\begin{aligned} V_M &= V_M^{x_1} + V_M^{x_2} + \cdots + V_M^{x_8} \\ &= 0.15 + 0.275 + 0 + 0.935 + 0.83 + 0.915 + 0.845 + 0.765 \\ &= 4.715 \end{aligned} \tag{8-2}$$

由生态位宽度计算值可知，智能车机生态位宽度在论域内的覆盖率为48.3%，而智能手机生态位的覆盖率为58.9%，由此可知智能手机在智能网联汽车服务生态系统中的使用率会明显高于智能车机。

进一步，应用式(5-7)和式(5-8)智能车机和智能手机的生态位重叠度量向量：

$$\begin{aligned} \boldsymbol{V}_{xy} &= V_C \Pi V_M \\ &= (V_C^{x_1}, V_C^{x_2}, \cdots, V_C^{x_8}) \Pi (V_M^{x_1}, V_M^{x_2}, \cdots, V_M^{x_M}) \\ &= (0.15, 0.275, 0, 0.175, 0.425, 0.635, 0.325, 0) \end{aligned} \tag{8-3}$$

应用度量向量$\boldsymbol{V}_{xy}$数值和作为生态位重叠度的综合评价指标，即

$$\begin{aligned} \boldsymbol{V}_{xy} &= 0.15 + 0.275 + 0 + 0.175 + 0.425 + 0.635 + 0.325 + 0 \\ &= 1.985 \end{aligned} \tag{8-4}$$

智能车机的生态位重叠率为 $\frac{V_{xy}}{V_C}=51.3\%$，重叠率比较高；而相应智能手机的生态位重叠率为 $\frac{V_{xy}}{V_{\mathrm{Lap}}}=42.1\%$，重叠率比较低；生态位重叠度占论域比例为 24.8%。

综上所述，智能车机和智能手机作为两种独立的智能产品与服务载体存在，虽然两者在生态位上有部分重叠，如影音娱乐、即时通信、位置服务、信息服务等，但是两者的主要应用场景和功能侧重各不相同。智能车机核心在于与车辆的无缝集成，可实时获取车辆的运行状态信息，并做出智能化的分析判断，并可以自主或手动控制调节车辆的运行参数，因此智能车机是依附于汽车而存在，主要用在汽车行驶场景中；而智能手机则可以脱离汽车独立存在，除了与智能车机的部分功能服务重叠，智能手机通过 App 和通信网络则具有远程开锁、远程定位车辆位置、遥控汽车出库、遥控汽车提前启动空调和移动办公等多种差异化的功能。因此，虽然智能车机在共性功能上偏弱，其生态位宽度也较窄，但是其基础生态位无法被替代；智能手机的可移动性弥补了智能车机的生态位空缺，并拓展了新的生态空间出来，因此两者相辅相成，共同为客户提供良好的功能与服务体验。

同时，应用 5.5.2.2 小节关于生态位关系的描述方法，选取智能网联汽车服务生态系统中的关键核心节点，对节点相互之间的生态位四种关系（交叉、分离、关联、包含）进行分析。以智能车机和智能手机为例，其两者生态位重叠部分占论域比例 20.8%，但互不包含，属于典型的生态位交叉关系。不同类型智能网联汽车产品之间的生态位关联关系见表 8-15。

表 8-15　不同类型智能网联汽车产品之间的生态位关联关系（部分举例）

产品	智能车机	车载GPS	智能钥匙	行车记录仪	网络通信设备	智能手机	倒车雷达	倒车影像	全景可视系统	抬头显示器	故障诊断仪
智能车机	—	—	—	—	—	—	—	—	—	—	—
车载 GPS	X	—	—	—	—	—	—	—	—	—	—
智能钥匙系统	O	O	—	—	—	—	—	—	—	—	—
行车记录仪	X	△	O	—	—	—	—	—	—	—	—

（续表）

产品	智能车机	车载GPS	智能钥匙	行车记录仪	网络通信设备	智能手机	倒车雷达	倒车影像	全景可视系统	抬头显示器	故障诊断仪
网络通信设备	X	△	△	△	—	—	—	—	—	—	—
智能手机/App	X	X	⊃	△	△	—	—	—	—	—	—
倒车雷达	⊃	O	O	⊃	O	O	—	—	—	—	—
倒车影像	⊃	O	O	⊃	O	O	X	—	—	—	—
全景可视系统	⊃	O	O	⊃	O	O	X	X	—	—	—
抬头显示器	△	△	O	△	△	X	O	△	△	—	—
故障诊断仪	⊃	O	△	O	△	△	O	O	O	△	—

图例说明：X——生态位交叉；O——生态位完全分离；△——生态位关联；⊃——生态位包含。

8.3.3　价值涌现

智能网联汽车服务生态系统具有典型的“价值涌现”四种效应，包括组分效应、规模效应、结构效应和环境效应，选取部分典型案例进行应用举例，具体见表8-16。

表8-16　智能网联汽车服务生态系统的价值涌现效应

涌现效应	应用举例	价值涌现
组分效应	将智能车机、智能手机等产品接入网络	智能车机接入网络可以将汽车运行数据传输到云平台进行实时监控和分析，并同步到智能手机App中，车主可对于汽车运行状态和参数进行可视化操控，组件之间的功能相辅相成
规模效应	大量装载高德地图App的智能车机或智能手机实时导航	高德地图后台可以根据城市道路上装载了地图App汽车的位置、速度、密集程度等推测不同路段的车辆拥堵情况，用颜色标识在地图中，并为车主规划推荐最佳路线
结构效应	新能源汽车采用电池、电机和减速器组合驱动汽车	采用电池、电机、减速器组合的新能源汽车相比传统燃油汽车结构更加简洁，可以做成紧凑型双人座汽车，也可以做成类似Tesla的中大型车，从而减轻车体，增加储物空间

（续表）

涌现效应	应用举例	价值涌现
环境效应	根据天气、路况、车速等外部环境因素，开启或切换汽车的运行模式	雨刮器根据雨量自动调节摆动速度，自动挡汽车根据汽车行驶速度自动切换不同挡位，当车主远离车辆时自动上锁，车辆前后有障碍物时自动刹车等，实现汽车功能与车主操作的无缝衔接，更加舒适、省心、安全

根据表 8－16 中的智能网联汽车服务生态系统价值涌现效应，应用图 5－19 智能产品服务生态系统价值空间拓展模型，进一步分析智能网联汽车服务生态系统价值空间的拓展过程，具体以智能车机、智能手机和 HUD 三种车载智能产品及其服务的价值空间拓展为例，见表 8－17。

表 8－17　智能车机、智能手机和 HUD 的价值空间拓展

智能网联汽车周边产品	单纯价值 V_P	复合价值 V_C	生态价值 V_E
智能车机	V_{a1} = 网络联接 V_{a2} = 图像显示 V_{a3} = 操作系统	V_{a4} = 故障信息获取 V_{a5} = 移动 APP 下载 V_{a6} = 倒车影像显示 V_{a7} = 音视频播放 V_{a7} = 新闻资讯获取 V_{a8} = 车辆定位导航	V_{a9} = 实时监控 V_{a10} = 能耗分析 V_{a11} = 故障模式分析 V_{a12} = 维修保养计划 V_{a13} = 参数优化升级 V_{a14} = 缓解道路拥堵
智能手机	V_{b1} = 打电话 V_{b2} = 发短信 V_{b3} = 网络联接	V_{b4} = 智能蓝牙安全锁 V_{b5} = 车辆状态显示 V_{b6} = 车辆定位导航 V_{b7} = 故障信息提示 V_{b8} = 车辆远程控制	V_{b9} = 汽车安全防盗 V_{b10} = 状态远程监控 V_{b11} = 维护保养计划 V_{b12} = 行车路径规划 V_{b13} = 周边服务推荐 V_{b14} = 汽车分时租赁
抬头显示器	V_{c1} = 光学投影 V_{c2} = 声音提醒 V_{c3} = 图像显示	V_{c4} = 道路导航提醒 V_{c5} = 行车数据显示 V_{c6} = 投影亮度调节 V_{c7} = 危险信息提示	V_{c8} = 行车路线优化 V_{c9} = 行车安全防护 V_{c10} = AR 辅助驾驶

由表 8－17 中三种典型智能网联汽车产品及服务的单纯价值 V_P、复合价值 V_C、生态价值 V_E 的演变分析，可得出以下结论：

智能网联汽车相关配套产品设计的初衷是满足客户的一些基本需求，如智能车机最初是应用于收音机、CD 碟片的播放。也有可能这些产品最初并不是为汽车设计的，如手机最初只用于打电话、发短信、网络联接等功能，与汽车基本没有关系；抬头显示器相关的技术最初是应用在飞机上辅助飞机驾驶，而并不是原生为汽车进行设计的产品。

而随着智能感知等技术与汽车的相互融合，以及四种效应（组分效应 ⊕、规模效应 ⊗、结构效应 ⊙、环境效应 ⊛）的叠加，涌现出了新的拓展性功能价值（复合价值），如智能车机的倒车影像显示、故障信息获取等，智能手机的蓝牙安全锁、车辆定位导航、车辆远程控制等，抬头显示器的行车数据显示、危险信息提醒等。

由于网络化技术的支持及产品服务供应商的多维度参与，组分效应 ⊕、规模效应 ⊗、结构效应 ⊙、环境效应 ⊛ 等效应进一步发挥作用，涌现出了智能网联汽车服务生态化的价值，如智能车机的能耗分析、故障模式分析等，智能手机的远程监控、周边服务推荐、分时租赁等，抬头显示器的行车安全防护、AR 辅助驾驶等。

由表 8－17 分析也可得出，智能车机、智能手机、抬头显示器价值涌现的非线性过程极大丰富了各自的生态价值空间内涵，为车主提供更加舒适、更便利、更省心、更安全的智能网联汽车服务生态体验和价值。

因此，对智能网联汽车服务生态系统案例进行实际分析，比较全面地验证了智能产品服务生态系统价值涌现理论和价值空间拓展评价模型的有效性和广泛适用性。

8.4　智能网联汽车服务生态系统设计

8.4.1　智能网联汽车产品与功能层次聚类

随着智能化、网络化、数字化技术的不断演进与生产制造能力的提升，智能网联汽车服务生态系统中所包含的产品多样化程度越来越高。为了能够提供给用户一种更加快捷方便地选择路径，因此需要将离散的智能网联汽车相关产品个体（L1 级系统）进行分层聚合，以智能网联汽车功能系统最小单元的形式进行封装生成 L2 级系统。应用本书提出的模糊关联聚类方法对表 8－9 所涉及的 24 种智能网联汽车相关产品进行层次化聚类分析。具体内容包括如下：

(1) 选取因素集。根据智能网联汽车相关产品的特征，选取因素集 $U=\{u_1, u_2, u_3, u_4\}$，包含四个关联性评价指标，其中 u_1 为数据/信息交换关联性、u_2 为物理结构关联性、u_3 为功能关联性、u_4 为业务关联性，代表了四个不同层面的关联特性。

(2) 制定评价语义集。面向智能网联汽车相关产品四个方面关联特性的模糊层次聚类，制定评价语义集 $V=\{0, 0.2, 0.4, 0.6, 0.8, 1\}$，其中 0 代表毫无关联，0.2 代表极弱联系，0.4 代表微弱联系，0.6 代表弱耦合，0.8 代表强关联，1 代表强耦合。

(3) 分配权重向量。由于不同关联特性的重要程度不同，根据专家综合评估意见汇总平均，制定评价权重分配模糊向量为 $\boldsymbol{A}=\{0.35, 0.15, 0.25, 0.25\}$，其中数据/信息交换为核心关联特性，功能和业务关联次之，物理结构关联重要程度最弱。

(4) 生成模糊关联矩阵。依据评价语义集由专家对表 8-9 所涉及的 24 种智能网联汽车相关产品之间的关联关系进行单一因素和多指标综合评价，进而通过模糊权重向量计算平均，得到不同产品功能之间的模糊关联系数评价矩阵。

(5) 生成要素层次聚类包络图。根据最大生成树原则，依据不同产品功能节点之间的关联系数矩阵，生成智能网联汽车部分产品功能要素层次聚类包络图(图 8-22)，将现有的产品功能要素依据模糊关联系数，聚类到 M1～M11 模块组中。由图 8-22 中可知，区别于一般的分类和分层方法，应用模糊聚类的方法，可以比较好解释智能网联汽车产品功能系统中的任一节点或元素可归属于不同模块的问题，如 D13 为智能手机/App，其可以作为 M3 模块(智能汽车控制)的接口节点，也可以作为 M8 模块(影音娱乐)的核心构成。

(6) 生成智能网联汽车产品功能要素配置结构树。依据通过对满足客户需求的优先级进行排序，将聚类出的智能网联汽车产品功能模块组按照接口产品子系统(根节点)、核心功能型产品子系统、拓展功能型产品子系统及辅助功能型产品子系统四个层次进行分层归类，以生成要素配置结构树列表，具体如图 8-23 所示。其中，作为整个系统的核心和载体，M1 模块(智能汽车车体)承担了系统中 L1 级别的接口和基准的角色，M2 模块(智能车机)、M3 模块(智能控制)及 M4 模块(故障诊断)作为 L2 级别的核心功能型产品系统，M7 模块

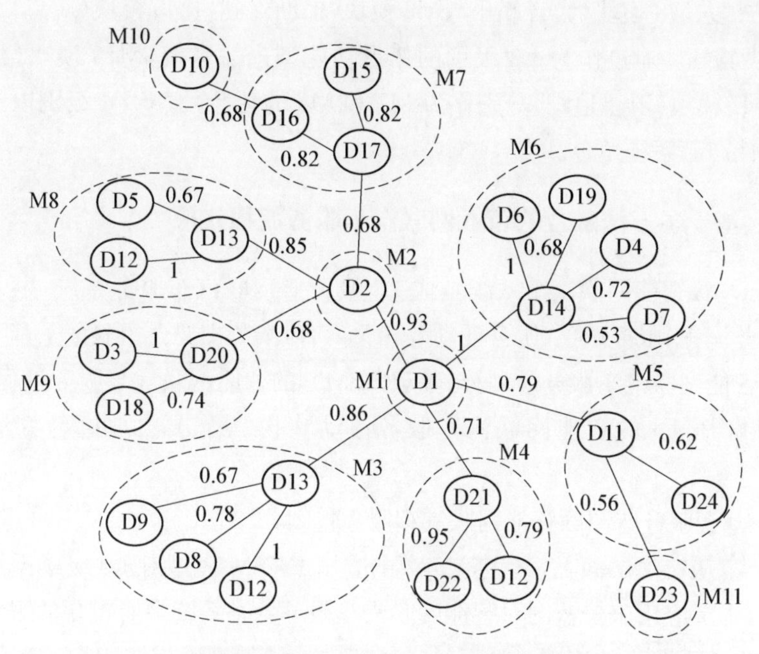

图 8－22　智能网联汽车部分产品功能要素层次聚类包络图

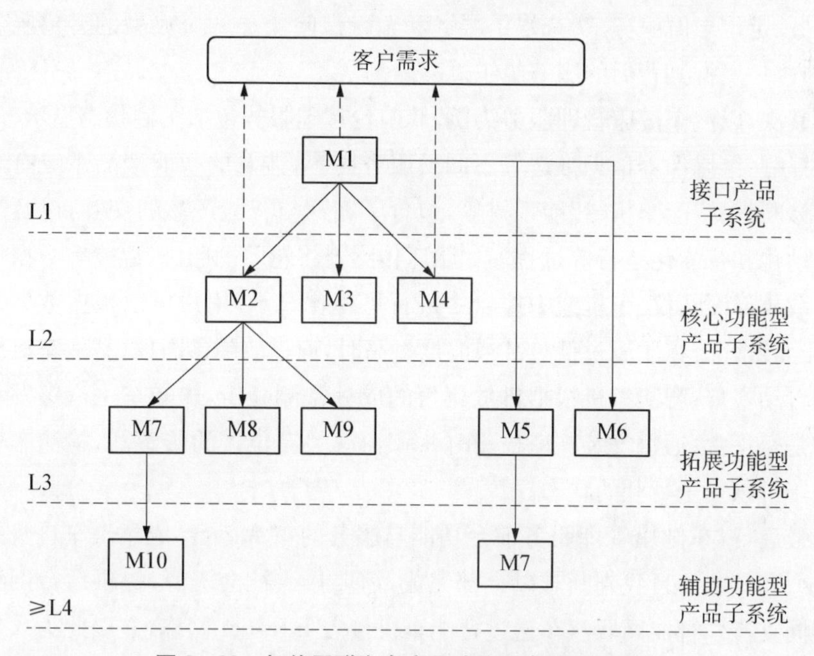

图 8－23　智能网联汽车产品功能要素配置结构树

(安全防护)、M8 模块(影音娱乐)、M9 模块(辅助驾驶)、M5 模块(应急救援)及 M6 模块(舒适体验)作为 L3 级别的拓展功能型产品系统,M10 模块(行车记录)与 M7 模块(卫星追踪)分别作为 M7 和 M5 的延伸,承担 L4 级别以上的辅助功能性产品系统角色。

8.4.2 基于多方法融合的智能网联汽车服务流程建模

从 L2 级智能网联汽车系统生成 L3 级智能网联汽车服务系统,融入多样化的服务流程、服务选项、服务活动等相关内容,本节主要介绍验证了基于服务蓝图的智能网联汽车服务包划分、基于 BPMN 的智能网联汽车服务过程建模、基于 HTCP-Net 的智能网联汽车服务活动建模三个层次理论与方法的可行性。

1) 基于服务蓝图的智能网联汽车服务包划分

首先,从宏观层面上,基于第 5 章中应用 EVSM 模型对 L3 级子系统的基础分析,本节应用服务蓝图对智能网联汽车服务生态系统中所包含的服务包选项进行更加系统化的梳理。如图 8 - 24 所示。智能网联汽车服务蓝图划分了客户活动域、前台服务域、后台服务域及支撑过程域四个区域,选取汽车健康管理服务、定位导航服务、影音娱乐服务和金融保险服务四个典型的客户服务包作为入口,发掘其背后的服务组织过程。

其次,**以汽车健康管理服务为例**,其**前台基础服务**包括车辆状态显示、汽车故障提醒、维修保养信息推送等不同的服务内容,涉及的智能产品系统有车载故障诊断仪、智能车机、智能手机等,包含了客户与智能产品的交互,以及产品的自动化和智能化运行等过程。如**胎压传感器**将轮胎的胎压、温度等数据传输到**车载故障诊断仪、车机或中控台**中进行可视化显示,用户可以根据数据判断轮胎运转情况,在胎压过低过高或温度过高时,通过故障诊断仪、智能车机或中控台自动报警;智能车机根据**排放尾气的成分监测分析**,告知车主汽车发动机运转是否正常;通过安装在座椅、车门、车窗等**关键位置的传感器**,检测车辆是否处于可以安全行驶的状态。

最后,**汽车健康管理服务**前台功能与服务的正常运行,依靠汽车自身的计算能力和车主的自我判断难以全部完成,需要接入社会资源,提供后台网络化的协同支持。智能网联汽车通过智能车机接入 Internet 网络,并以此为入口导入后台的服务与支持。**智能车机**可以通过在线进行版本升级,更新应用 App,

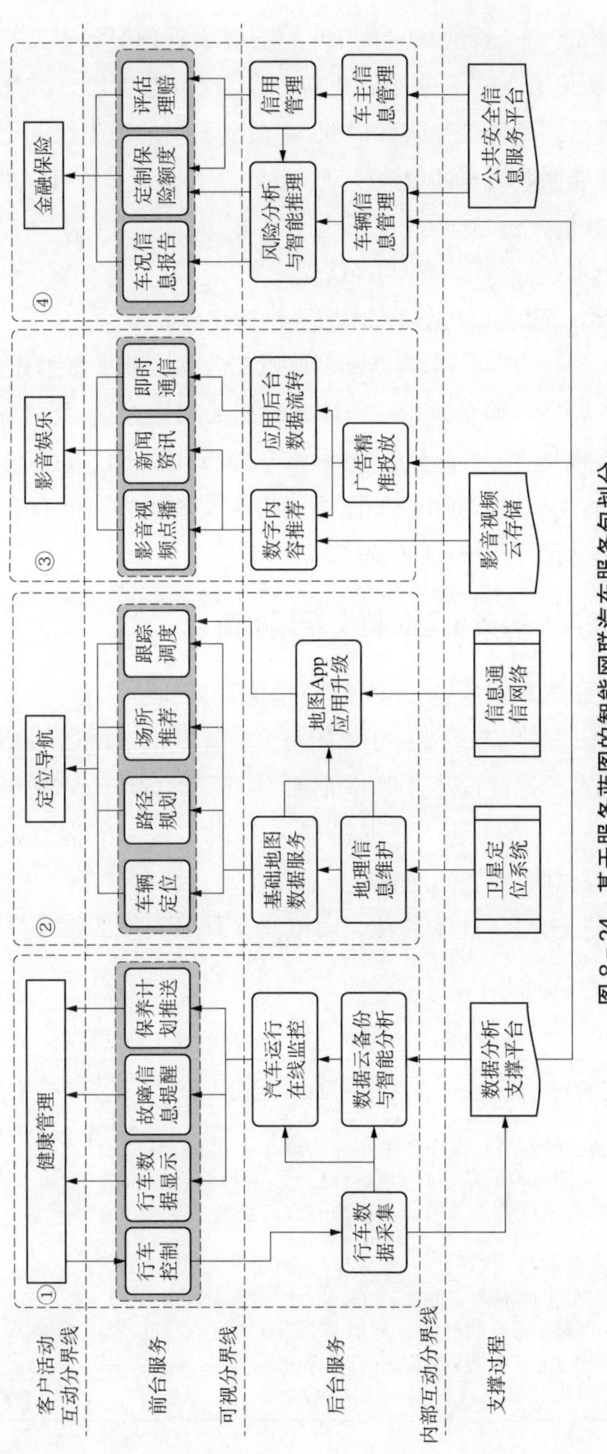

图 8-24　基于服务蓝图的智能网联汽车服务包划分

上传用户行为习惯、汽车运行数据和故障信息；健康管理服务平台根据上传的实时状态数据和历史数据在云端集中进行深度分析，挖掘已有故障的根本要素，对潜在故障进行预测性或预防性提醒，并根据不同的优先级制定维护保养计划。同样的，智能网联汽车的故障模型、燃油/电力驱动算法可以根据数百万辆级同类车辆的数据分析与学习，不断迭代优化，从而可以在不增加硬件成本的情况下，提高汽车运行的可靠性与经济性。

2）基于BPMN图的智能网联汽车服务过程建模

基于BPMN图的基本规则，以智能网联汽车故障诊断维修服务过程建模，如图8-25所示。其中，服务过程中所涉及的相关利益方，以及网络节点包括车主客户、车载传感及故障诊断仪器设备、汽车健康管理平台、汽车4S店等，区别于一般流程图的建模过程，BPMN图可以将相关利益方之间存在业务的顺序、并行、循环等执行过程进行清晰描述。

8.4.3　智能网联汽车服务生态价值交互与平衡

8.4.3.1　智能网联汽车服务生态系统中的价值交叉补贴

智能网联汽车服务生态系统由于不同相关利益方、不同产品及不同服务之间存在价值流转，需要通过设计合理的机制，使得不同的节点之间可以始终保持价值动态均衡与稳定的状态。根据表6-2和表6-3中价值交叉补贴作用方式和作用关系等原则，对智能网联汽车服务生态系统中存在的交叉补贴现象进行详细梳理和归类分析，具体见表8-18（交叉补贴类型的解释详见表6-2和表6-3）。

表8-18　智能网联汽车服务生态系统中的交叉补贴现象

序号	智能网联汽车服务生态系统中的交叉补贴现象	交叉补贴类型
1	**定位导航服务：**地图App软件提供商免费向车主提供定位、导航、路线规划等服务，积累大量用户群体之后，通过软件界面的广告、酒店预订、餐饮推荐等第三方补贴的方式获利	A类三方市场
2	**网络运营商流量服务：**汽车出厂交付客户时，客户可以以较低的价格获取汽车生命周期内的3G/4G网络数据流量服务，汽车服务厂商则可以通过长期的第三方服务绑定（如定点维护、数据集中管控等），获取收益，用以补贴网络运营商提供的数据服务	B类免费+收费

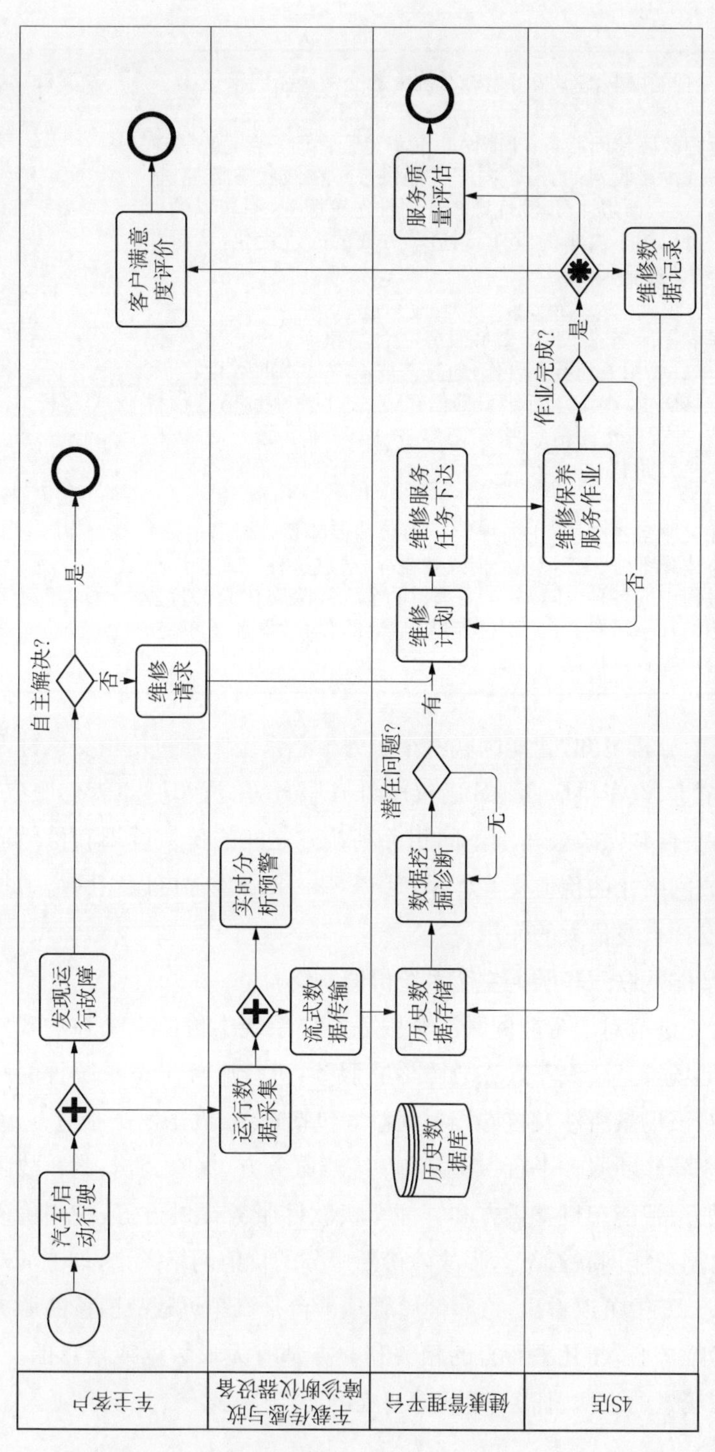

图 8－25　智能网联汽车故障诊断维修服务过程 BPMN 建模

（续表）

序号	智能网联汽车服务生态系统中的交叉补贴现象	交叉补贴类型
3	**汽车远程故障诊断服务：**智能网联汽车健康管理平台运营商通过免费或少量收费的方式，向车主提供汽车在线状态监控、远程故障诊断、预防性/预测性维修计划推送等服务，而获取的大量数据可以用于汽车的设计、制造等方面的改进优化，从而获取整车厂的补贴收入	A类三方市场
4	**二手车交易服务：**二手车交易服务平台与汽车4S店、汽车保险、整车厂等相关利益方合作，通过获取汽车的当前运行状态、故障维修历史、汽车运行年限等信息，对二手汽车价格进行科学评估，并提供售卖信息发布、在线拍卖、寄售等服务，并按比例收入交易佣金	C类三方市场
5	**汽车保险服务：**通过车主向保险公司缴纳保险费，费用涵盖一定汽车故障维修、交通事故、损毁被盗等，通过这种方式将汽车使用过程中的各种风险，从车主承担的个人风险转化为保险公司承担的社会风险。由于有保险资金池的存在，保证了车主、保险公司等各方权益	C类三方市场

通过以上分析可知，智能网联汽车服务生态系统中通过价值交叉补贴机制的融入，将车主、汽车供应商、4S店汽车维修服务方、汽车健康管理服务平台、二手车交易平台和保险公司等不同相关利益方之间的价值诉求和价值输出进行整合，形成网络化的价值交互体系，使得每一个角色都可以在网络中找到合适的定位，发挥自身最大的作用。

8.4.3.2 智能网联汽车服务生态系统价值网络

基于上一小节对于智能网联汽车服务生态系统中价值交叉补贴现象的分析，选取典型场景——汽车远程故障诊断服务，进行服务生态系统价值网络的分析。其中，该场景所涉及核心相关利益方包括车主、汽车生产制造方、汽车设计方、汽车故障诊断服务平台、4S店汽车维修服务方、保险公司、汽车故障诊断仪硬件提供方、智能车机提供方和智能车机软件服务提供方等，应用价值网络分析方法绘制智能网联汽车远程故障诊断服务的价值网络图谱，如图8-26所示。从图8-26中可以看出，汽车健康管理平台是汽车远程故障诊断服务场景下的生态运维核心，与几乎所有的相关利益方都有无形数据或信息的交互，成为整个生态场景的资源、任务、组织等要素的协调中心。

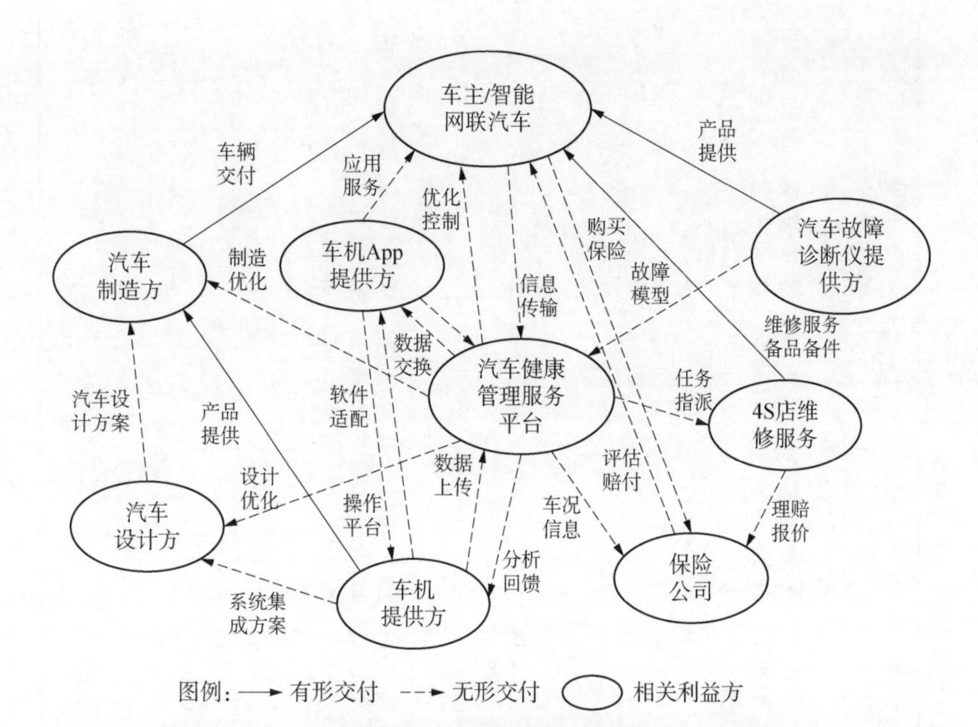

图 8-26　智能网联汽车远程故障诊断服务的价值网络图谱

8.4.3.3　智能网联汽车服务生态系统价值传递矩阵

根据智能网联汽车远程故障诊断服务场景的价值网络图谱，应用价值传递矩阵进行相关利益方价值平衡分析。利用 6.3.1 小节提出的价值交叉补贴规则，以及表 8-19 价值传递矩阵中的目标函数与约束条件，对智能网联汽车远程故障诊断服务的价值传递过程进行分析。其中，价值流向的最终目标是 S1 车主，而价值交叉补贴的协调中心为 S4 汽车健康管理服务平台。

在没有 S4 的情况下，价值网络内的各相关利益方均分别需要与 S1 车主开展各种类型的有形与无形交互，进行价值的创造与协调，由于各相关利益方出发点不同、价值主张不同，因此系统会处于一种混沌的价值矛盾体形态，S1 车主往往付出较多的资金成本、时间成本、精力成本，却不能获取相匹配的汽车健康管理的最优化体验。

S4 汽车健康管理服务平台的引入，极大程度上改善了这个问题，通过适当的多方价值交叉补贴来调和不同相关利益方之间的价值矛盾，如 S5 车机提供方将车机免费或低价安装到车主的汽车上，提供车载 App 的运行平台，S1 车

表 8-19 智能网联汽车服务生态系统价值传递矩阵

—	S1:车主	S2:汽车设计方	S3:汽车制造方	S4:汽车健康管理服务平台	S5:车机提供方	S6:车机 App 提供商	S7:保险公司	S8:4S 店维修服务	S9:汽车故障诊断仪提供方
S1	V_{1-1} = {汽车使用价值,汽车维护成本}	—	V_{1-3} = {汽车销售收益,汽车制造成本}	V_{1-4} = {汽车服务收益,平台运营成本}	V_{1-5} = {车机销售收益,车机制造成本}	V_{1-6} = {App 服务收益,开发运维成本}	V_{1-7} = {保险销售收入,理赔赔付成本}	V_{1-8} = {维修保养收益,服务运维成本}	V_{1-9} = {产品销售收入,开发制造成本}
S2	—	V_{2-2} = {产品设计优化,研发设计成本}	V_{2-3} = {汽车设计方案,设计服务成本}	V_{2-4} = {数据服务收入,平台运营成本}	V_{2-5} = {设计方案收入,方案设计成本}	—	—	—	—
S3	V_{3-1} = {汽车整车获取,汽车购置成本}	V_{3-2} = {设计方案收入,研发设计成本}	V_{3-3} = {汽车营销收入,汽车制造成本}	V_{3-4} = {数据服务收入,平台运营成本}	V_{3-5} = {产品供应收入,产品制造成本}	—	—	—	—
S4	V_{4-1} = {汽车健康管理,服务支出成本}	V_{4-2} = {设计优化数据,数据购买成本}	V_{4-3} = {制造优化数据,数据购买成本}	V_{4-4} = {模块服务收入,平台运营成本}	V_{4-5} = {数据服务收入,平台运营成本}	V_{4-6} = {基础数据获取,数据获取成本}	V_{4-7} = {车况信息数据,数据获取成本}	V_{4-8} = {服务订单获取,服务订单分成}	V_{4-9} = {数据服务收益,服务订单分成}
S5	V_{5-1} = {车机使用价值,车机维护成本}	V_{5-2} = {车机集成设计,集成设计成本}	V_{5-3} = {车机产品获取,车机采购成本}	V_{5-4} = {车机数据获取,数据获取成本}	V_{5-5} = {车机运营收入,车机运营成本}	V_{5-6} = {应用推广平台,推广运营成本}	—	—	—
S6	V_{6-1} = {App 使用价值,应用购置成本}	—	—	V_{6-4} = {App 数据交换,数据交换成本}	V_{6-5} = {App 数据交换,数据交换成本}	—	—	—	—

（续表）

—	S1:车主	S2:汽车设计方	S3:汽车制造方	S4:汽车健康管理服务平台	S5:车机提供方	S6:车机 App 提供商	S7:保险公司	S8:4S 店维修服务	S9:汽车故障诊断仪提供方
S7	$V_{7\text{-}1}$ ＝{安全保障赔付，保险购置成本}	—	—	$V_{7\text{-}4}$ ＝{数据服务收入，数据服务成本}	—	—	—	—	—
S8	$V_{8\text{-}1}$ ＝{汽车维修保养，维修保养成本}	—	—	$V_{8\text{-}4}$ ＝{服务运营收入，平台运营成本}	—	—	$V_{8\text{-}7}$ ＝{理赔报价信息，理赔运营成本}	$V_{4\text{-}8}$ ＝{理赔报价收益，数据统计成本}	—
S9	$V_{9\text{-}1}$ ＝{汽车维修保养，维修保养成本}	—	—	$V_{9\text{-}4}$ ＝{汽车故障信息，数据获取成本}	—	—	—	—	—
V	$V_1=\sum_{n=1}^{9}V_{n1}$	$V_2=\sum_{n=1}^{9}V_{n2}$	$V_3=\sum_{n=1}^{9}V_{n3}$	$V_4=\sum_{n=1}^{9}V_{n4}$	$V_5=\sum_{n=1}^{9}V_{n5}$	$V_6=\sum_{n=1}^{9}V_{n6}$	$V_7=\sum_{n=1}^{9}V_{n7}$	$V_8=\sum_{n=1}^{9}V_{n8}$	$V_9=\sum_{n=1}^{9}V_{n9}$
$Obj.$	定义权重向量：$\mathbf{W}=\{w_2, w_3, w_4, w_5, w_6, w_7, w_8, w_9\}$，$V_s=\sum_{j=2}^{9}V_{j+1}$，$u_i=\frac{V_{i+1}}{V_s}$，$i=2、3、\cdots、9$，$p$ 和 c 以实际经济指标为衡量 $\mathrm{Min}\sqrt{\sum_{i=2}^{9}(w_i-u_i)^2/8}$；$\mathrm{Max}V_1$；$\mathrm{Max}V_s$，变量：S1 对各相关利益方的补贴系数 R_i								
$S.T.$	约束条件：$\forall V_k>0$，$\frac{\mathrm{d}V_k}{\mathrm{d}t}>0$，$k=1、2、\cdots、9$								

主根据个人需求免费或低价付费获取 S6 提供的车载 App 应用(故障诊断分析工具、定位导航、即时通信和新闻资讯等),因此 S1 和 S6 都没有直接从车主 S1 处获取能够覆盖成本的价值收益。而由于 S4 汽车健康管理服务平台的引入,通过提供给客户定制化的汽车健康保障绩效服务合同,让客户以低于传统被动式维修保养的成本,享受到更细致、更贴心的客户关怀,同时由平台将 S5 与 S6 提供的产品和应用服务打包进绩效服务合同中,作为基本套餐服务以提高客户黏性,并由 S4 汽车健康管理服务平台负责按一定比例分配收益给 S5 与 S6。这样,在实现客户价值最大化 $\mathrm{Max}\,V_1$ 的同时,实现 S5 价值 V_5 与 S6 价值 V_6 的最优化,S1、S5、S6 三者之间由于 S4 的介入产生了紧密的正相关利益纽带关系,从而实现各相关利益方的价值增量 $\frac{\mathrm{d}V_k}{\mathrm{d}t} > 0$。

8.5　智能网联汽车服务生态系统交付

8.5.1　能力规划

8.5.1.1　能力层次分析

基于表 7-1 所定义的战略层、战术层、执行层三个能力层次,具体研究智能网联汽车服务能力规划层次分析框架见表 8-20。

表 8-20　智能网联汽车服务能力规划层次分析框架

层次	智能网联汽车服务能力规划	目标
战略层	● 智能网联汽车产品规划及技术标准体系制定 ● 低成本分时租赁市场、中端汽车市场及高端汽车市场 ● 智能网联汽车研发设计、生产制造、试验测试、市场营销和服务运营等环节相关利益方构成的生态合作网络 ● 一致化的汽车智能化、网络化、共享化的生态服务文化与理念的构建 ● 智能网联汽车与智慧城市建设的融合 ● 基于智能网联汽车智慧服务平台开展面向汽车、车主的服务业务整合	智能网联汽车相关利益方价值最大化

（续表）

层次	智能网联汽车服务能力规划	目标
战术层	● 智能网联汽车的车主驾驶数据、汽车运行数据、服务数据的分析能力，以及基于智能分析的智能网联汽车的控制与优化等 ● 智能网联汽车之间、与环境之间、与服务平台之间的多层次互联互通 ● 不同智能网联汽车服务供应商之间的交互合作与业务协同 ● 基础模块化的智能网联汽车服务解决方案 ● 智能服务平台、在线人工客服、4S 店服务网络等服务资源	提供给智能网联汽车车主的体验极致化
执行层	● 智能网联汽车配套传感器及互联互通调试 ● 基础环境搭建，包括道路基建、网络环境、通信环境和电力支撑环境等 ● 智能网联汽车的网络通信组件、远程服务器和通信接口等 ● 紧急救援团队、4S 店维修服务小组等	智能网联汽车服务运营效率最优化

智能网联汽车服务的**战略层**围绕相关利益方价值最大化的目标，重点聚焦智能网联汽车服务相关的技术框架标准、不同目标市场的商业模式、虚拟化生态合作网络构建等顶层宏观要素与能力的布局；**战术层**以提供智能网联汽车车主极致化的体验为目标，重点聚焦智能网联汽车数据分析等技术能力、相关利益方互联互通与业务协同、服务设施与资源规划等中观层面要素与能力的布局；**执行层**则以服务效率最优化为目标，重点聚焦智能网联汽车基础网络通信、能源传输等智能化软硬件功能环境、智能感知节点布局及联接的建立、平台接入与节点管控、服务实施团队与设施匹配等基础要素能力的建设。

8.5.1.2　智能网联汽车服务能力与资源的虚拟池化

依据 7.2.2 节提出集中化、抽象化、定制化和标准化的四个基本原则，对智能网联汽车服务能力与服务资源的虚拟池化解决方案进行分析。具体过程划分为三步，即物理资源和生态服务能力的识别，虚拟服务生态资源池的建立，以及智能服务生态能力池的建立。

第一步，智能网联汽车物理资源和生态服务能力的识别。智能网联汽车服务生态系统中的物理资源包括了维修保养工程师、平台运维人员、软件开发人员等相关人力资源；相关车载智能传感器、云服务平台、大数据分析平台、定位导航系统、通信网路环境和备品备件等相关的生产性资源（设备资源、软件资源、产品资源、物料资源和场所资源等）；汽车故障诊断流程、定位导航服务流程、金融保险服务等流程性资源；以及智能网联汽车的产业链供应商资源、市场资源、客户资源等其他资源。

第二步，虚拟服务生态资源池建立。基于智能网联汽车终端的智能化和网络化，基于智能网联汽车生态服务平台的相关利益方数据共享与分析，基于合作网络的智能网联汽车服务生态相关利益方资源共享与配置，通过应用统一化的语义描述模型，对智能网联汽车服务相关的物理资源进行虚拟化封装，形成虚拟服务生态资源池。

第三步，智能服务生态能力池的建立。以服务生态资源池为基础，构建模块化的智能网联汽车服务能力（如故障诊断、定位导航和影音娱乐等），并将其发布到智能网联汽车智慧服务平台中，供车主等相关客户按须选择和订购。

基于智能网联汽车服务能力虚拟资源池，车主用户既按须使用服务资源，最大化集约管控，提高资源的利用效率，也可以快速配置资源并开展服务，提高客户响应速度。

8.5.2　运营管理

8.5.2.1　交付协同化过程

依据图 7－8 所示的基础框架，从产品互联协同、服务业务协同、服务组织协同和生态价值协同四个层面，分析智能网联汽车服务生态系统交付的协同化过程，每个层次服务交付协同过程与内容，见表 8－21。

表 8－21　智能网联汽车服务交付协同过程分析

序号	协同层次	协同过程与内容
1	**产品互联协同**	智能网联汽车中的传感器、控制器、计算单元、执行器和云端服务等不同的产品与服务之间通过网络实现数据互联互通和汽车驾驶过程的协调，保证汽车基础功能的可靠运行
2	**服务业务协同**	基于智能网联汽车智慧服务平台，汽车故障诊断、汽车运行数据监控等基础数据服务业务，与汽车 4S 店维修保养、汽车保险、路径优化等其他业务交叉协同，提高服务交付效率与客户体验
3	**服务组织协同**	汽车设计方、汽车制造商、汽车智能硬件供应商和智能服务运营商等相关利益方通过智慧服务平台实现跨空间距离和时间范畴的对话，形成虚拟业务组织开展协同化的服务交付业务合作

（续表）

序号	协同层次	协同过程与内容
4	**生态价值协同**	由于智能网联汽车服务生态价值交叉补贴与价值涌现机制的存在，不同相关利益方之间的价值主张趋于一致，在智能网联汽车服务交付过程中减少利益冲突与价值矛盾

8.5.2.2　智能网联汽车服务交付渠道

依据表7-3中的三类智能产品服务交付渠道，即自主服务、远程服务和O2O服务，根据交付对象、交付手段等要素的不同，对智能网联汽车服务生态系统的服务交付渠道进行分析，见表8-22。其中，智能网联汽车的**自主服务渠道**主要依靠智能化的硬件、软件及计算平台，实现定位导航、路径规划、软件升级、行车参数优化和故障预警等自主化的服务。智能网联汽车的**远程服务渠道**则通过网络化、数字化手段(如电话、微信和远程桌面等)，远程协助车主完成故障排查、操作演示、方案选择等相关服务，无须到达客户现场，有效提高服务效率。智能网联汽车的**O2O服务渠道**通过线上对用户、服务资源和服务过程进行管理，线下根据客户个性化需求进行服务资源和服务业务组织相结合的方式，如汽车分时租赁服务通过线上进行车辆管理、充电桩管理、计费结算和用户信用管理等，线下客户自助租车驾驶或乘坐共享汽车，汽车健康管理服务平台则根据汽车状态数据在线做维修保养计划，并进行线下4S店业务与订单分配，客户在线查看服务进度并进行评价，线上线下结合的方式可以在满足客户个性化服务需求的同时，明显提高智能网联汽车服务资源配置效率。

表8-22　智能网联汽车服务的三种交付渠道

序号	交付渠道类型	智能网联汽车服务交付举例
1	**自主服务**	• 基于GPS位置定位及地图软件的自动路径规划与行车导航 • 智能车机软件平台与APP应用的自动升级优化 • 汽车行车参数的自主优化与故障信息的自动报警
2	**远程服务**	• 在线客服远程协助，指导故障排查、操作演示等 • 在线售前服务，提供智能网联汽车相关产品/服务方案交互式选择 • 智能网联汽车智能车机的在线维护与问题排查
3	**O2O服务**	• 汽车分时租赁服务，线上预约，线下开车或乘坐共享汽车 • 新能源汽车电池充电服务，线上计费线下充电桩充电 • 汽车健康管理服务平台根据汽车状态数据在线做维修保养计划，并进行线下4S店业务与订单分配，客户在线查看进度与进行评价

8.5.2.3　基于动态共享资源池的智能网联汽车服务资源配置

由于智能网联汽车服务生态系统中涉及的服务资源众多，这里重点选取专业化汽车维修保养服务资源的动态共享配置为例，对本节提出的理论方法进行验证。案例对象为SA车企旗下汽车全生命周期O2O服务连锁品牌，在上海共设有116个服务网点，在区域N共有8个网点(N1～N8)，其服务内容包括更换机油、轮胎、雨刮、空调滤芯、防冻液、刹车片、刹车油和汽油滤等小保养，以及洗车、车漆镀晶、全车内饰清洁、蒸发箱清洗、胎压检测、玻璃镀膜、空调清洗除臭和空调冷媒添加等美容养护服务。服务网点的服务时间为周一到周日9:00—21:0，每天12 h。由于服务网点分布于不同区域，但不同区域的汽车密度是不同的，因为同个区域内汽车服务的需求频次等也会有所波动，所以每个服务网点的服务工程师的劳动强度会变化很大。因此应用排队论方法对不同网点之间的服务工程师进行动态调度，以平衡工作劳动强度。具体包括以下内容：

(1) 客户的平均到达率。客户的平均到达率λ是指在各个服务网点中每小时平均服务量。以服务网点每天工作时长为12 h计算，则有$\lambda=$每天服务量/12。通过对服务区域N内的8个服务网点在2017年5月一个月左右的统计，可得到区域N内8个服务网点的客户平均到达率见表8-23。

表8-23　区域N内8个服务网点的客户平均到达率

网点	N1	N2	N3	N4	N5	N6	N7	N8
每天平均服务量/例	91.2	183.6	127.2	246	193.2	304.8	99.6	226.8
平均到达率/(例/h)	7.6	15.3	10.6	20.5	16.1	25.4	8.3	18.9

(2) 平均服务率。服务网点的平均服务率$\mu=$服务单位/平均服务时长。服务网点规定服务工程师理想的工作单位为45 min·h，而经过统计客户平均服务时长为31.62 min，则有$\mu=45/31.62=1.42$。通过λ、μ及服务网点配置的服务工程师数量n则可以计算服务工程师的工作强度$\rho=\lambda/n\mu$，一般$\rho<1$表明服务工程师的工作负荷在正常范围内，若$\rho>1$过高则表明服务工程师工作负荷过高，网点人员配置不足。

(3) 以服务网点N3为例计算配备不同数量服务工程师的运行指标。根据7.4.2.3小节的方法计算各个服务网点配备不同数量服务工程师时的运行指标。其中，以服务网点N3为例，当配置6～10名服务工程师时，运行参数见

表 8-24。其中，在服务工程师配置数量为 6 名和 7 名时，服务工程师工作强度 ρ 均大于 1，因此不能满足要求。当服务工程师数量为 8 名时，服务工程师工作强度 $\rho = 0.93$，且客户等待时间平均为 11.8 min，满足客户等待时间小于 15 min 的指标要求。因此服务网点 N3 的服务工程师最优化配置人数为 8 名。

表 8-24　服务网点 N3 配备不同数量服务工程师的运行指标

服务工程师数量	ρ	L_q	L_s	W_q	W_S	P_0 /%	P /%
6	1.24	5.85	11.75	41.7	84.1	1.22E−04	20.06
7	1.07	3.62	10.22	23.2	65.5	2.71E−04	11.61
8	0.93	1.95	8.97	11.8	54.0	4.09E−04	6.02
9	0.83	0.96	8.18	5.6	47.9	4.97E−04	3.21
10	0.75	0.44	7.77	2.5	44.8	5.42E−04	0.45

(4) 区域 N 内 8 个服务网点服务工程师的最优化动态配置。应用以上方法依次对区域 N 内 8 个服务网点服务工程师的最优化配置人数进行测算，详见表 8-25。将最优配置测算数据与各网点实际配置人数进行对比，则可计算出各网点需要增减的人数，如 N1 网点实际需要服务工程师人数为 6 名，而实际配置了 9 名，则可以减少 3 名人员配置给 N2、N4、N6、N8 等人手不足的网点。经过统计，各网点盈余人数共计 9 人，各人数不足网点共需 8 人，将全部网点服务工程师作为资源池，经过削峰填谷调配之后只盈余 1 人可作为机动人员，各服务网点均可以在降低服务工程师工作强度和客户等待时间的基础上，最大化利用服务资源。同时，通过对每个月各网点客户到达率的实时监控，可以实现对不同网点之间及不同时间段内服务工程师数量的动态调度。

表 8-25　区域 N 内 8 个服务网点的服务工程师配置情况

配置情况	N1	N2	N3	N4	N5	N6	N7	N8
最优测算	6	12	8	15	12	19	7	14
实际配置	9	10	10	14	15	15	8	13
需要增减	−3	+2	−2	+1	−3	+4	−1	+1

附录　英文缩略语

缩略词	英文全称	中文名称
ARIMA	Autoregressive Integrated Moving Average Model	自回归积分移动平均模型
BES	Business Ecosystem	商业生态系统
BP	Back Propagation	反向传播
BPMN	Business Process Modeling Notation	业务流程建模与标注
CaaS	Car-as-a-service	汽车即服务
CAH	Customer Architecture Hierarchy	客户结构阶层
DEA	Data Envelopment Analysis	数据封装分析
ECU	Electronic Control Unit	汽车电子控制单元
EES	Enterprise Ecosystem	企业生态系统
ESP	Ecological Service Supplier	生态服务供应商
EVSM	Eco-Viable System Model	生态化可生存系统模型
FCM	Fuzzy Cognitive Mapping	模糊认知图
FOU	Footprint of Uncertainty	不确定性覆盖域
FVOC	Future Voice of the Customer	客户的未来需求
GE	General Electric Company	美国通用电气公司
GST	General System Theory	一般系统论
HTCP - Net	Hierarchy temporal colored Petri-Net	层次化赋时着色 Petri 网
HUD	Head Up Display	抬头显示器

(续表)

缩略词	英文全称	中文名称
ICV	Intelligent & Connected Vehicle	智能网联汽车
ICVSE	Intelligent Connected Vehicle Service Ecosystem	智能网联汽车服务生态系统
IES	Industrial Ecosystem	工业生态系统
INES	Innovation Ecosystem	创新生态系统
IPS2	Industrial Product Service System	工业产品服务系统
LCA	Life-Cycle Assessment	产品全生命周期评价
MC	Mass Customization	大规模定制
MSP	Main Service Supplier	品牌服务供应商
O2O	Online to Offline	线上线下结合
OST	Open System Theory	开放系统论
PES	Product Ecosystem	产品生态系统
PLM	Product Lifecycle Management	产品全生命周期管理
PSS	Product Service System	产品服务系统
QFD	Quality Function Deployment	质量功能配置
RMEE	Relative Mass-Energy-Economic	相对质量能经济性
SCL	System Capability Level	系统能效等级
SOM	Self-Organizing Maps	自组织映射
SP	Service Package	服务包
SPSE	Smart Product Service Ecosystem	智能产品服务生态系统
SSP	Secondary Service Supplier	次级服务供应商
UML	Unified Modeling Language	统一建模语言
VNA	Value Network Analysis	价值网络分析
VSA	Viable System Approach	可生存系统论

参考文献

[1] GLASER A, ALLMENDINGER G. Smart Systems Design [R]. Zurich: Harbor Research, 2016.

[2] EVANS P C, ANNUNZIATA M. Industrial internet: Pushing the boundaries of minds and machines [R]. Boston: General Electric, 2012.

[3] GROUP S S W W, SMART SERVICE WELT: Recommendations for the Strategic Initiative Web-based Services for Businesses [R]. Berlin: Acatech, 2014.

[4] TANSLEY A G. The use and abuse of vegetational concepts and terms [J]. Ecology, 1935,16(3):284 - 307.

[5] PORTER M E, HEPPELMANN J E. How smart, connected products are transforming competition [J]. Harvard Business Review, 2014,92(11):11 - 64.

[6] PORTER M E, HEPPELMANN J E. How Smart, connected products are transforming companies [J]. Harvard Business Review, 2015,93(10):1 - 19.

[7] Needham. PTC, Smart, Connected Products transforming customer relationships and how manufacturers compete [R]. MA, 2014.

[8] HOUGHTON J, PAPPAS N, SHEEHAN P. "New Manufacturing" One Approach to the Knowledge Economy [M]. 1999.

[9] ROY R, BAXTER D. Product-service systems [J]. Journal of Manufacturing Technology Management, 2009,20(5):1 - 10.

[10] SHEEHAN P. Manufacturing and growth in the longer term: an economic perspective [R]. 2000.

[11] BAINES T S, LIGHTFOOT H W, EVANS S, et al. State-of-the-art in product-service systems [J]. Proceedings of the Institution of Mechanical Engineers, Part B: Journal of Engineering Manufacture, 2007,221(10):1543 - 1552.

[12] ISAKSSON O, LARSSON T C, RÖNNBÄCK A Ö. Development of product-service systems: challenges and opportunities for the manufacturing firm [J]. Journal of Engineering Design, 2009,20(4):329 - 348.

[13] MONT O. Introducing and developing a Product-Service System (PSS) concept in

Sweden [R]. 2001.
[14] R. BRYSON J. Business service firms, service space and the management of change [J]. Entrepreneurship & Regional Development, 1997, 9(2):93 - 112.
[15] ROY R. Sustainable product-service systems [J]. Futures, 2000, 32(3):289 - 299.
[16] CLARK G. Evolution of the global sustainable consumption and production policy and the United Nations Environment Programme's (UNEP) supporting activities [J]. Journal of Cleaner Production, 2007, 15(6):492 - 498.
[17] MONT O. Product-service systems [R]. Final Report, IIIEE, Lund University, 2000.
[18] MONT O K. Clarifying the concept of product-service system [J]. Journal of Cleaner Production, 2001, 10(2002):237 - 245.
[19] MORELLI N. Developing new product service systems (PSS): methodologies and operational tools [J]. Journal of Cleaner Production, 2006, 14(17):1495 - 1501.
[20] MONT O, TUKKER A. Product-Service Systems: reviewing achievements and refining the research agenda [J]. Journal of Cleaner Production, 2006, 14 (17): 1451 - 1454.
[21] MEIER H, FUNKE B. Resource planning of industrial product-service systems (IPS^2) by a heuristic resource planning approach[C]//proceedings of the Proceedings of the 2nd CIRP IPS^2 conference. Linköping, 2010.
[22] AURICH J, SCHWEITZER E, FUCHS C. Life cycle management of industrial product-service systems [M]. Advances in life cycle engineering for sustainable manufacturing businesses. Berlin: Springer. 2007:171 - 176.
[23] EVANS S, PARTIDÁRIO P J, LAMBERT J. Industrialization as a key element of sustainable product-service solutions [J]. International Journal of Production Research, 2007, 45(18 - 19):4225 - 4246.
[24] ROY R, SHEHAB E. Industrial product-service systems (IPS2): Proceedings of the 1st CIR IPS^2 Conference [M]. Bedfordshire: Cranfield University, 2009.
[25] BASSI A, HORN G, Internet of Things in 2020: A Roadmap for the Future [R]. European Commission: Information Society and Media, 2008.
[26] ALLMENDINGER G, The emergence of smart systems [R]. Zurich: Harbor Research, 2015.
[27] RESEARCH H, Smart Systems Design: Understanding IoT emerging technologies, user needs and business model design challenges [R]. Zurich: Harbor Research, 2016.
[28] KAGERMANN H, HELBIG J, HELLINGER A, et al. Recommendations for implementing the strategic initiative INDUSTRIE 4.0: Securing the future of German manufacturing industry; final report of the Industrie 4.0 Working Group [M]. Forschungsunion, 2013.
[29] VALENCIA A, MUGGE R, SCHOORMANS J, et al. Challenges in the design of smart product-service systems (PSSs): Experiences from practitioners [C]//the Proceedings of the 19th DMI: Academic Design Management Conference Design

Management in an Era of Disruption. London, Design Management Institute, 2014.
[30] VALENCIA A, MUGGE R, SCHOORMANS J P, et al. Characteristics of Smart PSSs: Design Considerations for Value Creation [C]//Proceedings of the 2nd Cambridge Academic Design Management Conference. Cambridge, 2013.
[31] VALENCIA A, MUGGE R, SCHOORMANS J P, et al. The Design of Smart Product-Service Systems (PSSs): An Exploration of Design Characteristics [J]. International Journal of Design, 2015,9(1):13-28.
[32] VALENCIA CARDONA A, MUGGE R, SCHOORMANS J P, et al. Distinctive Characteristics of Smart PSSs [C]//Proceedings of the IASDR 2013: Proceedings of the 5th International Congress of International Association of Societies of Design Research "Consilience and Innovation in Design". Tokyo, International Association of Societies of Design Research, 2013.
[33] LEE J. Innovating the invisible [J]. Manufacturing Executive Leadership Journal, 2010,1117-1121.
[34] LEE J, ABUALI M. Innovative Product Advanced Service Systems (I-PASS): methodology, tools, and applications for dominant service design [J]. The International Journal of Advanced Manufacturing Technology, 2011,52(9-12):1161-1173.
[35] LEE J, KAO H-A. Dominant Innovation Design for Smart Products-Service Systems (PSS):Strategies and Case Studies [C]//Proceedings of the 2014 Annual SRII Global Conference. IEEE, 2014.
[36] MOORE J F. Predators and prey: a new ecology of competition [J]. Harvard Business Review, 1993,71(3):75-83.
[37] MOORE J F. The death of competition: leadership and strategy in the age of business ecosystems [M]. New York: Harper Collins Publishers, 1996.
[38] POWER T, JERJIAN G. Ecosystem: Living the 12 principles of networked business [M]. London: Financial Times Management, 2001.
[39] PELTONIEMI M, VUORI E. Business ecosystem as the new approach to complex adaptive business environments [C]//Proceedings of the Proceedings of eBusiness research forum. Citeseer, 2004.
[40] 肖磊,李仕明.商业生态系统:内涵、结构及行为分析[J].管理学家(学术版),2009(1):43-49,78.
[41] 李强,揭筱纹.基于商业生态系统的企业战略新模型研究[J].管理学报,2012(2):233-237.
[42] PORTER M E. Competitive advantage: creating and sustaining superior performance [M]. New York: Free Press, 1985.
[43] PORTER M E. From competitive advantage to corporate strategy [M]. Berlin: Springer. 1989:234-255.
[44] PORTER M E. Towards a dynamic theory of strategy [J]. Strategic Management Journal, 1991,12(S2):95-117.

[45] HANDFIELD R B, NICHOLS E L. Introduction to supply chain management [M]. NJ: Prentice Hall, 1999.
[46] BOVET D, MARTHA J. Value nets: breaking the supply chain to unlock hidden profits [M]. NJ: John Wiley & Sons, 2000.
[47] BOVET D, MARTHA J. Value nets: reinventing the rusty supply chain for competitive advantage [J]. Strategy & Leadership, 2000,28(4):21 - 26.
[48] 杜义飞. 基于价值创造与分配的产业价值链研究[D]. 成都：电子科技大学,2005.
[49] 杜义飞,林光平,李仕明. 服务创新及其价值分配的研究[J]. 控制与决策,2008(3):353 - 356,360.
[50] FROSCH R A, GALLOPOULOS N E. Strategies for manufacturing [J]. Scientific American, 1989,261(3):144 - 152.
[51] JELINSKI L W, GRAEDEL T E, LAUDISE R A, et al. Industrial ecology: concepts and approaches [J]. Proceedings of the National Academy of Sciences, 1992,89(3):793 - 797.
[52] SAGAR A D, FROSCH R A. A perspective on industrial ecology and its application to a metals-industry ecosystem [J]. Journal of Cleaner Production, 1997, 5 (1): 39 - 45.
[53] KORHONEN J. Four ecosystem principles for an industrial ecosystem [J]. Journal of Cleaner Production, 2001,9(3):253 - 259.
[54] KORHONEN J. Co-production of heat and power: an anchor tenant of a regional industrial ecosystem [J]. Journal of Cleaner Production, 2001,9(6):509 - 517.
[55] KORHONEN J. Industrial ecosystem: using the material and energy flow model of an ecosystem in an industrial system [M]. Jyväskylä: University of Jyväskylä, 2000.
[56] KORHONEN J, WIHERSAARI M, SAVOLAINEN I. Industrial ecosystem in the Finnish forest industry: using the material and energy flow model of a forest ecosystem in a forest industry system [J]. Ecological Economics, 2001,39(1):145 - 161.
[57] KINCAID J, OVERCASH M. Industrial ecosystem development at the metropolitan level [J]. Journal of Industrial Ecology, 2001,5(1):117 - 126.
[58] ASHTON W S. The structure, function, and evolution of a regional industrial ecosystem [J]. Journal of Industrial Ecology, 2009,13(2):228 - 246.
[59] GERO J S, KAZAKOV V. A genetic engineering extension to genetic algorithms [J]. Evolutionary Systems, 2001,9(1):71 - 92.
[60] CHEN K-Z, FENG X-A, CHEN X-C. Reverse deduction of virtual chromosomes of manufactured products for their gene-engineering-based innovative design [J]. Computer-Aided Design, 2005,37(11):1191 - 1203.
[61] 郝泳涛,秦琴. 产品的特征功能表达模型及其基因编码[J]. 同济大学学报(自然科学版),2009(6):819 - 824.
[62] GUANGLIN M, YAN L, ZHENYONG H. Product innovative design method based on evolution-drive model [J]. Computer Integrated Manufacturing Systems, 2009,15(5):849 - 857.

[63] SUN J, FRAZER J H, MINGXI T. Shape optimisation using evolutionary techniques in product design [J]. Computers & Industrial Engineering, 2007,53(2):200 - 205.

[64] 陈泳,冯培恩,潘双夏,等. 基于共生进化原理的功能结构设计[J]. 机械工程学报,2005(6):19 - 24.

[65] 楼健人,伊国栋,张树有,等. 基于知识的产品可拓配置与进化设计技术研究[J]. 浙江大学学报(工学版),2007(3):466 - 470.

[66] 何斌,冯培恩,潘双夏. 基于产品生态学的概念设计研究[J]. 计算机集成制造系统,2007(7):1249 - 1254,67.

[67] LINDEN G, KRAEMER K L, DEDRICK J. Who captures value in a global innovation network?: the case of Apple's iPod [J]. Communications of the ACM, 2009,52(3):140 - 144.

[68] ZHOU F, JIAO R J, XU Q, et al. User experience modeling and simulation for product ecosystem design based on fuzzy reasoning petri nets [J]. IEEE Transactions on Systems, Man, and Cybernetics-Part A: Systems and Humans, 2012,42(1):201 - 212.

[69] ZHOU F, XU Q, JIAO R J. Fundamentals of product ecosystem design for user experience [J]. Research in Engineering Design, 2011,22(1):43 - 61.

[70] HANNAN M T, FREEMAN J. The population ecology of organizations [J]. American Journal of Sociology, 1977:929 - 964.

[71] HANNAN M T, FREEMAN J. Structural inertia and organizational change [J]. American Sociological Review, 1984:149 - 164.

[72] HANNAN M T, FREEMAN J. Organizational ecology [M]. MA: Harvard University Press, 1993.

[73] LUNDWALL B. Innovation as an interactive process: from user-producer interactive to the national system of innovation [J]. Technical Change and Eco-nomic Theory, 1988,5(3):10 - 20.

[74] FREEMAN C. Japan: A new national innovation system [J]. Technology and Economy Theory, 1988:331 - 348.

[75] NELSON R R. National innovation systems: a comparative analysis [M]. Oxford: Oxford University Press, 1993.

[76] COOKE P. Regional innovation systems: competitive regulation in the new Europe [J]. Geoforum, 1992,23(3):365 - 382.

[77] BRACZYK H-J, COOKE P N, HEIDENREICH M. Regional innovation systems: the role of governances in a globalized world [M]. England: Psychology Press, 1998.

[78] MALERBA F. Sectoral systems of innovation and production [J]. Research Policy, 2002,31(2):247 - 264.

[79] AMERICA I, Innovate America: Thriving in a World of Challenge and Change [R]. Washington DC: Council on Competitiveness, 2004.

[80] CHESBROUGH H, VANHAVERBEKE W, WEST J. Open innovation: Researching a new paradigm [M]. Oxford: Oxford University Press, 2006.

[81] CHESBROUGH H W. Open innovation: The new imperative for creating and profiting from technology [M]. Boston: Harvard Business Press, 2006.

[82] CHESBROUGH H W. The era of open innovation [J]. Managing Innovation and Change, 2006,127(3):34 - 41.

[83] MARJANOVIC S, FRY C, CHATAWAY J. Crowdsourcing based business models: In search of evidence for innovation 2.0[J]. Science and Public Policy, 2012,scs009.

[84] HAFKESBRINK J, SCHROLL M. Innovation 3.0: embedding into community knowledge-collaborative organizational learning beyond open innovation [J]. Journal of Innovation Economics & Management, 2011(1):55 - 92.

[85] 温勇增,张兰金.论系统学"秩边流模型"[J].系统科学学报,2013,21(3):35 - 38.

[86] 赖宝全,邓贵杜.基于维度的系统边界面行为分析[J].系统辩证学学报,2005(2):40 - 43.

[87] GUINÉE J B. Handbook on life cycle assessment operational guide to the ISO standards [J]. The International Journal of Life Cycle Assessment, 2002, 7(5): 311 - 313.

[88] RAYNOLDS M, FRASER R, CHECKEL D. The relative mass-energy-economic (RMEE) method for system boundary selection Part 1: A means to systematically and quantitatively select LCA boundaries [J]. The International Journal of Life Cycle Assessment, 2000,5(1):37 - 46.

[89] SUH S, LENZEN M, TRELOAR G J, et al. System boundary selection in life-cycle inventories using hybrid approaches [J]. Environmental Science & Technology, 2004, 38(3):657 - 664.

[90] LI T, ZHANG H, LIU Z, et al. A system boundary identification method for life cycle assessment [J]. The International Journal of Life Cycle Assessment, 2014,19 (3):646 - 660.

[91] AFRINALDI F, ZHANG H-C, CARRELL J. A Binary Linear Programming Approach for LCA System Boundary Identification [M]. Berlin: Springer,2013.

[92] 郭晓军,宋朝霞,汪玥.对信息系统边界定义的探讨[J].中国集体经济,2008(4):49 - 50.

[93] 戴若夷.面向大规模定制的广义需求建模方法与实现技术的研究及应用[D].杭州:浙江大学,2004.

[94] 王吉军,岳同启,张建明,等.客户广义需求分类体系研究[J].大连大学学报,2002(6):48 - 54.

[95] 崔剑,祁国宁,纪杨建,等.基于客户结构阶层和BP的PLM客户需求[J].杭州:浙江大学学报(工学版),2008(3):528 - 533.

[96] KATHIRAVAN N, DEVADASAN S, MICHAEL T B, et al. Total quality function deployment in a rubber processing company: a sample application study [J]. Production Planning and Control, 2008,19(1):53 - 66.

[97] RAHARJO H, XIE M, BROMBACHER A. Prioritizing quality characteristics in dynamic quality function deployment [J]. International Journal of Production Research, 2006,44(23):5005 - 5018.

[98] CARIAGA I, EL-DIRABY T, OSMAN H. Integrating value analysis and quality function deployment for evaluating design alternatives [J]. Journal of Construction Engineering and Management, 2007,133(10):761 - 770.

[99] CHEN C-H, KHOO L P, YAN W. A strategy for acquiring customer requirement patterns using laddering technique and ART2 neural network [J]. Advanced Engineering Informatics, 2002,16(3):229 - 240.

[100] WU H-H, SHIEH J-I. Using a Markov chain model in quality function deployment to analyse customer requirements [J]. The International Journal of Advanced Manufacturing Technology, 2006,30(1 - 2):141 - 146.

[101] 夏国恩,金炜东.基于支持向量机的客户流失预测模型[J].系统工程理论与实践,2008(1):71 - 77.

[102] 李中凯,冯毅雄,谭建荣,等.基于灰色系统理论的质量屋中动态需求的分析与预测[J].计算机集成制造系统,2009(11):2272 - 2279.

[103] GOLINELLI G M, BARILE S, SPOHRER J, et al. The evolving dynamics of service co-creation in a viable systems perspective [C]//Proceedings of the 13th Toulon-Verona Conference on Excellence in Services. Coimbra, 2015.

[104] VON BERTALANFFY L. General systems theory [J]. New York, 1955.

[105] VON BERTALANFFY L. The history and status of general systems theory [J]. Academy of Management Journal, 1972,15(4):407 - 426.

[106] KATZ D, KAHN R L. The social psychology of organizations [M]. New York: Wiley, 1978.

[107] MILLER C. Open-state substructure of single chloride channels from Torpedo electroplax [J]. Philosophical Transactions of the Royal Society of London B: Biological Sciences, 1982,299(1097):401 - 411.

[108] PARSONS T. An Outline of the Social System [M]. New York: Simon & Schuster, 2007.

[109] BRONFENBRENNER U. Ecological models of human development [J]. Readings on the Development of Children, 1994,237 - 243.

[110] BEER S. The heart of enterprise [M]. NJ: John Wiley & Sons, 1979.

[111] BEER S. The viable system model: Its provenance, development, methodology and pathology [J]. Journal of the Operational Research Society, 1984,35(1):7 - 25.

[112] ESPEJO R, HARNDEN R. The viable system model: interpretations and applications of Stafford Beer's VSM [M]. NJ: John Wiley & Sons, 1989.

[113] ESPEJO R, BOWLING D, HOVERSTADT P. The viable system model and the Viplan software [J]. Kybernetes, 1999,28(6/7):661 - 678.

[114] PRIGOGINE I. Structure, dissipation and life [C]//Communication Presented at the First International Conference,1969.

[115] SEGEL L A, JACKSON J L. Dissipative structure: an explanation and an ecological example [J]. Journal of Theoretical Biology, 1972,37(3):545 - 559.

[116] GEMMILL G, SMITH C. A dissipative structure model of organization

transformation [J]. Human Relations, 1985,38(8):751 - 766.
[117] LEIFER R. Understanding organizational transformation using a dissipative structure model [J]. Human Relations, 1989,42(10):899 - 916.
[118] UEDA Y, WANG S, KAWASHIMA S. Dissipative Structure of the Regularity-Loss Type and Time Asymptotic Decay of Solutions for the Euler--Maxwell System [J]. SIAM Journal on Mathematical Analysis, 2012,44(3):2002 - 2017.
[119] MORI H, KURAMOTO Y. Dissipative structures and chaos [M]. Berlin: Springer, 2013.
[120] KONDEPUDI D, PRIGOGINE I. Modern thermodynamics: from heat engines to dissipative structures [M]. NJ: John Wiley & Sons, 2014.
[121] GRINNELL J. The niche-relationships of the California Thrasher [J]. The Auk, 1917,34(4):427 - 433.
[122] GRINNELL J. Geography and evolution [J]. Ecology, 1924,5(3):225 - 229.
[123] ELTON C. Animal Ecology[M]. London: Sidgwick & Jackson, 1927.
[124] HUTCHINSON G E. The niche: an abstractly inhabited hypervolume [J]. the Ecological Theatre and the Evolutionary Play, 1965:26 - 78.
[125] BOSSERMAN R W, RAGADE R K. Ecosystem analysis using fuzzy set theory [J]. Ecological Modelling, 1982,16(2):191 - 208.
[126] SALSKI A. Fuzzy knowledge-based models in ecological research [J]. Ecological Modelling, 1992,63(1):103 - 112.
[127] CAO G. The definition of the niche by fuzzy set theory [J]. Ecological Modelling, 1995,77(1):65 - 71.
[128] HANNAN M T, CARROLL G R, PÓLOS L. The organizational niche [J]. Sociological Theory, 2003,21(4):309 - 340.
[129] MOORE J F. Business ecosystems and the view from the firm [J]. Antitrust Bull, 2006:5131.
[130] IANSITI M, LEVIEN R. The keystone advantage: what the new dynamics of business ecosystems mean for strategy, innovation, and sustainability [M]. Boston: Harvard Business Press, 2004.
[131] IANSITI M, LEVIEN R. Strategy as ecology [J]. Harvard Business Review, 2004, 82(3):68 - 81.
[132] SELIGMAN C. Sustainable corporate branding II: Ecology [J]. Graphics Network: Southern Graphics, 2004: 41 - 114.
[133] LEVINS R. Evolution in changing environments: some theoretical explorations [M]. NJ: Princeton University Press, 1968.
[134] SCHOENER T W. Resource partitioning in ecological communities [J]. Science, 1974,185(4145):27 - 39.
[135] COLWELL R K, FUTUYMA D J. On the measurement of niche breadth and overlap [J]. Ecology, 1971,52(4):567 - 576.
[136] HURLBERT S H. A gentle depilation of the niche: Dicean resource sets in resource

hyperspace [J]. Evolutionary Theory, 1981:5177 - 5184.
[137] PETRAITIS P S. Algebraic and graphical relationships among niche breadth measures [J]. Ecology, 1981,62(3):545 - 548.
[138] FEINSINGER P, SPEARS E E, POOLE R W. A simple measure of niche breadth [J]. Ecology, 1981,62(1):27 - 32.
[139] SMITH E P. Niche breadth, resource availability, and inference [J]. Ecology, 1982,63(6):1675 - 1681.
[140] PIELOU E C. The interpretation of ecological data: a primer on classification and ordination [M]. NJ: John Wiley & Sons, 1984.
[141] PIANKA E R. Niche overlap and diffuse competition [J]. Proceedings of the National Academy of Sciences, 1974,71(5):2141 - 2145.
[142] JEN E. Stable or robust? What's the difference? [J]. Complexity, 2003, 8(3): 12 - 18.
[143] COMMITTEE I S C. IEEE Standard Glossary of Software Engineering Terminology (IEEE Std 610.12 - 1990) [J]. CA: IEEE Computer Society, 1990.
[144] ALLEN C R. Ecosystems and immune systems: hierarchical response provides resilience against invasions [J]. USGS Staff--Published Research, 2001,5(3):10 - 20.
[145] BHATTACHARYYA S, CHAPELLAT H, KEEL L. Robust control: the parametric approach [J]. Upper Saddle River, 1995,7(3):15 - 25.
[146] BHATTACHARYYA S P, KEEL L H. Control of uncertain dynamic systems [M]. Florida: CRC Press, 1991.
[147] DOHERTY A, DOYLE J, MABUCHI H, et al. Robust control in the quantum domain; proceedings of the Decision and Control [C]//2000 Proceedings of the 39th IEEE Conference, 2000.
[148] ZHOU K, DOYLE J C. Essentials of robust control [M]. NJ: Prentice Hall, 1998.
[149] 冯纯伯,等. 鲁棒控制系统设计[M]. 南京:东南大学出版社,1995.
[150] 申铁龙. 控制理论及应用[M]. 北京:清华大学出版社,1996.
[151] 褚健,俞立,苏宏业,等. 鲁棒控制理论及应用[M]. 杭州:浙江大学出版社,2000.
[152] 刘洪涛. 操作系统健壮性测试的方法与工具[D]. 上海:同济大学,2006.
[153] 宋晓彤. 云服务的健壮性测试研究[D]. 哈尔滨:哈尔滨工业大学,2014.
[154] 郝晓辰,刘伟静,辛敏洁,等. 一种无线传感器网络健壮性可调的能量均衡拓扑控制算法[J]. 物理学报,2015(8):5 - 17.
[155] MUMBY P J, CHOLLETT I, BOZEC Y-M, et al. Ecological resilience, robustness and vulnerability: how do these concepts benefit ecosystem management? [J]. Current Opinion in Environmental Sustainability, 2014:722 - 727.
[156] BONACHELA J A, PRINGLE R M, SHEFFER E, et al. Termite mounds can increase the robustness of dryland ecosystems to climatic change [J]. Science, 2015, 347(6222):651 - 655.
[157] PUTNIK G D, ŠKULJ G, VARELA L, et al. Simulation study of large production

network robustness in uncertain environment [J]. CIRP Annals-Manufacturing Technology, 2015,64(1):439-442.

[158] BETANCOURT-MAR J, RODRıGUEZ-RICARD M, MANSILLA R, et al. Entropy production: evolution criteria, robustness and fractal dimension [J]. Rev Mex Fis, 2016:62164-62167.

[159] BRANDON-JONES E, SQUIRE B, AUTRY C W, et al. A Contingent Resource-Based Perspective of Supply Chain Resilience and Robustness [J]. Journal of Supply Chain Management, 2014,50(3):55-73.

[160] MARIA JESUS SAENZ P, XENOPHON KOUFTEROS D, DURACH C F, et al. Antecedents and dimensions of supply chain robustness: a systematic literature review [J]. International Journal of Physical Distribution & Logistics Management, 2015,45(1/2):118-137.

[161] TÄUSCHER K, ABDELKAFI N. Business model robustness: A system dynamics approach [C]//the Proceedings of 15th annual conference of the European academy of management (EURAM), 2015.

[162] KAWAMOTO H, TAKAYASU、H, TAKAYASU M. Analysis of Network Robustness for a Japanese Business Relation Network by Percolation Simulation[C]//the Proceedings of the International Conference on Social Modeling and Simulation, plus Econophysics Colloquium. Berlin: Springer, 2015.

[163] SCHILLO M, KLUSCH M, MüLLER J, et al. Multiagent System Technologies [M]. Berlin: Springer, 2003.

[164] 胡斌,章仁俊,邵汝军.企业生态系统健康的基本内涵及评价指标体系研究[J].科技管理研究,2006(1):59-61.

[165] HARTIGAN J A, WONG M A. Algorithm AS 136: A k-means clustering algorithm [J]. Journal of the Royal Statistical Society Series C (Applied Statistics), 1979, 28 (1):100-108.

[166] KANUNGO T, MOUNT D M, NETANYAHU N S, et al. An efficient k-means clustering algorithm: Analysis and implementation [J]. IEEE Transactions on Pattern Analysis and Machine Intelligence, 2002,24(7):881-892.

[167] CORPET F. Multiple sequence alignment with hierarchical clustering [J]. Nucleic Acids Research, 1988,16(22):10881-10890.

[168] JOHNSON S C. Hierarchical clustering schemes [J]. Psychometrika, 1967,32(3): 241-254.

[169] VESANTO J, ALHONIEMI E. Clustering of the self-organizing map [J]. IEEE Transactions on Neural Networks, 2000,11(3):586-600.

[170] BEZDEK J C, EHRLICH R, FULL W. FCM: The fuzzy c-means clustering algorithm [J]. Computers & Geosciences, 1984,10(2-3):191-203.

[171] PAL N R, PAL K, KELLER J M, et al. A possibilistic fuzzy c-means clustering algorithm [J]. IEEE Transactions on Fuzzy Systems, 2005,13(4):517-530.

[172] STOSTACK G L. How to design a service [J]. European Journal of Marketing,

1982,16(1):49 - 63.

[173] STOSTACK G L. Designing services that deliver [J]. Harvard Business Review, 1984:133 - 139.

[174] WARMER J B, KLEPPE A G. The Object Constraint Language: Precise Modeling With Uml [J]. Computer Science, 1998, 5(3):10 - 20.

[175] BOOCH G. Object-oriented development [J]. IEEE Transactions on Software Engineering, 1986(2):211 - 221.

[176] RUMBAUGH J, BLAHA M, PREMERLANI W, et al. Object-oriented modeling and design [M]. NJ: Prentice Hall, 1991.

[177] JACOBSON I. Object-oriented software engineering: a use case driven approach [M]. Chennai: Pearson Education India, 1993.

[178] FOWLER M. UML distilled: a brief guide to the standard object modeling language [M]. Boston: Addison-Wesley Professional, 2004.

[179] D'SOUZA D F, WILLS A C. Objects, components, and frameworks with UML: the catalysis approach [M]. Boston: Addison-Wesley Longman Publishing, 1998.

[180] WHITE S A. Introduction to BPMN [J]. IBM Cooperation, 2004, 2(7):1 - 11.

[181] MODEL B P. Notation (BPMN) version 2.0 [J]. OMG Specification, Object Management Group, 2011.

[182] PETRI C A. Communicating with automata [D]. Darmstadt: Technical University Darmstadt, 1962.

[183] MURATA T. Petri nets: Properties, analysis and applications [R]. Proceedings of the IEEE, 1989.

[184] JENSEN K. Coloured Petri nets: basic concepts, analysis methods and practical use [M]. Berlin: Springer, 2013.

[185] JENSEN K, ROZENBERG G. High-level Petri nets: theory and application [M]. Berlin: Springer, 2012.

[186] WANG J. Timed Petri nets: Theory and application [M]. Berlin: Springer, 2012.

[187] GIRAULT C, VALK R. Petri nets for systems engineering: a guide to modeling, verification, and applications [M]. Berlin: Springer, 2013.

[188] DIAZ M. Petri nets: fundamental models, verification and applications [M]. NJ: John Wiley & Sons, 2013.

[189] 张振森. 基于生存系统模型的企业动态能力与维度分析[J]. 统计与决策,2016(1):176 - 178.

[190] 李伯虎,张霖,柴旭东. 云制造概论[J]. 中兴通讯技术,2010(4):5 - 8.

[191] 李伯虎,张霖,任磊,等. 再论云制造[J]. 计算机集成制造系统,2011(3):449 - 457.

[192] 李伯虎,张霖,任磊,等. 云制造典型特征、关键技术与应用[J]. 计算机集成制造系统,2012(7):1345 - 1356.

[193] 李伯虎,张霖,王时龙,等. 云制造——面向服务的网络化制造新模式[J]. 计算机集成制造系统,2010(1):1 - 7,16.

[194] VAN LOOY B, GEMMEL P, DIERDONCK R. Services management: An

integrated approach [M]. Chennai: Pearson Education India, 2003.
[195] 郑忠伟.基于需求与能力管理的医院服务运作管理研究[D].成都:西南交通大学,2013.
[196] BARAS J, DORSEY A, MAKOWSKI A. Two competing queues with linear costs and geometric service requirements: The μ c-rule is often optimal [J]. Advances in Applied Probability, 1985:186-209.
[197] BUYUKKOC C, VARAIYA P, WALRAND J. The cμ rule revisited [J]. Advances in Applied Probability, 1985,17(1):237-238.
[198] VARAIYA P, WALRAND J, BUYUKKOC C. Extensions of the multiarmed bandit problem: the discounted case [J]. IEEE Transactions on Automatic Control, 1985, 30(5):426-439.
[199] WALRAND J. An introduction to queueing networks [M]. NJ: Prentice Hall, 1988.
[200] HOFRI M, ROSS K W. On the optimal control of two queues with server setup times and its analysis [J]. SIAM Journal on Computing, 1987,16(2):399-420.
[201] LIU Z, NAIN P, TOWSLEY D. On optimal polling policies [J]. Queueing Systems, 1992,11(1-2):59-83.
[202] DUENYAS I, VAN OYEN M P. Stochastic scheduling of parallel queues with set-up costs [J]. Queueing Systems, 1995,19(4):421-444.
[203] DUENYAS I, VAN OYEN M P. Heuristic scheduling of parallel heterogeneous queues with set-ups [J]. Management Science, 1996,42(6):814-829.
[204] REIMAN M I, WEIN L M. Dynamic scheduling of a two-class queue with setups [J]. Operations Research, 1998,46(4):532-547.
[205] KIM E, VAN OYEN M P. Dynamic scheduling to minimize lost sales subject to set-up costs [J]. Queueing Systems, 1998,29(2-4):193-229.
[206] ALLMENDINGER G, LOMBREGLIA R. Four strategies for the age of smart services [J]. Harvard Business Review, 2005,83(10):131.
[207] DIS I.9241-210:2010. Ergonomics of human system interaction-Part 210: Human-centred design for interactive systems [M]. Geneva: International Standardization Organization, 2010.
[208] PAAS W, MUCHUNGUZI P, SOLE A, et al. Fuzzy Cognitive Mapping for Innovation Platforms and Research in Development [J]. Computer Science, 2015.
[209] BARILE S, POLESE F. Smart service systems and viable service systems: applying systems theory to service science [J]. Service Science, 2010,2(1-2):21-40.
[210] KELLOGG D L, NIE W. A framework for strategic service management [J]. Journal of Operations Management, 1995,13(4):323-337.
[211] Kenney M, Zysman J. The platform economy: restructuring the space of capitalist accumulation [J]. Cambridge Journal of Regions, Economy and Society, 2020, 13(1):55-76.
[212] Xue C, Tian W, Zhao X. The literature review of platform economy [J]. Scientific

Programming, 2020(2):1 - 7.

[213] Yin D, Ming X, Zhang X. Sustainable and smart product innovation ecosystem: An integrative status review and future perspectives [J]. Journal of Cleaner Production, 2020,274:123005.

[214] Ran X, Zhou X, Lei M, et al. A novel k-means clustering algorithm with a noise algorithm for capturing urban hotspots [J]. Applied Sciences, 2021,11(23):11202.

[215] Yuan C, Yang H. Research on K-value selection method of K-means clustering algorithm [J]. Computer Science, 2019,2(2):226 - 235.

[216] Zheng P, Wang Z, Chen C H, et al. A survey of smart product-service systems: Key aspects, challenges and future perspectives [J]. Advanced Engineering Informatics, 2019,42:100973.

[217] Tseng M L, Bui T D, Lan S, et al. Smart product service system hierarchical model in banking industry under uncertainties [J]. International Journal of Production Economics, 2021,240:108244.

致谢

感谢大规模个性化定制系统与技术全国重点实验室、上海交通大学机械与动力工程学院卡奥斯新一代工业智能技术联合研究中心、国际数据空间(IDS)中国研究实验室、上海市推进信息化与工业化融合研究中心、上海市网络化制造与企业信息化重点实验室对本书的资助。

本书得到了国家自然科学基金面上项目(批准号:72371160)、大规模个性化定制系统与技术全国重点实验室开放课题[批准号:H&C-MPC-2023-03-01、H&C-MPC-2023-03-01(Q)]、上海市促进产业高质量发展专项(批准号:212102)的资助。